语言与认知文库
YUYANYURENZHIWENKU

张春泉◎著

论接受心理与修辞表达

中国社会科学出版社

图书在版编目（CIP）数据

论接受心理与修辞表达／张春泉著．—北京：中国社会科学
出版社，2007.1（2016.6 重印）
（语言与认知文库）
ISBN 978-7-5004-5840-1

Ⅰ．①论… Ⅱ．①张… Ⅲ．①接受学：心理学—研究
②修辞学—研究 Ⅳ．①B842②H05

中国版本图书馆 CIP 数据核字（2006）第 126426 号

出 版 人	赵剑英
特约编辑	冀洪芬
责任编辑	陈　彪
责任校对	王佳玉
责任印制	张雪娇

出　　版	中国社会科学出版社
社　　址	北京鼓楼西大街甲 158 号
邮　　编	100720
网　　址	http：//www.csspw.cn
发 行 部	010 - 84083685
门 市 部	010 - 84029450
经　　销	新华书店及其他书店

印　　刷	北京金瀑印刷有限公司
装　　订	廊坊市广阳区广增装订厂
版　　次	2007 年 1 月第 1 版
印　　次	2016 年 6 月第 2 次印刷

开　　本	880×1230　1/32
印　　张	11.5
插　　页	2
字　　数	295 千字
定　　价	48.00 元

凡购买中国社会科学出版社图书，如有质量问题请与本社营销中心联系调换
电话：010 - 84083683

语言与认知文库

主　　编　唐孝威　黄华新

编委会顾问

编委会成员（按姓氏笔画顺序排列）

"语言与认知文库"总序

　　语言是人类最显著和最独特的认知能力和认知方式，使用语言和人类区别于其他动物的关键特征之一。在不同文明的古籍中，我们都能找到人类对语言本身的早期关注。这些记述就是最早的语言学。人们对语言的研究一直在两个层次上进行：一是归类、解释各类具体的语言现象，二是探究语言的本质。前者是关于语言的描述理论，而后者则是语言的元理论。20世纪对语言本质研究的一个最根本的推动来自乔姆斯基。"乔姆斯基革命"将语言与心智关联起来，视语言为一个独特的心智器官。

　　尽管语言是人类最独特和最显著的行为活动和认知方式，但在人类的种系演化和个体发展中，人类展现了广泛存在的其他形式的认知方式。认知研究过去长时期集中在语言符号的思维水平上，如推理、决策、符号表征等内部过程。这种研究范式认为这些内部过程可以独立于行为运动。然而，已有越来越多的研究者开始意识到，认知并不仅仅是纯粹的以语言活动为中心的内部过程，它还包含广泛的知觉—动作耦合、行为运动控制等非语言的认知能力。非语言的认知过程显然与语言的符号式认知不同。研究非语言的认知过程和方式已经发展成为"第二代认知科学"的中心主题。

　　认知科学是研究身—心统一的主体是如何发展它们的认知能力和完成它们的认知活动的。自 20 世纪 50 年代"认知革命"发生以来，在不长的半个多世纪中，认知科学在相关领域取得了众多开创性的研究成果，极大地深化了人类对自身认知活动的认识。其间，认知研究经历了一次深刻的范式转变，即从基于计算隐喻和功能主义观念的"第一代认知科学"向基于具身心智（embodied cognition）观念的"第二代认知科学"的转变。观念的转变导致认知研究的方法和主题的变化。"第二代认知科学"将认知主体视为自然的、生物的、活动于日常环境中的适应性的主体，认知就发生于这样的状况中。概括起来，"第二代认知科学"倡导的认知观念是：认知是具身的（embodied）、情境的（situated）、发展的（developmental）和动力学的（dynamic）。

　　我国的认知科学研究总体起步较晚，但近年来也出现了快速发展的势头。国内相继有一些高等院校和科研院所建立了以认知心理学和脑研究等为重点的研究机构和实验室，特别是国家"985"工程的实施，推动了认知科学全方位的、综合研究的进展。浙江大学的语言与认知研究中心就是在"985"工程二期中启动的一个项目。浙江大学语言与认知研究中心认知科学的所有基础科学凝聚其中，探索在新的科研运行机制下实现多学科的实质交叉和真正的学科会聚。今天，科技的发展已经越来越多地依赖于学科的交叉整合和技术集成，许多重大的创新突破来源于学科交叉中的"边缘"问题。人类的认知既是生物的、个体的现象，也是文化的、社会的现象，因此只有在自然科学和人文社会科学的方法的互补研究中，人类认知的深层统一性才有可能最终揭示出来。

浙江大学语言与认知研究中心特别策划了该文库，以期推动我国语言与认知的研究。

唐孝威　院士
2006 年 8 月 20 日

目　录

序　一

宗廷虎

本书作者张春泉是我指导的最后一届博士生之一。春泉博士毕业后，与我们一直有着经常的联系，他常常在电话里报告他新的研究心得，我们听了十分欣慰，深感他当年在复旦大学读博时显露出来的勤奋好学、刻苦钻研、接受新事物快的特点不仅未变，且有加强。值此经过精心修改的他的博士论文即将付梓之际，他来电嘱为之序，我当然很乐意将其推荐给广大读者。

一

记得在确定博士论文选题时，春泉在广泛阅读了一定数量的经典著作之后提出以修辞理论为主攻方向，并随后进一步明确提出以"论接受心理与修辞表达"为题。我经过认真思考和反复论证之后，同意他在这方面继续深入钻研下去。这在当时主要是基于以下几点考虑：第一，春泉悟性较高，基础较为扎实，他系统完整地接受了"大学本科—硕士—博士"不间断的学校教育和学术训练。他的理性思辨能力我很赞赏。他的硕士论文题目是《〈孟子〉中的条件复句》，本科毕业论文写的是《试析〈道德经〉的语义模糊性》，对于语言事实有着较好语感的同时，他有着优秀的逻辑思维品质。——事实上，他博士毕业后旋即赴浙江大学继续从事语言逻辑方面的博士后研究，就较为充分地说明了这一点。第二，修辞学的理论研究亟待加强，我一向重视修辞理论的研究，提倡理论上的创新。第三，复旦大学有着较好的理论研究传统。

但同时，我也深知该选题的风险性。这主要是因为：第一，该选题难度很大，具有一定的综合性；第二，理论研究需要一定的学术积累，有的问题需要长年累月的不懈思考，才能够形成自己的看法，而作为博士论文，因为学制学时的限制，要在特定的时间内形成体系，确非易事；第三，关于修辞表达与修辞接受的关系问题，尤其是修辞接受问题，目前在学术界还存在着一定的争议，且可资借鉴的成果尚不多见。

然而可喜可贺的是：通过春泉夜以继日的勤奋苦读，通过我们的无数次研讨，论文终于如期完成了。而且，文章写得还像那么回事儿。论文提交之后得到了通讯评审专家和答辩评委的一致好评。诚如答辩委员会的《决议书》所言：张春泉的博士学位论文《论接受心理与修辞表达》是富有创新意义的前沿课题，具有较高的理论价值和实用价值。作者采用了多门学科理论和最新研究成果，就接受心理对修辞表达的制约关系进行了全面探究。论文新意颇多，富有开拓精神，综合运用了语言学和心理学理论与方法，并广泛进行了问卷调查，显示出作者相当好的开拓精神和学术素养。论文观点鲜明，论证细致，条理清晰，语料丰富，说服力强，对推动修辞学研究具有积极意义，是一篇优秀的博士学位论文。

二

具体说来，该书有如下几个方面的显著特点。

第一，在方法上，注重实证与思辨相结合。本书的第一章即是"关于接受心理与修辞表达的问卷调查综述"，这大概在修辞学史上改变了修辞学论著的写作"常规"，在给人耳目一新的同时，能给人们不少启示。譬如，修辞学研究需要调查研究，可以而且有必要对修辞现象做相对实证探索。这恐怕是值得学界大力提倡的。姑且不论本次探索的结果究竟在多大程度上具有科学性，却实在代表了一种研究方向。

春泉问卷调查和访谈了一定数量的作家和诗人（即按他的说法："熟练表达者"），这是难能可贵的。在此过程中，他自行设计问卷形式和内容及访谈提纲，持续不断地与作家、诗人联系，真的是煞费苦心。

第二，在内容上，提出了一系列富于创新精神的观点，并结合语言事实做出了严密的论证。比如作者提出了如下的观点：修辞是人与人的一种以语言为媒介的以生成或建构有效话语为指归的广义对话。接受心理是语境的主导因素，接受心理是复杂的，但是接受心理又是可认知的，认知接受心理有一定的策略选择。接受心理与修辞表达是对立统一的，接受心理与修辞表达二者呈一定的共变（含倚变和函变）关系，前者对后者有一定的制约作用。接受心理与修辞表达的互动是人之所以为"人"的本质属性之一。接受心理与修辞表达的互动显示出修辞行为的主体交互性。修辞话语的调节性建构是一个言语博弈过程。作者还提出了修辞动机、过程与结果三者的动态统一，提出了典型修辞话语和非典型修辞话语的两大分野，提出了"语用词"这一概念，等等。

第三，在语料上，作者选取了动态的作家改笔、编者改编等作为材料，具有说服力。这就不仅仅指出了"应该这么写"，还指明了"不应该那么写"，能给人们不少启示。

三

当然，我们还应该看到，春泉博士的这本专著还有不少可以进一步深入研究的问题。比如"典型修辞话语"与"非典型修辞话语"是不是跟"积极修辞"和"消极修辞"能那么贴切地对应比照，如果能，如何具体对照；如果不能，它们的具体区别又有哪些；等等。该书对有些问题的讨论，只能说是提出了问题，发现了问题，但是怎样具体描写和解释，还未及展开。——尽管"提出问题"和"发现问题"可能在很多时候比解释问题甚至解决问题更需智慧、更有意义。

希望并相信书中的不足，会随着作者今后的不断努力得到弥补。

热切期望并相信张春泉博士会以本书的出版问世为基础，在学术的道路上一步一个脚印，不断攀登一个又一个高峰。

最后，我想谨此援引郑颐寿教授给张春泉博士论文的评审意见的最后一个自然段（令我感动的是，郑先生在《复旦大学博士学位论文评阅书》中《对论文评阅的总体意见》一栏中另附加了一页，一共写了满满两页，热情鼓励和殷切希望溢于言表）作为结尾："通过作者的本论文与相关论文，可以看出作者具有相当强的科研能力，相当扎实的研究作风（学风），相当可观的研究成果。中国的修辞学大有希望。"①

2005 年 4 月 26 日
于复旦大学

---

① 需要说明的是，论文通讯评审专家及评阅意见，系论文作者张春泉博士论文答辩通过后获悉，用于指导作者进一步修改完善论文。

序 二

陈光磊

陈望道先生在《关于修辞》（1935年）这篇文章里有这样一段论述：

学问上往往有许多出奇的事情，说来会教人不肯相信。如什么叫做语言，谁不知道语言是我说来给你听的。但在语言学史上对于语言的观念要进步到这个地步，可就不知道有多少年月。起初好像他们不知道语言是"说"的。所以他们找语言，一定要到现在已经不能"说"的古典上去找。这就是所谓"文献学"的时期。再进一步，他们知道语言是"说"的了，他们已经会到口头上去找活语言，但似乎还不知道语言是说给你听的，所以还是只把一个"说主"放在眼里，个人主义的倾向极强，把社会的因子搁下不管。往往要把别人不知所云或与现实社会隔碍的当做偶像抬来教人礼拜。最后才进步到知道语言是"说给你听的"，把"听客"也算在里面。外国的语言学史是如此，中国的语言学史也是这样。到现在还未完全走到最后的一步。

修辞上的情形和这一般的语言观念的进步有着血肉的关系。对于语言不知道是"说"的，对于辞就也不知道像"说"一样的去"修"。对于语言还不知道是"说给你听的",对于辞就也不知道像"说给你听的"一样的去"修"。要修辞不出奇事,我以为第一步还在知道"说",知道学"说"。

的确,关于修辞的理念跟关于语言的理念"有着血肉的关系":一定的修辞观总是以一定的语言观为依据的。

望道先生用"语言是我说来给你听的"这样明白通俗的话语指出:修辞的活动存在于语言运用的基本事实里,即在社会的语言交际中,是个人("我")与他人("你")相通、表达("我说")与接受("你听")对应的;而修辞的价值也体现在使用语言的基本道理中,即语言表达总是面向他人、目的就是要使他人接受的。这样,能不能为他人所接受就成了语言表达完成与否、好与不好的衡量标准。也就是说,修辞效果是落实在或者说实现在他人的接受上的。——"辞"实际上是要照着"说给你的"要求去"修"才成的。

望道先生在《修辞学发凡》(1932年)这部著作中这样说:阐述修辞条理的修辞学"最大的效用是在使人对于语言文字有灵活正确的了解。这与读和听的关系最大"。而上述《关于修辞》一文中的论说,也许正可以看作是对这一小段话的理论阐明。

同时,望道先生的这些意见,也可以说是为修辞学的深入研究点出了一个极为重要的题目:从听和读的接受方面考察和探究修辞问题。可是,长期以来,或许是由于学术的历史局限,修辞学上对这个问题的研究并没有什么实际的动向和进展。

直到20世纪90年代,谭学纯诸位先生《接受修辞学》

（1992年）的刊行，才揭开了修辞学上修辞接受研究的新篇章。这就使人们认识到修辞学偏重于（甚至是囿于）修辞表达一方面的单向度研究的不足，而应当同时关注修辞接受的研究，要完整地考察修辞活动的全过程，以形成表达—接受双向互动的修辞研究的学术架构。而后，不少学人对于修辞从理解、阐释和接受等方面进行了积极的探索，多有贡献。张春泉博士这部《论接受心理与修辞表达》的论著就是当前修辞接受研究领域里颇有特色的一项成果。

春泉博士把修辞接受中一个很深层、很内化的问题，即接受心理问题及其与修辞表达的关系作为探讨的目标。应当说这是一个比较尖新的课题。春泉为此付出了艰辛的努力，既从学理的思考上下功夫，又从实证的求索上花心血：他把认知科学、心理学、语用学、阐释学、修辞学、美学等相关科学的理论和方法加以综合融会，运用于受话心理与修辞表达关系的考察与研究；他采用问卷调查法、访谈法以求实证，对20位作家（熟练表达者）和1030位读者（一般接受者）进行问卷调查，并同时对大量的文本"改笔"语料加以考察，以此来研究接受心理与修辞表达所呈现出来的关系。这样，思辨与实证结合，使他对接受心理和修辞表达关系的研究相当深入而又有新见。

通过相关的考察和研究，他认为修辞是以语言为媒介、以生成或建构有效话语为目的的人与人的广义对话。——我觉得这不妨看作是"语言是我说来给你听的"这一理念的修辞学的学术话语。——进而，他提出了接受心理是修辞所由产生的语境的一个主导因素，阐述了接受心理的复杂性和可认知性，论析了接受心理与修辞表达相制约的人本性和所具有的函变关系，探讨了接受心理与修辞表达的互动过程，论证了接受心理与修辞表达互动所凸显的主体间主体交互性，说明了修辞话语的调节性建构是一种语言博弈过程。这些颇具创意的见解，对于深化人们对修辞机制的认识、深化修辞学理论特别是接受修辞理论的研究、深化修辞学方法论的探讨，都很有价值。

春泉这部著作是由他的博士论文形成的。我参加过他博士论文开题报告及评审答辩的活动，也亲见他论文写作的历程，深知他是一位刻苦自励、勤奋好学、善于思考的青年学人。他的学术视野比较开阔，兼备宏观、微观、常观思考的能力；他的学术作风很是踏实，对于材料的收集、事实的描写、学理的阐述、模式的归纳和认知机理的分析这些工作都是一步一步地切实进行，并将它们贯通结合。我想，所有这些特点，读者是可以从这本书的阅读中感受到的。

接受心理与修辞表达两者的关系是处在互动过程中的：接受心理对于修辞表达具有一定的制导作用及相关的影响；同时，修辞表达对于接受心理也具有一定的制导作用及相关的影响。春泉在这里先侧重于接受心理对修辞表达的影响与作用的研究。这样，当然我们也就期待他能进一步于修辞表达对接受心理的作用与影响的研究作出贡献。因为辩证地认识、考察和探究这种互动性，对于研究作为广义对话的修辞的全过程是十分必要的。

春泉在其书稿付梓的时刻，索序于我，我就写了上面这些话，对他大作的刊行表示衷心祝贺，并祝愿他在学术上不停地作新的攀登而能有成。

2006 年"五一"劳动节
于复旦大学

前　言

早在 20 世纪 80 年代初，宗廷虎先生就已在科学总结中外修辞学史的基础上极富前瞻性地指出：“修辞活动和心理活动、修辞现象和心理现象、修辞学和心理学，是紧密联系在一起的。”① 宗先生还针对当时修辞研究现状，更为明确地指出：“不但是修辞理论、修辞手法的心理学基础要研究，修辞活动如何适应听读者的心理变化，也要研究。”②

这里，我们拟在前贤时修已有研究成果的基础上探讨什么是听读者的心理变化、修辞活动如何适应听读者的心理变化等问题。我们认为，修辞活动适应听读者的心理变化，在某种意义上集中体现为接受心理制约修辞表达，而接受心理对修辞表达的制约，或曰接受心理制约作用的发挥建立在接受心理与修辞表达关系的框架内。

一　理论前提

修辞活动是一个过程，是表达与接受相互作用，即互动的

---

① 宗廷虎：《修辞学和心理学》，《宗廷虎修辞论集》，吉林教育出版社 2003 年版，第 142 页。

② 同上。

过程。在这个互动过程中，"表达和接受只是相对的，它们在修辞互动行为的作用下，会发生施受关系的逆转"[①]。即在我们看来，表达和接受之间可以存在如下的关联：

表达者$_1$（接受者$_2$）—— 接受者$_1$（表达者$_2$）

亦即表达者$_1$将修辞话语传达到接受者$_1$那里，一旦为接受者$_1$所接受，势必会产生相应的接受心理，特定接受心理又可以通过接受者$_1$建构的话语反馈到表达者$_1$那里，进一步影响表达者$_1$的修辞表达。但同时，就在表达者$_1$接受反馈话语时他也就是"接受者$_1$"的接受者了，即接受者$_2$。

那么，什么是接受心理？为什么接受心理与修辞表达呈现出如上的互动关系？

我们以为，要回答上述问题，得首先明确什么是修辞。

陈望道《修辞学发凡》这样揭示"修辞"的内涵：

修当作调整或适用解。辞当作语辞解，修辞就是调整或适用语辞。[②]

修辞原是达意传情的手段。主要为着意和情，修辞不过是调整语辞使达意传情能够适切的一种努力。[③]

郑子瑜、宗廷虎主编的《中国修辞学通史·总论》明确指出，"修辞是在言语交际中进行的，言语交际必然包含交际

---

① 冯广艺：《互动：修辞的运作方式》，《修辞学习》1999年第4期，第1页。

② 陈望道：《修辞学发凡》，上海教育出版社1997年版，第1页。

③ 同上书，第3页。

的双方，既包括言语表达者，也包括言语接受者。"①

　　一言以蔽之，研究修辞宜注重在言语交际过程中考察修辞现象，着眼于语境条件下修辞的动态过程性，强调听读者在修辞过程中应有的地位。"修辞现象均体现出一定的矛盾性、过程性、联系性，而矛盾性、过程性和联系性正是修辞现象所由产生的。"②矛盾性、联系性、过程性包括表达与接受之间的矛盾、联系以及由表达到接受的过程。也就是说，"修辞是恰切地传递和正确理解思想感情信息的活动（过程和结果）"③。这里的"传递"、"理解"即与我们所说的"表达"和"接受"相当。显然，这里强调的是"表达"与"接受"的对立统一，二者以互动的方式统一于"修辞"之中。

　　这样，我们可以将修辞大别为二：修辞表达与修辞接受。修辞接受指的是"接受者面对特定的接受对象，通过特定的接受渠道，在特定的接受语境中获取修辞信息"④。

　　修辞所必然联系的表达者与接受者双方在对立中统一，修辞的效果在表达与接受的互动中取得，并最终诉诸接受心理得以体现。这里所说的接受心理指的是修辞接受时接受者的个性结构及心理过程等。接受心理是存在的，"听者有心"，虽然有时"说者无意"。

　　接受心理的存在势必制约修辞表达，修辞表达与接受心理

---

① 郑子瑜、宗廷虎主编：《中国修辞学通史·总论》，吉林教育出版社 1998 年版，第 2 页。

② 陈光磊：《修辞论稿》，北京语言文化大学出版社 2001 年版，第 2 页。

③ 郑远汉：《漫谈修辞研究的兴衰和前景》，《修辞学习》1999 年第 1 期，第 1 页。

④ 谭学纯、唐跃、朱玲：《接受修辞学》（增订本），安徽大学出版社 2000 年版，第 118 页。

形成互动。比如就取名或命名而言，如果佶屈聱牙，则势必不上口，不便于人们的接受感知，如果太俗，又无从显示命名者的"品位"，甚至无法给其他接受者以美感享受。接受感知与接受审美又制约了命名这一修辞行为。

另据我们对 20 位诗人、作家等熟练表达者的问卷调查，发现绝大多数熟练表达者均碰到过"语言的痛苦"，我们以为，"语言的痛苦"换一个角度来看，其实并不一定是表达者不能表达自己的内心，它在某种意义上与其说是表达者的痛苦，不如说是修辞的矛盾性。它体现了接受心理与修辞表达的博弈过程。其实，这种"语言的痛苦"早在 2000 年前韩非子就已认识到了。"韩非深感到言说之'难'，而且他的视角不局限于旁观批评，而是深入至修辞成因、修辞效果，也涉及听者、读者对此的心理反应。在《说难》里，更进一步指出修辞是否得当、能否成功的关键，在于了解和把握听者的心态特征，从而运用可能被接受的语言手段。"① 《韩非子·说难》有言："凡说之难：非吾知之有以说之之难也，又非吾辩之能明吾意之难也，又非吾敢横失而能尽之难也。凡说之难，在知所说之心，可以吾说当之。"其中最后一句话王先慎的集解是："既知所说之心，则能随心而发唱，故所说能当。"② 这表明，"说"之"难"的落脚点是取得好的修辞效果的"难"，而好的修辞效果最终要在接受者那里有其心理现实性才能称得上"好"。

接受心理与修辞表达的关联首先蕴涵了接受心理的存在。

---

① 陈光磊、王俊衡：《中国修辞学通史》（先秦两汉魏晋南北朝卷），吉林教育出版社 1998 年版，第 117 页。

② 王先慎：《韩非子集解》，上海书店 1986 年版，第 60 页。

事实上，接受心理是十分复杂的。我们的讨论往往采用科学研究中较为常用的"理想化"的方法。即我们讨论接受心理时一般不再追究具体场合、上下文等其他广义语境因素。这种处理就有点像牛顿惯性定律不考虑物体与其接触面的摩擦一样，尽管其摩擦力有时并不小。

接受心理的复杂性首先表现为其种类的繁复。按不同的划分依据可对接受心理作出不同的分类。按照接受者接受言语作品的时间先后可以分出第一接受者、第二接受者、第三接受者等。不妨用"j_1, j_2, j_3, …, j_n"简记之。相应的，就有第一接受心理、第二接受心理、第三接受心理等，可将之简记为"x_1, x_2, x_3, …, x_n"。比如，作家修改自己的作品时，作家本人即为第一接受者，其进行首次修改时的心理也就是我们所说的第一接受心理，此后的接受即为第二接受心理、第三接受心理等。这里需特别说明的是，同一个人可以做第一接受者、第二接受者，比如十年前阅读《哈姆雷特》的"我"与十年后阅读《哈姆雷特》的"我"严格说来即应视为两个不同的接受者。

另外如果我们将修辞表达结束后形成的为接受者所接受的言语作品称为修辞话语，以修辞话语是否直接针对或指向接受者为依据，可以分出直接接受者与间接接受者，相应的，直接接受者的心理即为直接接受心理，间接接受者的心理即为间接接受心理。根据接受心理是否有其特定指向性或曰针对性，可将其分为特定接受心理和非特定接受心理。根据接受心理与修辞表达是否同步互动，可将其分为即时接受心理和继时接受心理。根据接受心理是否绵延，可将其分为瞬时接受心理、恒久接受心理，如此等等。显然，以上划分不是在同一个层面上进行的，这恰好显示出接受心理的复杂性。

接受心理是复杂的，从以上分类可窥其一斑。修辞表达也是复杂的，修辞表达"所可利用的是语言文字的习惯及体裁形式的遗产，就是语言文字的一切可能性"①。既然其所利用的是语言文字的一切可能性，其复杂性也就自不待言了。修辞表达势必随着接受心理的变化而变化，似可认为，接受心理对修辞表达的制约呈一定的函变关系。为了表述和理解的方便，我们用"y"表示修辞表达，用"f"表示接受心理与修辞表达的关联，用"x"表示接受心理，则它们的关系可以用如下的函数式表示：

$$y = f(x)$$

尽管如上所述接受心理与修辞表达的关联纷纭复杂，但这仍然不妨碍我们对其本质的探讨。我们以为，接受心理与修辞表达的互动在本质上是一种社会现象，而不是一种纯粹的心理现象，社会性是其本质属性。当我们提到"接受"时实质上就已经蕴涵了与之相伴相生、相应相称的"表达"，在我们看来，没有"表达"无所谓"接受"，同时没有"接受"亦无所谓"表达"。因此，表达者与接受者在这个意义上形成"主体交互性"，而主体交互性又是与交往须臾不可分的。人们就是这样在交往中完成一系列的认知、审美与认同，实现人的本质力量的对象化。由此显示接受心理与修辞表达关联的"人本"性。

我们说接受心理的本质属性为社会性，并不排斥个体接受心理的存在。相反，我们的讨论恰恰宜从个体心理着手。毕竟，个体接受心理恰好是社会接受心理的具体体现，个体接受心理是具体的，社会接受心理是抽象的，而人们对世界和自身

———————

① 陈望道：《修辞学发凡》，上海教育出版社1997年版，第8页。

（包括人的心理）的认识往往是从具体到抽象、从现象到本质的。

接受心理的存在与变化常常要求修辞表达也要作相应的调整，二者呈一定的函变关系。修辞表达不能对特定接受心理置若罔闻，即表达者不能无视或忽视接受心理的存在与变化。这就是说，接受心理对修辞表达存在着一定的制约。尽管这种制约还不是唯一的，但这种制约一定是必然的。

既然接受心理是存在的且制约着特定的修辞表达，而这种制约的本质属性及其规律又是可以认识的，那么研究接受心理对修辞表达的制约就应该是必要的、有意义的。

二　研究意义

我们以为研究接受心理与修辞表达的互动具有一定的理论意义和实际意义。

（一）理论意义

从理论上讲，"修辞学既然是研究语言运用规律的学科，它就要研究运用什么样的手法表达思想，才能打动对方的心，取得最佳的效果。而在修辞时，也都受到各种心理因素的支配"[①]。既然修辞时要受到各种心理因素的支配，我们就可以以接受心理为切入点，系统探讨其与修辞表达的互动。另一方面，修辞所可利用的是语言文字的一切可能性，要利用语言文字的一切可能性，势必要以了解语言文字的本质为前提，而

---

① 宗廷虎：《修辞学与心理学》，中国修辞学会编《修辞学论文集》（第二集），福建人民出版社1984年版，第57页。

"研究语言的本质就得走进哲学和心理学的领域（'哲学'和'心理学'底下的着重号为原作者所加——引者注）"①。这里，修辞和心理又在对语言文字的一切可能性的利用上统一了起来。

再者，修辞现象"它与文学现象、美学现象、逻辑现象、心理现象等也往往交叉并存，每每有着紧密的联系"②。有了这种联系，换一个角度，借用心理学的有关理论和方法丰富和发展修辞学理论就有了可能和必要。这样，系统研究接受心理与修辞表达的互动规律就理应在某种程度上有助于人们掌握修辞现象与心理现象之间的联系，进而有助于揭示修辞的某些本质规律。限于篇幅和笔者的能力，本项研究主要着眼于接受心理、立足于修辞表达，考察接受心理对修辞表达的制约。考察表明，"心理学的原理和研究成果，对修辞学的发展至关重要"③。之所以这样说，在很大程度上是因为"修辞活动和人的心理活动是息息相关的"④。而修辞表达在接受心理上的具体反映，修辞话语对接受心理的具体影响将是我们在另外一个课题中的主要着意点。

研究接受心理对修辞表达的制约是将表达与接受结合起来进行修辞研究的需要，也是全面研究言语交际全过程的一条必由之路。中外修辞学史表明，"修辞学应该探讨言语交际的全

---

　　① 吕叔湘：《语言和语言学》，王振昆等编《语言学资料选编》（上册），中央广播电视大学出版社1983年版，第34页。

　　② 宗廷虎：《边缘学科的特殊理论营养——论修辞学的哲学基础及其他理论来源》，中国华东修辞学会《修辞学研究》，语文出版社1987年版，第2页。

　　③ 宗廷虎：《修辞学与心理学》，中国修辞学会编《修辞学论文集》（第二集），福建人民出版社1984年版，第57页。

　　④ 同上。

过程，既包括表达修辞研究，也包括理解修辞研究"①。既然如此，研究接受心理与修辞表达的互动势必有助于修辞研究的全面展开与系统深入。

此外，研究接受心理与修辞表达的互动还有助于文艺学理论、美学理论的发展，我们知道，文艺学、美学也是"人学"的重要组成部分，系统研究接受心理与修辞表达的互动能以相对实证的方式深化文艺学中的鉴赏论，也可以在某种意义上对接受美学不太关注的修辞表达这一环节起一定的补充作用。

（二）实际意义

我们以为，研究接受心理与修辞表达的关联有助于文学创作、语文教学以及对外汉语教学的实践。有助于法律文书的起草工作以及法言法语的适用，有助于法庭讯问，亦有助于各类谈判及各类广告文案的撰写。另外，由于本项研究关注接受心理与修辞表达的和谐，它势必有助于心理咨询服务、电视台、电台的谈话节目等人际传播的协调。有关接受心理与修辞表达关系的探究还有助于提高个人和社会的言语修养。

三　研究概况

首先，上古时期的有关研究：对社会接受心理和口头语表达的关注。

早在先秦，《韩非子·说难》即指出："所说出于为名高者也，而说之以厚利，则见下节而遇卑贱，必弃远矣。所说出于厚利者也，而说之以名高，则见无心而远事情，必不收

---

① 宗廷虎：《21世纪汉语修辞学向何处去？》，《宗廷虎修辞论集》，吉林教育出版社2003年版，第233页。

矣。……此不可不察也。"① 王先慎对这段话的解释是："所说
之人意在名高,今以厚利说之,彼则为己志节凡下,而以卑贱
相遇,亦既贱之,必远弃而疏远矣。……所说之人意在厚利,
今以名高说之,此则为己无相时之心而阔远事情矣,如此则必
见弃而不收矣。"② 这表明要根据接受对象的特点来建构修辞
话语。"这种必须根据对象的特点来立言的情境修辞观,是韩
非首先明确提出来的。韩非之论和古希腊亚里士多德《修辞
学》中所着重阐述的把握对方的情感心理,有异曲同工之妙,
和纵横家的《鬼谷子》讲究揣摩修辞心理,不谋而合。"③ 陈
光磊先生与王俊衡先生的这一段精辟的分析、比较即是对中西
2000 多年前基于接受心理的修辞表达研究的代表性的研究成
果的科学评述。总之,先秦时期的论者已提出了"修辞要根
据不同对象、不同场合、时机的变化而随机应变的理论"④。

有关修辞与心理的关系的论述,我们还可以追溯得更早
些。周王凡伯(即共伯和)所作的《板》有言:"辞之辑矣,
民之洽矣。辞之怿矣,民之莫矣"。(《诗经·大雅·板》)这
里的"辞"是作为言语作品的"政令","辑"和"洽"均有
协调、和谐之意。"怿"的义符"忄"借为"歺","败坏"
意。"莫"通"瘼","病"、"疾苦"之意。显然,这里的
"民"(老百姓)是"辞"的接受者。"洽"与"莫"均体现

---

① 王先慎:《韩非子集解》,上海书店 1986 年版,第 60 页。

② 同上书,第 60—61 页。

③ 陈光磊、王俊衡:《中国修辞学通史》(先秦两汉魏晋南北朝卷),吉林
教育出版社 1998 年版,第 117—118 页。

④ 易蒲、李金苓:《汉语修辞学史纲》,吉林教育出版社 1989 年版,第 20
页。

的是"民"之受话心理。民之洽莫与辞之辑怿相互关涉。① 这在某种意义上可看作是"修辞立其诚"的雏形。我们还注意到，《板》的首节有这样一段："出话不然，为犹不远。靡圣管管，不实于亶。犹之未远，是用大谏！"（《诗经·大雅·板》）此处，"话"与"为"对举，而"话"却又不实于亶，所以要"大谏"，以言相劝，这里破的是"出话不然"、"不实于亶"，立的其实就是"实"和"亶"（实在、诚然之意），即所谓"修辞立其诚"。"诚"在一定意义上说，是人的一种个性特征、一种心理结构。"诚"理应包括接受者的接受心理——简单地说，没有接受心理也就无所谓表达心理。"修辞"就是在此基础上"立"起来的。

以上似已表明，无论是《诗经·大雅·板》，还是《鬼谷子》、《韩非子·说难》均在一定意义上体现了当时人们对社会接受心理与口头语表达的关注。

第二，中古时期的有关研究：对审美心理与诗文表达的关注。

先秦以降，汉代刘向、徐干等分别在继承韩非子、荀子等有关思想的基础上提出了自己的看法，其中已涉及我们所说的接受心理与修辞表达的关系。譬如刘向提出"善说"的必要条件是"能入于人之心"。"能入于人之心，如此而说不行者，天下未尝闻也。"（刘向《说苑·善说》），显然，这里的"入于人之心"的"人"主要指的是接受者，"人之心"也就是某种意义上的接受心理。徐干认为"君子将与人语大本之源而谈性义之极者"的必要条件是"必先度其心志，本其器量，视其锐气，察其堕衰"（徐干《中论·贵言》），不难理解，徐

---

① 杨合鸣：《〈诗经〉疑难词语辨析》，崇文书局 2002 年版，第 129 页。

干在这里"强调重视对象的心志、神态，做到'导人必因其性'"①。之所以"导人必因其性"，主要是因为包含"其性"的接受心理制约着修辞表达。

南北朝时期的刘勰在继承前人的基础上提出"为情而造文"的原则，尽管对这里的"情"的解释历来见仁见智，但有一点是可以肯定的，那就是它必定包括或曰兼顾接受心理的情绪情感等。此外，刘勰还注意到接受感知与韵律配置之间的关系，刘勰《文心雕龙·章句》认为"两韵辄易，则声韵微躁"，"百句不迁，则唇吻告劳"，他提出"折之中和"，即既不是"两韵辄易"，又不是僵硬死板的"百句不迁"，之所以如此是为了避免"声韵微躁"、"唇吻告劳"，而"躁"与"劳"显然是就接受者的接受感知而言的。毋宁说，这里的"折之中和"强调的是"和谐"。刘勰还从接受感知的角度提出了"六观"说。"主张从六个方面来鉴赏、观察作品。这是他的创见。"② 即"是以将阅文情，先标六观：一观位体，二观置辞，三观通变，四观奇正，五观事义，六观宫商"（刘勰《文心雕龙·知音》）。就是说，要考察作品中的思想感情，先从六个角度去观察：第一是看作品的体裁；第二是看作品的遣词造句；第三是看作品的继承与创新；第四是看作品常规或超常规的表现手法；第五是看作品用典的用意；第六是看作品的声律。不妨说，这"六观"是起于形式而止于形式的，而且主要着眼于接受者对形式（语言文字）的感知，涉及形式的方方面面。换言之，刘勰在这里强调的是如何利用语言文字表

---

① 易蒲、李金苓：《汉语修辞学史纲》，吉林教育出版社1989年版，第88页。

② 同上书，第174页。

情达意的可能性来鉴赏（接受）一般言语作品。而且，值得注意的还有，刘勰十分强调言语作品的效果，刘勰紧接着指出，"斯术既形，则优劣见矣"（《文心雕龙·知音》）。意即这种观察感知文章（言语作品）的方法如能实行，那么，作品的好坏就可以看出来了。应该说，"优劣"是修辞表达上的问题，而整个"六观"却是接受者的接受过程（尤指接受感知、接受理解等接受心理过程），这样，接受心理与修辞表达在刘勰那里被关联起来了。事实上，《文心雕龙·知音》紧接着的论述更为明确地将表达（"缀文"）与接受（"观文"）直接联系起来，二者在刘勰那里是以对比的方式出现的，所谓"夫缀文者情动而辞发，观文者披文以入情"，意即作者先有了思想情感再"发"为文辞，读者先看了文辞再了解作者的思想感情。

　　此后，隋唐五代时期，韩愈的"怪怪奇奇"论，皇甫湜提出的"文奇而理正"论，孙樵提出的"立言必奇"论以及柳宗元、裴度对"尚奇"的反对等都体现了当时的论者已在某种程度上自觉、不自觉地注意到了接受兴趣和接受注意与修辞表达之间的关系。这一时期，由于唐诗的空前繁荣，出现了讨论诗格的书，这些书"对诗的委婉、含蓄手法论述较多"①，"论述的重点集中在语尽意远、缘情蓄意、文外之旨、言外之意、无其辞而含其意等方面"②。譬如皎然《诗式》认为"两重意以上皆文外之旨"，"但见性情，不睹文字，盖诗道之极也"。显然，"文外之旨"是靠接受者的揣摩理解的。同样，

─────────────

　　①　易蒲、李金苓：《汉语修辞学史纲》，吉林教育出版社1989年版，第214页。

　　②　同上。

"但见性情，不睹文字"实乃"睹"文之后所达到的某种境界。要达到这种境界与其说是对表达者的要求，不如说是对接受者的要求，毕竟"睹文字"的"睹"的施动者在这里应该是指接受者。

紧接着，修辞学初步建立时期（宋金元时期）吕祖谦《古文关键·总论看文字法》从如何读古文的角度谈到修辞的接受问题："先看文字体式，然后遍考古人用意下句处。"这里的"先"与"后"其实就是一种接受策略。此外，杨时"体会诗情"说，朱熹"识得意思好处"说，黄庭坚、叶梦得"读诗勿穿凿附会"说等有关理解与鉴赏的理论均值得我们注意。

以上通过汉代的过渡，人们在这一领域的关注点似乎逐步由先秦上古时期对社会接受心理和口头语表达的关系转移到审美心理与诗文表达的关系上来了。

第三，近代的有关研究：对个体审美心理与文章散文写作的关注。

修辞学发展时期（明清时期），冯梦龙重视"谐于里耳"，即是注意到了宋人话本语言较其他语言艺术形式更加贴近广大接受者的接受个性结构。其时，随着小说的繁荣和发展，以及带有商品经济性质的小商品经济的萌芽，一些地方（尤其是集镇）出现了一些"有闲"和"有钱"的准城市小市民。随着这些准城市小市民的阅读需要的扩大，说书艺人及相应的小说评点得以兴盛，逐渐成为修辞接受的一个独具特色且不可忽略的样式。相应的，当时一些论者就空前强调"趣"之于修辞表达的重要性，比如叶昼指出，"天下文章当以趣为第一"。"叶氏主张的是小说要给读者以一定的审美享受，引起读者一定程度的兴趣和美感。"① 到了清代，桐城派的"雅洁、音节、格律声色"说等也涉及接受心理与修辞表达关系的问题。清末民初，梁启超、刘熙载、王国维等也偶涉此问题。

以上所举论者及相关学说均已述及接受心理与修辞表达。但其局限性也是十分明显的：第一，均为"零珠碎玉"式的，不系统；第二，均是不自觉地述及接受心理与修辞表达之间的关系，即他们主要是在讨论有关文学批评甚至某哲学问题时偶尔涉及，同时往往点到为止。

毋宁说，近代是中古与现代的过渡，其间，人们对这一领域的关注点似乎已有所改变，即人们已悄然对审美心理，尤其是对个体的审美心理和文章散文的表达格外注意。

第四，现代的有关研究：对审美认知心理与语辞的关注。

在现代修辞学的建立与初步繁荣时期（1905 年至 1949年），已经有论者自觉地注意到了心理与修辞的关系问题。比如胡适、蔡元培、钱锺书等。胡适曾于 1920 年在《什么是文学——答钱玄同》一文中提出了著名的"文学三要件"说，即：第一要明白清楚，第二要有力能动人，第三要美。② 其中明白清楚，就是要把情或意，明白清楚地表达出来，使人懂得，使人容易懂得，使人绝不会误解。显然，这里的"使人"主要是针对特定接受者的接受能力与接受理解而言的。而所谓"动人"即是要人不能不相信，不能不感动。胡适的文学三要件说"虽然当时是从文学要素的角度分析的，但由于着重讲的是语言表达技巧产生的效果，所以影响所及，不少学者把它

---

① 易蒲、李金苓：《汉语修辞学史纲》，吉林教育出版社 1989 年版，第 408页。

② 姜义华主编：《胡适学术文集·新文学运动》，中华书局 1993 年版，第87 页。

扩大为整个语言运用的准则"①。蔡元培强调"言为心声，而人之处世，要不能称心而谈，无所顾忌，苟不问何时何地，与夫相对者何人，而辄以己意喋喋言之，则不免取厌于人"②。蔡元培十分注重言语接受者在整个修辞过程中的作用。蔡氏"明确地提出'修饰文词的直接目的之一是'感动读者'。这一思想是极富前瞻性的"③。蔡元培尤其注重听读者在修辞过程中的能动作用，这与钱锺书之"活参"说似如出一辙。而钱锺书的"'阐释之循环'、'考辞之终始'、'活参'说实可视为理解理论中的三大原则，由此也说明钱氏对修辞学所作出的杰出贡献"④。陈介白的《修辞学》、《新著修辞学》还用心理学原理论述了"思想的性质"、"语趣的表情"和修辞的目的，并讨论了文体的心理基础。同时身兼心理学家和修辞学家的唐钺有关辞格的分类中的"根于联想的修辞格"与"根于想象的修辞格"即主要是着眼于心理活动而划分的。其时，宫廷璋在《修辞学举例·风格篇》提出"节省并刺激读者或听者之各种心力"的观点也是针对接受心理而言的。此外，陆殿扬、郑殿、徐梗生、曹冕等也曾论及接受心理与修辞表达的关系问题。

现代修辞学的奠基人陈望道先生更是十分注重接受心理与修辞表达之间的密切关系。正如宗廷虎、李金苓两位先生所指

---

① 宗廷虎：《胡适的修辞观》，《宗廷虎修辞论集》，吉林教育出版社2003年版，第385页。

② 欧阳哲生：《中国现代学术经典·蔡元培卷》，河北教育出版社1996年版，第140页。

③ 张春泉：《修辞与教育的互动》，《广西大学学报》（哲学社会科学版）2003年第1期，第87页。

④ 宗廷虎：《钱锺书的理解修辞理论》，《宗廷虎修辞论集》，吉林教育出版社2003年版，第228页。

出的，"这一时期有些修辞学家在不同程度上论及言语交际过程中听读者的理解和感受问题，以陈望道较为突出"①。事实上，据宗廷虎、李金苓先生所做的不完全统计，"《修辞学发凡》论及听读者的近 30 处。它们既包括交际过程中写说者要处处考虑听读者因素，也包括听读者如何正确理解和感受"②。此外，据宗廷虎、赵毅统计，《陈望道修辞论集》一书"除去与《发凡》重复的部分，论述听读者的也近 20 处"③。

现代的有关论者注意到了接受者的认知心理与修辞表达之间的关系，比如蔡元培即从修辞与教育（这里尤指认知）的角度给我们提供了不少真知灼见。人们结合审美与认知讲究修辞，提出了自己的修辞观，形成了自己的修辞思想。

第五，当代的有关研究：对接受心理与修辞表达的较为全面的关注。

1949 年至 1980 年间，一方面由于心理学本身的发展受到"唯心"与"唯物"的哲学甚至政治倾向的争论的束缚，鲜有人系统而全面地研究接受心理与修辞表达问题。另一方面其间或者由于政治原因（1966—1976 年）使人无暇、无意从事包括"接受心理与修辞表达"这一课题在内的学术研究，或者限于研究者的学术兴趣等，有关方面的研究在某种意义上似乎反倒较修辞学史上的"建立与初步繁荣时期"逊色。

当下学界（1980 年至今），有关修辞"接受"与修辞表达及修辞与心理的关系问题的研究已取得了一定的成果。宗廷

---

① 宗廷虎、李金苓：《中国修辞学通史》（近现代卷），吉林教育出版社 1998 年版，第 295 页。

② 同上书，第 295—296 页。

③ 宗廷虎、赵毅：《弘扬陈望道修辞理论　开展言语接受研究》，《宗廷虎修辞论集》，吉林教育出版社 2003 年版，第 201 页。

虎先生从 20 世纪 80 年代初即大力倡导并身体力行地研究，还与李金苓先生将修辞研究要将动态与静态、表达与接受等结合起来的观点贯穿于自己的修辞研究实践中，比如《中国修辞学通史》（隋唐五代宋金元卷）、《中国修辞学通史》（近现代卷）、《汉语修辞学史纲》以及《宗廷虎修辞论集》等均体现了这种修辞观。

陈光磊先生的《修辞论稿》、《中国修辞学通史》（先秦两汉魏晋南北朝卷），张炼强先生的《修辞论稿》、郑远汉先生的一系列单篇论文《漫谈修辞研究的兴衰与前景》（《修辞学习》1999 年第 1 期）、《修辞面临的矛盾和我们的任务》（《修辞学习》1992 年第 5 期），陆稼祥的《内外生成修辞学》，骆小所的《现代修辞学》、《语言美学论稿》，冯广艺的《语境适应论》，童山东及吴礼权的《阐释修辞论》等论著中涉及的有关修辞与心理、表达与接受关系的论述亦值得我们格外重视。外语界桂诗春、熊学亮、束定芳、赵艳芳等也对心理语言学、认知语言学作了不懈的探索，其探索过程也常涉及修辞与心理之关系。心理学界彭聃龄、王甦、孟昭兰等的有关见解亦值得重视。童庆炳、滕守尧、金开诚、邱明正、丁宁等有关文艺心理学、心理美学、接受美学的成果也可资镜鉴。另外，海外沈谦、黄庆萱、叶维廉有关修辞学、诗学的理论也或多或少涉及这一问题。瑞恰兹（I. A. Richards，又译"瑞恰慈"）、肯尼斯·博克（Kenneth Burke）、雷考夫（G. Lakoff）、利奇（G. Leech）、斯波伯（D. Sperber）和威尔逊（D. Wilson）的有关理论也可有分析的"拿来"。

谭学纯先生的《接受修辞学》、《人与人的对话》、《广义修辞学》等论著系统地提出、建构了接受修辞学的体系。尤其是《接受修辞学》"对接受修辞的特征、类型、方法、价值等作了深入的论述，从而初步建构了一个汉语言语修辞学的理论体系。正因为言语交际是一个互动的过程。因此该书对我国的动态修辞研究也作出了积极的贡献"①。此外，谭学纯先生还在《广义修辞学》中明确提出："广义修辞学，不是狭义修辞学经验系统内的自我扩张，而是一个双向互动、立体建构的多层级框架，是两个主体（表达者/接受者）的双向交流行为在三个层面的展开。"② 这里的三个层面指的是：修辞技巧层面；修辞诗学层面；修辞哲学层面。最后，谭学纯先生的一系列单篇论文也体现了其在接受修辞研究领域的卓越贡献。例如，《人是语言的动物，更是修辞的动物》[《辽宁大学学报》（哲学社会科学版）2002 年第 5 期]、《国外修辞学研究散点透视——狭义修辞学和广义修辞学》[《三峡大学学报》（人文社会科学版）2002 年第 4 期]、《古代修辞学和诗学：理论资源共享和研究方法互补》（《淮阴师范学院学报》2002 年第 3 期），《中国修辞学学科发展忧思》（《福建外语》2002 年第 2 期），《我所理解的"集体话语"和"个人话语"》（《社会科学研究》2001 年第 1 期）等。

　　另外，就我们有限的识见看来，当下有关修辞与心理的较为系统的论著主要有二：一是吴礼权的《修辞心理学》（云南人民出版社 2002 年版），一是陈汝东的《社会心理修辞学导论》（北京大学出版社 1999 年版）。此外陈汝东的《认知修辞学》（广东教育出版社 2001 年版）也对这一问题有较为广泛的涉及。以上论著筚路蓝缕，发前人所未发，补前修之未密，

---

　　① 宗廷虎：《汉语修辞学 20 年的回顾与展望》，《宗廷虎修辞论集》，吉林教育出版社 2003 年版，第 258—259 页。

　　② 谭学纯、朱玲：《广义修辞学·自序》，安徽教育出版社 2001 年版，第 4 页。

使修辞心理学这门富于生命力的学科得以初步建立。尤其是吴礼权的《修辞心理学》，"则是礼权博士多年来意欲建构中国新派修辞学——阐释修辞学体系而进行不懈努力所结下的最丰硕的学术成果。它是在礼权博士上述诸多有关阐释修辞学研究的基础上并熔入了他近年来对此课题进行深入探讨的最新体会而著成，较为全面地体现了他建构中国新派修辞学体系的学术思想，建构了一个较为完整严密的阐释修辞学——修辞心理学——的学科体系，标志着中国新派修辞学（阐释修辞学）体系基本建立起来"①。《修辞心理学》提出了"修辞主体"这一概念，这个概念是与修辞接受主体相对而言的。与之在某些意义上有些类似，高长江也十分注重对修辞主体的探究，其专著《现代修辞学——人与人的世界对话》（吉林教育出版社1991年版）及其单篇论文《主体论修辞观与现代修辞观》[《云南师范大学学报》（哲学社会科学版）1994年第3期，第88—91页] 均十分注重主体意识对于修辞表达的重要意义。

　　最后，文艺学、美学领域也有一些或多或少涉及接受心理与修辞表达关系的论著。比如，朱光潜的《文艺心理学》（开明书店1936年版）、《悲剧心理学》（人民文学出版社1983年版），彭立勋的《美感心理研究》（湖南人民出版社1985年版），金开诚的《文艺心理学概论》（北京大学出版社2000年版），滕守尧的《审美心理描述》（四川人民出版社1998年版），钱谷融、鲁枢元的《文学心理学教程》（华东师范大学出版社1987年），童庆炳的《现代心理美学》（中国社会科学出版社1993年版）等。

　　不难看出，在当今学界，有关接受心理与修辞表达的诸多

---

　　①　吴礼权：《修辞心理学》，云南人民出版社2002年版，第12页。

方面都有论者涉足或有所注目。

尽管如此，由于当今学界有关修辞与心理、表达与接受之关系的研究力量相对而言仍十分薄弱，仍然存在以下几个方面的问题：

1. 对有关问题的讨论缺乏实证分析，缺少一定的调查研究。

2. 在有关修辞与心理的论著中，一般没有系统地研究接受心理对修辞表达的制约作用，而多以表达心理与修辞表达之关系为自己讨论的着眼点与切入口。即已经很重视"表达主体"，但还未及关注与"表达主体"相对的"接受主体"，尤其是接受心理。而文艺理论界虽然一定程度上注意到了接受心理问题，但他们主要是从接受美学的角度来探讨的。我们的研究与接受美学最大的差异就在于在重视接受心理的同时同样重视表达者的修辞表达。

3. 在研究修辞心理时，在一定程度上缺乏哲学、美学、逻辑学理据，理论支撑尚欠坚实。

4. 语料的选取还有待多样化、典型化。比如有的主要取材于书面语言，有的主要取材于口头语言，有的主要是外语，尤其是英语的移译与诠释，削弱了现有理论成果的解释力。

5. 现有成果主要着眼于静态考察，往往不太注重动态研究，尤其是动态与静态研究的结合。比如，作家为什么要"改笔"，我们平时说话为什么要"改口"，法言法语为什么要调整等问题尚未引起学界足够的重视。

以上我们从上古、中古、近代、现代和当代等历史时期举隅式地初步例举评述了中国修辞学史上基于接受心理的修辞表达研究的成果。需要指出的是，我们以上历时分期和一般历史分期不尽一致，显然，这种分期仍然是人为划分的，之所以分期只是为了使整个发展脉络更清晰可鉴。借古以鉴今，当下的有关研究值得学界重视。

四　语料来源

本项研究的语料主要取材于以下几个方面。

第一，修改后的言语作品与对应的修改前的言语作品，主要包括：作家的不同版本的作品的比照；面向社会公开发表后经修改收入中学语文课本的言语作品的前后比照；宪法修改前后的比照。第二，问卷调查所得到的材料。第三，经过访谈记录下来的材料。第四，经典作家作品中的语句。第五，报纸杂志上的语句。第六，电台节目主持人话语和广告语等。

为了充分地占有以上材料，有效地开展研究，我们主要采用如下一些研究方法。

五　研究方法

具体说来，研究过程中我们主要使用了以下研究方法。

1. 解释学辩证法。这是我们思考问题时使用的一种方法。有学者考证，"辩证法"这个词从词源上说来源于希腊语dialegσ，该词由两个部分构成，"一个部分是 dia，原义为'通过、贯彻'，另一部分是 legσ，原义为'关心、留意'；而dialegσ原义则为'选取、分辨、鉴别'等，后来引申为'谈话、讨论'等"①。我们这里所说的解释学辩证法主要来自伽

---

① 方朝晖：《"辩证法"一词考》，《哲学研究》2002 年第 1 期，第 31 页。

达默尔的哲学解释学（有译作"诠释学"的，如洪汉鼎；有译作"释义学"的，如张汝沦）。伽达默尔的哲学解释学"最终可归结为一种语言辩证法，语言正是它最后的归宿"①。这表明解释学辩证法与语言的"天然"联系，既然有这种联系，我们使用它来研究语言的使用就应该是可行的了。此外，就对话与解释学辩证法之间的关系而言，"对话贯穿于解释学辩证法的各个方面，解释学经验所具有的历史性和语言性主要展露于对话，只有对话才能建立起共同的语言、共同的理解和共同的思想。所以，解释学辩证法最终可归结为对话辩证法"②。这里强调的是解释学辩证法的对话性。"对话辩证法……虽然它直接以两个人之间的实际交谈为原型，但并不限于这种交谈，它可泛指任何并存的差异之间的交流。"③ 我们这里所说的解释学辩证法虽不能说就是"交流"，但强调的是以"交谈"为基础的"交流"。在这个意义上不妨说，解释学辩证法是接受心理对修辞表达制约的理据之一。

　　研究方法往往与理论背景密切相关。本项研究在一定程度上是"萃取"了哲学解释学、交往行为理论、接受美学等人文学科诸多领域的理论成果，而不是这些似乎对立的理论的"杂取"或者拼凑。力图实践陈望道先生所倡导的"古今中外法"。需要说明的是，有的理论本身在总体上或主要观点上是互相有所龃龉的，但是既同为人文学科，同以十分复杂的人文现象为研究对象，则很难说它们是真正意义上的"矛盾"关系，只能说它们的立论侧重点或理论来源等有所不同，其实若

---

　　① 何卫平：《走向解释学辩证法之途》，上海三联书店 2001 年版，第 375 页。

　　② 同上书，第 377 页。

　　③ 同上书，第 378 页。

着眼于人文现象的总体，又不妨说它们是可以互相补充的。另外，若着眼于某一个具体视角或某一种具体方法抑或某一个具体观点它们又可能是相通的。例如伽达默尔与哈贝马斯的诠释学论争就并不是对对方的全盘否定，"在哈贝马斯看来，诠释学关于理解不能简单跳过解释者的传统联系这一观点是正确的"①，这表明二者对于语言运用等某些问题的看法在很多方面是可以互相补充的，我们在注意到了二者的不同意见的同时，也重视他们在语言、语用上的"共识"和理论上的相互补充倾向。

2. 问卷调查法。问卷调查法可以适用于人文社科领域。在具体操作上，"问卷可经由邮寄的方式进行，同一时间可以调查很多人"，"问卷调查时，被调查者可在问卷上按题回答"，"答题方式可采用是非法，可采用选择法，也可采用简答"②。由以上所述问卷调查的方式可见其优越性。我们的问卷调查多数是经由邮寄的方式进行的，也有是先面对面访谈，然后对方将问卷做好之后，回复给我们。

"我们认为问卷法是修辞心理学研究中最为有效、适用的方法"③，使用问卷法能相对真实地了解到一般接受者和熟练表达者的有关心路历程，且具有可操作性。采用此法，我们调查了梁晓声、韩石山、张炜等 20 位作家，旨在从这些作家——他们常常比普通人更能娴熟地运用语言文字——那里获取第一手材料。此外，我们还对一些普通接受者作了与前者有某些对应的问卷调查。

---

① 傅永军：《批判的社会知识何以可能？——伽达默尔—哈贝马斯诠释学论争与批判理论基础的重建》，《文史哲》2006 年第 1 期，第 140 页。
② 张春兴：《现代心理学》，上海人民出版社 1994 年版，第 40 页。
③ 吴礼权：《修辞心理学》，云南人民出版社 2001 年版，第 17 页。

3. 系统考察法。我们将接受心理与修辞表达看作一个复合系统。之所以可以采用系统考察法将其视为一个复合系统，是因为一方面从系统论的角度来看，"修辞学本身不仅是一个有机整体的系统，而且是一个由不同层次逐级组合起来的复杂系统"，① 另一方面，宗廷虎、李金苓两位先生已在自己的修辞研究中成功引入了系统论的方法，而且将这种方法一以贯之，贯穿了他们整个的修辞学研究，为我们的研究引入系统论思想方法指明了方向。此外，陈光磊先生对有关系统论方法运用于修辞研究也作了十分精到的分析，其有关修辞研究方法的一系列论文《怎样学习和研究修辞》、《加强对修辞方法论的研究》、《修辞研究的基本方法》、《关于修辞研究方法的几点想法》② 等均对系统论方法如何适用于修辞研究作出了卓有成效的探讨。童山东的《修辞学的理论与方法》（河南人民出版社 1991 年版）也涉及系统论方法之于修辞研究的适用问题，可资借鉴。

4. 比较法（作家定稿本与未定稿本、修订稿与原刊稿作修辞的比较以及表达心理与接受心理的比较等）、题旨情境适应性的分析法、语言组合的具体性分析法、话语结构美感性的分析法等也是我们常用的方法。"这几种方法，不妨可以说是修辞学本身特有的方法。"③ 另外，我们还使用了一般科学研究中常见的归纳法、演绎法、文献检索法、统计法以及心理学中的内省法等其他方法。

---

① 易蒲、李金苓：《汉语修辞学史纲》，吉林教育出版社 1989 年版，第 10 页。

② 均收入陈光磊《修辞论稿》，北京语言文化大学出版社 2001 年版，详见第 49—73 页。

③ 陈光磊：《修辞论稿》，北京语言文化大学出版社 2001 年版，第 55 页。

　　我们下面的进一步的讨论将主要运用以上研究方法，"宏观研究、微观研究和常观研究'三观'齐下"①，尽量撷取第一手材料展开讨论。

---

①　陈光磊:《修辞论稿》，北京语言文化大学出版社 2001 年版，第 68 页。

第 一 章
关于接受心理与修辞表达的问卷调查综述

我们的调查主要以问卷调查和访谈的方式进行。访谈的内容及其结果我们在相关章节另行备述，这里主要综述有关接受心理与修辞表达的问卷调查情况。兹略条于后。

第一节 对熟练表达者的问卷调查

一般说来，从事文学创作的作家、诗人均在一定意义上可称为熟练表达者，他们娴熟地使用语言文字，常常较一般人更熟练地使用语言文字。"文学作品是用语言作媒介，用语言把它写出来的。"[①] 吕叔湘还以文学作品中的"诗"为例作了进一步的说明，"诗这个东西，是拿语言把它写出来的，用文字把它写出来的，不是用思想写出来的，思想没法子写，要写就得用语言"[②]。吕叔湘先生接着对此解释道："马拉梅说你得用

---

① 吕叔湘：《短论二题》，载中国修辞学会《修辞的理论和实践》，语文出版社 1990 年版，第 2 页。
② 马拉梅语，见中国修辞学会《修辞的理论和实践》，语文出版社 1990 年版，第 2 页。

语言把它写出来。这个意思就跟一个画家画油画一样，你首先得调色，这个颜色，这个色彩，你得会调，然后才能画。你不借助于颜色，没法子画出画来。我们作家大都懂这个道理，因为这是个很实际的问题。"① 在这个意义上可以说诗歌等文学作品是一种较为纯粹的语言艺术，诚如朱光潜所言，"诗是最精妙的观感表现于最精妙的语言"②。既然如此，调查这些熟练表达者势必有助于我们探索接受心理与修辞表达的关系。

一　本项调查的基本步骤

既已明确调查的基本目的与调查的主要对象（熟练表达者），我们的第一步即是遴选调查对象。我们首先选择了50位在地域、年龄、性别、知名度乃至教育程度等方面存在一定差异的作家、诗人。第二步，在这50位熟练表达者中间我们又选择了20位（主要是诗人），根据他们的言语作品，设计了各自不同的问卷。第三步，对于余下的30位熟练表达者我们设计了同一份问卷。第四步，与调查对象取得联系（主要是通讯联系，个别作家诗人既有过书面联系又有过当面访谈，比如黑龙江诗人冯宴、湖南小说作家阎真），发放问卷。第五步，回收问卷。第六步，问卷的处理。

二　问卷调查结果综述

本项调查共发放问卷50份，回收28份，实际可供本研究使用的有效问卷一共为20份。这些提供有效回复（有的还惠

---

① 吕叔湘：《短论二题》，载中国修辞学会《修辞的理论和实践》，语文出版社1990年版，第2—3页。

② 朱光潜：《诗论》，生活·读书·新知三联书店1998年版，第308页。

赠大作）的熟练表达者是（排名不分先后，姓名后括弧所注
为作者当时生活或工作所在地）：梁晓声（北京）、韩石山
（山西）、张烨（上海）、李肇正（上海）、王新军（甘肃）、
树才（北京）、张炜（山东）、黄发清（湖北）、马明奎（浙
江）、阎真（湖南）、桑克（黑龙江）、赵金禾（湖北），发放
给以上 12 位被调查者的问卷的问题设计完全相同。我们把这
种方式的调查记为 A 类调查。发放给另外 8 位的问卷的问题
设计各不相同，他们是：林宛中（江苏）、宋晓杰（辽宁）、
李元胜（重庆）、伊路（福建）、扶桑（河南）、靳晓静（四
川）、冯晏（黑龙江）、康城（福建）。我们把这类调查方式记
为 B 类调查。

之所以要在总体上以两种形式（针对同一份问卷作回复、
针对不同的调查对象分别设计问卷作回复）设计和发放问卷，
主要是着眼于共性与个性的结合。

通过对调查结果的粗略分析，我们得出如下几点初步
认识。

（一）修辞行为的主体交互性

在 A 类调查中，当问及"您写作时，最为经常的动机有
哪些？审美？认知（即帮助读者认识或告诉读者一个人生、
生活道理或其他事理）？怡情？自娱？娱人？忆旧？情感宣
泄？自我实现？抑或其他?"时，所有回复者（即指上述 12
位熟练表达者，下同）均结合自己的创作实际作了一定的
"表白"。

这个问题的具体回答比较复杂，以上每一个选项均有人选
择，其中 12 位被调查者中有 5 位同时选择了以上所有的选项。
韩石山坦言："我的出发点多是有趣……有认知的意味，但不
全是。光从认知出发，写不出好的作品。"梁晓声则认为，

"写时的情绪状态倾向于认知和忆旧。……总之完全处于自娱的时候是很少的"。赵金禾的看法是，"我的写作是寻求感动，在感动中审美。在审美中与自己的心灵对话"。这里，强调了"对话"，与之相似，张炜的看法是"写给很遥远的，另一个'我'，好象他在注视我"。这种情形实质上是我与"我"之间的对话，亦为一定意义上的人与人之间的对话。阎真认为"审美"与"动机"尤为重要。桑克的回复是，"审美、怡情、自娱、忆旧、情感宣泄的成分都有，审美占了很大的比例，忆旧次之"。张烨更是注意到了接受心理的存在，"……一旦有出色的诗句，语言写出来，心头倒有这样的念头掠过：'这样的语言或表述方法，读到的人一定也会有同作者一样的快感。让读者感到温暖、快乐'"。一般说来，修辞行为受一定的修辞动机支配。而在诸动机中尽管各位熟练表达者在修辞表达时各有侧重，但"审美"和"对话"大概属于共同的倾向，显然，"审美"和"对话"则是接受者和表达者主体交互作用的表现形式。

A类调查中我们的第十个问题是："孔子说诗可以兴（感发志意）、可以观（观风俗之盛衰）、可以群（群居而切磋）、可以怨（怨刺上政）（《论语·阳货》），您是完全同意，还是部分同意，或者根本就不同意？烦您发表您的真知灼见。"

12位被调查者中有9位同意该看法。但有人对此有所补充，例如韩石山说："现在，诗可说是最精致的艺术样式，但已不是最重要的艺术样式了。"我们知道，"兴"、"观"、"群"、"怨"在一定意义上体现的是修辞行为主体之间的交互作用，表明了修辞行为的社会性。

当问及"您是觉得与别人谈谈自己的构思对自己的创作表达有利些，还是自己独自苦心孤诣更有利于自己的创作"

时，58.33%的熟练表达者认为与别人交谈对自己的创作表达
更有利些。

12位被调查者中即有7位认为与别人交谈对自己的创作
表达有利些。例如赵金禾的经验是："有了构思，最好能与朋
友谈谈。谈与不谈是不一样的。这就像经济活动，多一个机会
成本。"梁晓声的感受是："从前喜欢向别人谈。在集体生活
中，比如知青时代，学生时代，能够找到人听，也有人愿听。
那对我的写作有过益处。写前多听听别人的看法总归是好的
（指小说、影视剧本构思；诗及散文另当别论）。"张炜也明确
谈道："与别人说说更有利。""与别人交谈对自己的创作表达
有利些。有时与商人交谈，他们一句话甚至可以一下子提高你
作品的境界。"黄发清如是说。

与人交谈其实本身就是一种对话，是一种修辞。在这个过
程中，修辞意图也得到了部分实现，同时也能直接认知接受心
理，而对于接受心理的有效认知又有助于修辞话语的调节性
建构。

**A类调查中我们的第十六个问题是："若您曾有过别人不
同意您的构思的时候，烦您描述一下其时您的心理状态。"**

因为在之前第15题中已有5位被调查者明确谈到自己不
与别人谈自己写作表达上的构思。故相应的，他们对此题均未
作说明。有4位被调查者谈到了自己的感受。比如赵金禾谈
及："别人不同意我的构思，那就是别人的构思。……别人的
意见，无论是正面的或反面的，都是有益的，这与谦虚无
关。"这从一个侧面反映了**主体交互性之于修辞的本质规
定性**。

修辞行为（或曰语用行为，之所以可以对"语用行为"
和"修辞行为"等量齐观，主要是因为，在我们看来，"修

辞"与"语用"并无实质性的区别，尽管"修辞学"与"语用学"由于学科建制、学科渊源、学科背景等的不同可能有所区别）实际上蕴涵了语言的重要性。

A类调查中，当问及"朱光潜认为'诗是最精妙的观感表现于最精妙的语言'（朱光潜《诗论》，三联书店1998年版，第308页），您是否同意，烦您发表您的高见"时，绝大多数熟练表达者表示同意。

90%被调查者同意该看法。很多人表示有同感。值得注意的是那些并不是诗人的被调查者也表示赞同。比如梁晓声、韩石山、张炜等。这表明，语言在修辞表达过程中的重要性，同时也说明，这项以诗人、作家为主要调查对象的调查是可以反映修辞表达的某些实质的。

（二）修辞语境的心理主导性

A类调查中我们的第九个问题是："您是否觉得不同文体（比如诗歌、散文、小说等）的构思有所不同？若是，烦您谈谈您所理解的不同。"

所有的被调查者均认为不同文体的构思有所不同。梁晓声觉得："真正能出口成章，尤其是成锦绣文章的人极少。作家之所以每天才写几千字，正说明写是要斟酌的事。写久了的人，往往不愿开口说话了。甚至，会渐渐变得口拙舌笨，词不达意。我体会到了这一点。"桑克的看法是："文体不同，构思大约也是不同的，小说构思要下大功夫，而且构思本身也需要完整一些。散文构思，相对来说，就简略一些，而诗歌构思，有时是可以省略的，写作过程中的变化、调整实际上更重要，当然必须要说明的是，这和即兴书写是完全不同的。"

这表明，接受心理对于文体具有一定的选择性，而文体亦可视为一种语境。

A 类调查中我们的第十二个问题是："您觉得使用不同的修辞格（比如'比喻'、'夸张'、'拟人'、'反复'、'借代'、'通感'、'呼告'，等等）时的情绪、情感、联想、想象、注意、回忆等心理状态是否一样？"

12 位被调查者中有 6 位明确谈到使用不同的修辞格时自己的心理状态不一样。另外一些被调查者则感觉使用不同的修辞格时的心理状态没什么不一样。例如韩石山指出，"辞，达而已矣，修辞就是致达的手段，凡是达到了'达'的目的的修辞格，无论用于何处，其愉悦的心理都是一样的。最精妙的还是比喻，因为它最常用，也最难用好，若有一个很好的比喻，是让人高兴的。它见出了你的才智"。树才的看法是："诗歌是修辞的竞技场，但诗人最好隐身于暗处。使用不同的修辞格，目的都是为了在语言上求得诗的效果。现代诗首先是追求语言效果的，它基本上是在隐喻的空间层面探索词语间崭新的结合的各种可能。"

A 类调查中，当问及"您通常在什么状态下（含周边环境与自己的心理状态）构思（比如是夜阑人静？心静如止水？酒后？郁闷？愤懑？烦？抑或其他）"时，则有些"众说纷纭"了。

这个问题的回复比较复杂。多数被调查者谈到习惯于在"静"态下构思，但也有习惯在"动"中构思的，比如韩石山："行走间，常有最好的构思的。独自坐火车长途旅行，思维最活跃，常有绝妙的构思。"这表明语境与修辞心理之间的关联。语境是复杂的，对这个问题的回答也是复杂的，同时接受心理也是复杂的。

A 类调查中，我们的第十四个问题是："烦您描述一下您写作构思时思路被打断时的心理状态。"

12 位被调查者中有 7 位的感受是"烦"或"无奈"，另有两位表示无所谓。这种情形反映了修辞心理的连续性，修辞心理自身是一个系统，系统的平衡易受外界干扰。

（三）修辞过程的言语博弈性

A 类调查中我们的第二个问题是："您写作时常推敲吗？若是，烦您结合您自己已发表的作品（请您最好注明出处，以便我能根据《知识产权法》的有关规定引用）谈谈您之所以这么写而不那么写是基于什么样的考虑？例子多多益善！"

12 位回复者中有 9 位认为写作时常推敲。梁晓声明确指出，"当然常推敲"。赵金禾坦言："写作没有不推敲的。要么是思想的推敲，要么是文字的推敲。文字的推敲往往是思想成熟的标志。有时有显性的推敲，有时有隐性的推敲。显性表现在对文字的不断修改。隐性表现在内在的成熟，'出口成章'、'出手不凡'、'出其不意'、'出奇制胜'大都如此。我写了《毛遂不避嫌疑》一文，被选为高中及中专语文教材……老实说，写了就投到《人民文学》去了，就那样。这说明我对我写的东西，是成熟的，也就是鲁迅说的'烂熟于心'的，包括文字。（《毛》文载《人民文学》1985 年第 5 期）。我的中篇小说《父亲种稻》（载《长江文艺》1999 年第 10 期），是以我父亲为模子的，应当说是很熟的，但我已经陆陆续续写了一年。写作过程也一反我写作中篇的常态，不是顺着一路写下去，而是将最感动我的细节，不分先后地一块块地写下来，放松地写下来，等于是布料配齐，然后按设计铺排，这种办法要不断推敲：场景，连贯，气韵，节奏，还原人物的复活，这可真用得上古人说的'文章不厌百回改'哦。"阎真更为具体地结合自己的创作实例谈了感受，"反复推敲。因此写得很慢，改得也很多。如小说《沧浪之水》第 304 页，　'啊呀呀呀……'连续三个'呀'，表现出池大为对'出卖'的抵触，原来只有一个'呀'字。现在这样处理，效果就不同了。又如小说《沧浪之水》第 523 页结尾，'掠过我，从过去吹向未来'一句是没有的，也不知怎么灵感来了，就有了，这个结尾，我非常满意，不可能有更好的结尾了"。桑克指出："推敲是常有的事情，我一时很难找到一个具体的例子。推敲的做法，小到字词选择，大到结构调整，甚至修辞手法的完善，都需要做很细致的功夫，这过程中发生的变化也很微妙，比如《一个士兵的回忆》（《中国诗歌评论：从最小的可能性开始》，人民文学出版社 2000 年版）中几个名词的变化就是为了考虑音节的和谐"。张烨认为："……我以为一个诗人，她的艰辛不仅仅表现在正在创作的作品中，也表现在她对以前作品的不满足上。"这里，对"以前作品的不满足"实际上是现在的"我"与以前的"我"对话的一种结果，亦即某种意义上的主体间交互作用。这其实也是一种"推敲"，"推敲"是揣摩、推测，表达时的"推敲"无妨说是接受心理与修辞表达的博弈过程，毕竟，作家、诗人等表达者揣摩的主要内容恐怕是自己的表情达意是否能有效地被读者等接受者感知、理解、审美、认同等。

A 类调查中，当问及"您觉得语感（即对语言文字的感知）、语感能力是否重要"时，所有被调查的熟练表达者均"所见略同"。

尽管各位被调查者对"语感"的理解不尽一致，但大家都不约而同地认为语感、语感能力之于修辞表达太重要了。如树才谈道："语感非常重要，甚至可以说是写诗的关键，但语感究竟是什么？语感的构成应该是非常复杂的，每一个诗人对'语感'都会有不同的体悟。不存在一个人人都能举手赞成的语感。一个诗人对语言的整体和具体运用的能力，常常从一开始就决定了一首诗的去向。诗人最好通过文本，让人惊叹他那了不起的语感，尽管他本人并不十分清楚，比如我就偏爱简洁、清亮、活泼泼的语感。”大家都强调语感之于修辞表达的重要性。韩石山认为：“语感是非常重要的，是一个作家成熟的标志，没有自己的语感，就等于不会写作。有了自己的语感，就可以‘从心所欲不逾矩’，怎么写怎么好。”梁晓声更具体地指出：“很重要。对于诗，散文，重要于小说；对于小说，中短篇又重要于长篇。这是不言而喻的。”王新军亦有一个形象化的说法：“作家之于语感，无疑是鱼之于水的关系。一个作家如果对语言文字的感觉能力没有了，我怀疑他还能不能继续写作。”张炜更是强调指出：“语言能力（特质）是关键，是区别专业作家与社会写作力量的最重要的区别，文学是语言艺术。”是的，文学是以语言为媒介的艺术，语感及语言感知能力则牵连着表达者和接受者，它在一定意义上决定了表达与接受的“共鸣”程度。

　　在 B 类调查中，当问及靳晓静“您诗中的一些复叠用得恰到好处，比如‘被轻轻地，轻轻地点燃’、‘手指通红，女人的手指’（靳晓静《我的时间简史》，《诗选刊》2002 年第 2 期），烦您谈谈使用这些复叠的意旨”时，靳晓静的回复是：“重叠是一种内在的调性，还有语感。”靳晓静指出，“我早期的写作是‘直抒胸臆’的，那时年轻，有太多的情绪急于表达。现在我认为诗歌最好不‘直抒胸臆’。准确地说，诗就是不能讲太准确的语言，尽量让它有空间，留给读者自己想象的空间。”靳晓静还指出，“我想一个诗人、作家的首要条件就是对语言的敏感，语言的天赋是首要的，直觉也是重要的，然后学养、形而上的思考、人文的关怀都是重要的。”

　　与之对应，在 A 类调查中，当问及"您构思时是否常诉诸联想、想象？若是，烦您结合自己的创作实践描述一下其时之情绪、情感状态"时，绝大部分熟练表达者的回复是肯定的。

　　有 10 位被调查者认为自己构思时的确常常诉诸联想和想象。梁晓声明确表示："毫无疑问是那样。我每每会觉得自己有点儿爱上了虚构的女性人物。"赵金禾结合自己的修辞实践谈及："构思是个复杂的现象。但大体可分两类，一类是冥思苦想，一类是触发。冥思苦想也不排除触发所至，但触发一类高于冥思苦想。这两种我都经历过。后来写作多是触发一个生活细节，一首歌，一幅画，以至一句话，都能触发我写一部中篇。如中篇小说《请你吃咸菜》（载江西《百花洲》杂志1997 年第 2 期，1997 年第 5 期《中篇小说选刊》选载）就是朋友的这一句话的触发，让这类人物在我脑子里活了起来，相关的故事也一齐跑了出来，让我感动。作家们都会有类似经历，只是经历不同，触发点不一样罢了。"马明奎认为："想象、联想是创作的生命。……联想与想象不完全是自控的或理智的，而是自然的和非理性的。进入联想和想象状态是兴奋和战栗的，思维相当活跃，心情激动不已，急于表达，有时言拙。……《归》里萧颖山的姐姐为救弟弟被冻死的故事、与张翠兰一起喂马而秋毫无犯的故事、后来与医生项洁心成为儿女亲家的故事，分别发生在三个不同的人身上，而且是我童年、青年及成年三个不同年龄听到过的真实故事。进入创作以后，被萧颖山这个人的宽厚心地所感动，这三个故事就非常自然地絮缀到他一人身上，而且在铺写这些情节时我的确是掉着泪写的。不是我找故事，而是故事找我并通过我找到人物的，这就全靠联想和想象之功了。"

　　构思时联想和想象的重要内容即构成了表达和接受的语

境。语境也是联系表达和接受的重要纽带，是新信息和旧信息的重要"交汇"渠道。诚如刘勰《文心雕龙·神思》所言："积学以储宝，酌理以富才，研阅以穷照，驯致以怿辞，然后使元解之宰，寻声律而定墨；独照之匠，窥意象而运斤；此盖驭文之首术，谋篇之大端。"

A类调查中，在对我们的第五个问题"您构思时是不是常有所'忆'？若是，烦您结合您已发表的作品（同样请您注明出处）谈谈回忆状态对您写作的促进抑或抑制作用"的回答上，所有的熟练表达者的回复有着惊人的相似。

12位被调查者均认为自己构思时常常有所"忆"。韩石山指出，"忆是写作的最主要的依托，所谓的人生体验，都在忆中。刚刚过去的事，要写时也是在忆。比如前面所说的那个中篇小说（指《巴里加斯的困惑》（《海峡》1987年第6期——引者注），其故事梗概，就是1987年我在上海文艺出版社招待所，与作家马原认识并接触了几天，第二年冬天他来太原，又在一起待了几天，忆我们之间的一些事"。梁晓声以"酒"和"陷阱"喻"忆"："进入'忆'的状态时的写作，如饮自己亲醇之酒。但这有时是'陷阱'，我常提醒自己不要总靠回忆写作。而又那样写时，多半是为了对自己的情感和心灵有个交代。比如《父亲》、《母亲》、《黑纽扣》、《白发卡》、《老师》、《又是中秋》等。"这表明，"回忆"并不是单独作用于修辞表达，它往往与其他心理过程密切相关，比如情绪情感等。王新军谈道："是常有所忆，如在写作《父亲的生活》（《绿洲》2001年第1期）时，除了情感的涌动，更多的是回忆父亲生活中的细节在打动着我。文学是属于回忆的，我赞成这样说。"阎真的感受是："创作当然要调动记忆，如《沧浪之水》第10页，就是对自己经历的回忆，这是我最感动的情节，写时甚至想哭。"张炜在艺术与非艺术的比较中指出："艺术文章是回忆，只有回忆状态的才是艺术，不然就是报道了。——非艺术。"回忆是一种心理活动，是临境体验的前提，同时也是临境体验的补充与延伸。或许可以说，回忆是现在的"我"与过去的"我"的一种广义对话。

当问及"您是否有过这样的担心：别人，至少有相当一部分人不明白您在文章中的良苦用心；别人，至少有相当一部分人读不懂您的语言文字"时，肯定与否定的回复各半。

12 位被调查者中有 6 位表示有过这样的担心。比如，马明奎谈道："有。……将我的意思表达出来让人明白，这可能是我今后要努力的一个方向。"张炜则觉得："别人不懂很正常，遥远的'我'懂，别人懂一点，合起来全懂？"这里，张炜亦强调了人与人的广义对话。无论肯定还是否定的回答都涉及接受心理的问题，读得懂，实际上是能够认知特定修辞话语。

当问及"您创作时通常是先打'腹稿'，构思好了，再一气呵成，还是边构思边写"时，总体上大多数熟练表达者均看重构思的重要性。

12 位被调查者中有 4 位谈到自己是先打"腹稿"，有 6 位被调查者坦言自己是边构思边写。另 2 位被调查者从来不打腹稿。不妨说，"构思"是自己与自己的一种对话。

仍然是在 A 类调查中，当问及"您觉得创作构思时'灵感'重要不重要？您觉得'灵感'是需要期待、捕捉、召唤、刺激，还是长时间的潜移默化，抑或兼而有之"时，多数人认为"灵感"很重要。但同时强调灵感的获取不是一蹴而就的。

具体说来，12 位被调查者中有 7 位认为创作构思时"灵感"很重要。比如赵金禾谈道:"我把灵感叫悟性。这悟性是建立在写作实践之上,社会经验之上,阅读之上,用我喜欢的古人的一句话说,惟有勤读书而多为之。"灵感的获取不是一蹴而就的,灵感需要期待、捕捉、召唤、刺激,还有长时间的潜移默化,需要不断地对话,需要多主体的长期交互作用。

在 B 类调查中,当问及林宛中"烦您谈谈《桥与雾》、《虚妄的风》(《诗选刊》2001 年第 81 期)的构思"时,林宛中的回复是,"这两首诗发表后,我收到了一些诗歌读者的来信,他们谈论喜爱它们,使我感到无比宽慰。鲁羊有一个很浪漫的说法,就是'对于它,你读懂了它,有了共鸣,那就是为你而写',我非常同意这一说法"。当问到有关标点符号的问题时,林宛中有这样的一个说法,"标点符号我把它看作是一种节奏的外现……"

同样在 B 类调查中,当问及宋晓杰《诗五首》(《诗选刊》2002 年第 2 期)的构思时,宋晓杰的回复中提到:"我写《诗五首》是 2000 年夏天的事,当时天气奇热,人亦很烦闷。那种心绪比较切合要抒发的感受,我在胡乱翻书的时候,偶然有'古城墙'三个字映入眼帘,所以,像找到了某个契合点。所谓的诗人的敏锐的神经终于被拨发,情感找到一个出口,很多句子就自然而然地出来了。"

修辞过程的最后一个步骤是**修辞话语的调节性建构**。

在 B 类调查中,当问及冯晏"您刊于《诗选刊》2002 年第 2 期的组诗《贴近的生命》中的《不相关的人说》脍炙人口、举重若轻,写得很美。诗末尾的落款是'2000.9.1. 改写',烦您写下您修改前的诗句,并请您谈谈您改写成现在这个样子的心路历程。"冯晏的回复是:"我写诗一般都反复改,《不相关的人说》改变是最小的,只是称呼上的变动。'亮亮说'最初是'据说','亮亮的妹妹说'最初是'英子的男朋友说','我找到亮亮爱吃的东西'最初是'英子爱吃的东西','一只只牡蛎'最初是'像是牡蛎','如果他就要……'最初是'如果她就要……'这首诗只是人称的变化，原因你可以总结出来，挺简单的，只是我觉得这样更好一些。"显然，这里所说的"修改"即是一种修辞话语的调节性建构，"写诗一般都反复改"表明了修辞话语调节性建构的重要性，而修改调节的重要动因即是接受心理。如上面列举的有关指称的改动其实就是考虑到接受者理解认知的方便，同时还有接受情绪情感问题。譬如将"据说"改为"亮亮说"就更具体明确，更"贴心"。

B 类调查中，当问及"您创作《世界多么空旷》时，在正式定稿前是否经过了修改，若有改动，烦您举例告知我们您的推敲过程、推敲的心路历程"。扶桑的回复是："比如《没有人认识我》（《诗选刊》2002 年第 2 期）中第一节的后两句原为'随意走着/随意起伏'，但'走着'一词太过平庸、泛泛，改为'远去'就好得多了，这个'远去'不只是一条路在地理上的延伸向远处，更重要的是一种心灵上的对远方、对一种孤独而宁静自足的存在的向往。"由此可见修辞话语调节性建构的心理动因，尤其是接受心理动因。

B 类调查中，当问及康城有关诗歌的修改问题时，康城的回复中谈及诗的题目"《雨水的树叶铺满大地》"（《诗选刊》2001 年第 8 期）后改为"《雨水的树叶》"，因为"只是觉得题目太长"，题目太长不便于接受者感知，也不便于接受者记忆。这同样是基于接受心理所做的改笔。

以上通过作家诗人自己对于改笔动因的描述应该说更真实。事实表明，接受心理的存在及其变化是修辞话语调节性建构的主要动因。

（四）修辞话语的主观倾向性

在 B 类调查中，当就《李元胜诗十三首》（《诗选刊》2001 年第 1 期）问及李元胜"您的《如果你试图爱上一个人》共有 4 节，28 行，前两节每节 4 行，后两节每节 5 行。《几乎停滞的白天》全诗一共有 3 节，第一节 3 行，第二节 4 行，第三节 5 行。您这样的安排是基于怎样的考虑"时，李元胜的回复是："我从来不刻意安排一首诗的段落与行数的关系。但我也的确有喜欢在写成后，在诵读中推敲段落、节奏的安排的。我的经验是：由行数少而多，诗有由轻而重的感觉，有小溪发展为大河的感觉；而我也常常在某首诗中，以一句或两句作为一段结束，它们又会有戛然而止、余音袅袅的效果……"

在 B 类调查中，当问及"您的《李元胜诗十三首》意境深邃，却丝毫不给人以老气横秋之感，倒使人觉得十分清新俊逸，在形式上，十三首中唯一使用的标点符号就是破折号，烦您谈谈使用之是基于什么样的考虑"时，李元胜的回复是："对写诗时用标点符号，我不同时期有不同的习惯。你提及的这批诗，我的确好像偏爱用破折号……我对破折号倒是有一段时间的研究，发现它有很多奇妙的用处。有一位叫庞培的诗友在使用破折号上尤为出色，在他的随笔集《低语》中，破折号举目皆是，就像他们江南水乡的小桥一样。我曾经不全是开玩笑地称庞培为破折号大师。破折号可以把两种看似毫不相关的东西，非常强烈地联系在一起，这正是诗歌需要做的。有时候，破折号改变了诗进行的速度，作为写作者的预谋，往往提示游客——我们来到了我迫切需要让你看到的风景点。我想，那段时间我对破折号发生的兴趣也使它不知不觉地进入了我的诗歌中。"

同样是 B 类调查中当问及伊路"您刊于《诗选刊》2002年第 2 期的组诗《风的手》只是两处使用了省略号（'又活跃起来……'、'用眼眶里白花花的废墟的光芒……'），颇为耐人寻味，烦您谈谈这两处使用省略号的用意。其他地方不用标点符号又是基于什么样的考虑"时，伊路的回复是："正像您所说的，就是觉得此处还有耐人寻味的东西，还有可供读者联想的空间。如'又跃起来……'就有不甘就此沉沦，要再奋斗一下，争取一下等意思。'用眼眶里白花花的废墟的光芒……'一句，大意是镜子照见时代人的沧桑，最终反映到镜子里的是一片废墟，此时的镜子如岁月的眼睛，此处的省略号是为'白花花'和'光芒'两词而设的，希望不同的读者有不同的联想"。

B 类调查中，当问及"您的《看不见的真》韵味隽永，十分耐人寻味，尤其是最后一节'阳光下的光环，是人们/为自己画的看不见的圆/而人们又都在这一个圆中找到了世界'。我觉得这节在文字的安排上十分优美，烦您谈谈您把'是人们'和'为自己画的看不见的圆'分作两行是基于怎样的考虑"时，冯晏的回复是："《看不见的真》中的分行，是从形式和阅读节奏上考虑的。"当问及"诗有必要分行吗?"，冯晏的回复是："我觉得诗应该分行，这里有传统的观念，也有节奏和形式的所需，更重要的是分行本身在引导着诗人的创作意识。"B 类调查中，当问及扶桑"您的组诗《世界多么空旷》中除了感叹号、破折号、问号以外，还有句号，而且句号往往出现在诗节的首句，比如'秋夜寂寂。''没有人认识我。''木芙蓉在水边开着。'（《世界多么空旷》，《诗选刊》2002年第 2 期），烦您谈谈这样处理是基于什么样的考虑"时，扶桑的回复是："我确实较喜欢在首句用句号。——我想要强调这句话。我想要突出一种孤独、孤立感。"

B 类调查中，当问及"您刊于《诗选刊》（2001 年第 1 期）的《我曾经问过自己》中有这样的诗句：看着白天被抽走色彩／直到变成一丝泡沫／在黑暗边缘周围颤动。其中，'抽走'、'一丝'、'边缘周围'等词用得尤其好，您在定稿前有没有想到其他词？您最后定下这些词是基于什么样的考虑？"时，李元胜的回答是："'抽走'，有两种东西迫使我用这个词，一是白昼变化的被动性，二是这变化隐秘、往往不为人注意。'一丝'，白天由庞大，变为一丝，不用'一丝'便无法表达这过程的惊心。'边缘周围'，昼夜交替过程的具体和尽量准确的想象。"

以上调查是就具体修辞话语的使用心理而展开的。修辞话语在表达（这里尤指书面形式，含标点符号等）形式上的各种特殊"标记"，主要是基于其与接受者心理的某种相似而为之的。这不妨说体现了修辞话语的主观倾向性。（系统论述详见后面有关章节。）

（五）修辞效果的心理现实性

A 类调查中当问及"**您觉得是作品形成前心里头更痛快些，还是成文后更痛快些**"时，绝大多数熟练表达者坦陈是**成文后更痛快些**。

韩石山谈道："真的觉得一篇好作品，想起来就兴奋，比较起来还是写成之后更兴奋，若写得顺畅的话。"王新军用了一个比况："当然是成文后更痛快，你说如果孩子永远怀在母亲的肚里，看不到他的面容，你会有多少快乐可言呢？"梁晓声亦指出："当然是成文后痛快些。"

成文后接受者可以是表达者本人，更可能是其他接受者。

之所以成文后更痛快些，恐怕主要是因为成文后势必涉及修辞效果问题。不妨说，修辞效果是表达者的意图和情感通过语言这个媒介在接受者那里所引起的反响，而这种反响最终势必映射到接受者的心理结构和心理过程之中。

A类调查中我们的第七个问题是：**"您有没有遇到过语言的痛苦，即语言文字不能直抒胸臆表达内心的时候？若有，您通常是怎么处理的？若未曾碰到过，烦您谈谈您用语言文字直抒胸臆时的情绪、情感状态。"**多数熟练表达者的回答是肯定的。

12位被调查者中有10位坦言自己遇到过语言的痛苦。就此而言，这些娴熟使用语言文字的熟练表达者表现出惊人的"所见略同"。为什么？在我们看来，"语言痛苦"其实是接受心理制约修辞表达的一种具体表现。语言的痛苦实际上是表达者对接受心理认知上的不确定性的一种"忧虑"，是对接受者能否等值接受自己的修辞表达的怀疑、揣测、担心等诸种心理因素的综合表现。韩石山谈及："只有在考虑不成熟而动笔写作的时候，才会有语言的障碍或痛苦，这时候唯一的办法就是停下来，不写了。通常情况下，写作是很愉快的事。当思考成熟的时候，写得又很顺畅的时候，一点都不觉得累。"梁晓声坦言："……语言的痛苦越来越是痛苦了。记忆不佳了。头脑中的词汇量呈减数了。要求自己多读，实行强迫性记忆。写出一个好的句子，便喜悦；反之，沮丧之极……现在多用形象的比喻，限制自己少用形容词，尤其是成语典故——当然这是指写小说和典故时……"王新军的感受是："有过这样的时候。处理的方法就是依靠阅读。"阎真谈道："语言的痛苦是时时有的，我痛恨平庸的语言表达，有时创造性语言出不来，也只好妥协，妥协非常痛苦。文字与感情总是很难达到高度契合，但我总是尽量寻找相对准确的表达。"桑克亦认为："这种痛苦是有的，我也没什么办法，只能沉默，或者等待，或者继续进行自我训练。"马明奎更是形象地描写了自己的"痛苦"状："遇到过，非常痛苦，急得抓耳挠腮，有时有毁灭欲，毁坏点什么来替代或补偿。更多的形上体悟或情境性的体验还是没有语言可以表达的，退而求诸技巧：描述带抒发，象征寓表达。我的小说中大量对于自然景物的情境性和感觉性的描写都是这一类，有时在情节之中，有时在情节之外，惜乎大多数读者不重视这些描写，只看重情节或人物。"树才认为："写作的痛苦就是遭遇语言的痛苦。"李肇正分析道："语言永远落在思维的后头。心里总有许许多多的感受，闷着憋着，不能用恰当的语言表达。语言堵塞的时候，我就阅读，阅读中国古代的历史书和当下杂志上的小说，在别人的语言中寻找语感。"张炜则表示："较少有不能表达的痛苦。"——毕竟仍然是有这种语言痛苦。

　　如上所述，语言痛苦在一定意义上反映了修辞表达与接受心理之间的相互作用，似乎可以说修辞表达时遇到"语言痛苦"的一个基本动因是表达者未必确信自己的表达意图和情绪情感等能在接受者那里被"全息"接受。

　　与之相类似，在 B 类调查中，当问及"您有没有遇到过'语言的痛苦'，即您有没有碰到过语言文字不能表达内心的时候？若有，您是怎么处理的"时，李元胜的回答是："语言是永远无法表达内心的，但它总是可以表现内心的某个侧面。做一件几乎不可能的事情，克服这一困难，正是写作者的乐趣所在。我所能做到的，就是尽量客观、精确地描绘我所看到的内心的某个侧面。所以，我并不认为有时候诗人的'失语'状态是一种痛苦，它恰恰是一种有效的准备，由于'失语'

我们不得不放弃之前的写作，重新开始。而全新的写作总是令人愉快的。"

A 类调查中当问及"您觉得同样是表达一个意思，写出来和说出来有没有不同？在您看来，是'说'得更好，还是'写'更惬意"时，大多数熟练表达者认为"写出来"和"说出来"不一样，他们觉得"写"较"说"更惬意。

12 位被调查者中有 10 位认为"写出来"和"说出来"不同。均认为"写"更惬意。韩石山觉得："还是写出来更惬意些。"李肇正的经验是："写更惬意。比如写信，不要向对方当面陈述，就有许多不好当面说的话，通过纸和笔来倾吐。"桑克谈到了"表达的色彩"问题："说和写不同，不仅表达的意思会有不同，而且表达的色彩更是不同。写比说好一些，因为写既明确又丰富。"张炜亦觉得："写的好。"赵金禾则认为："说出来和写出来的，对于我来说，没有什么不同。因为写出来之前，都是因为说得出来，（在心里说）要说有区别的话，说出来要受听众的影响。写出来是在宁静中进行的。说和写都是很惬意，如果说得智慧和写得智慧的话。我有时是将说了的写下来，也是一篇好文章。"这里直接表明了听读者对修辞表达的影响。

无疑，"写"和"说"是有区别的，语言是线性序列，如果"说"则稍纵即逝，而"写"则不然，它可以不受时间的限制，表达者和接受者可以反复接受，这样接受者对于修辞话语的认知势必更为有效，接受者的认知和审美需要就更容易得到满足，也就更容易产生快乐的满足感和惬意的愉悦感。

A 类调查中我们的最后一个问题是："您目前最满意的是哪部（篇）作品？您发表时确定这部（篇）作品的篇名是基于什么样的考虑？"

　　12 位被调查者中有 7 位谈到了自己目前最满意的作品。比如韩石山认为："我现在仍然觉得我 1987 年写的《巴里加斯的困惑》，是我写的最好的一个中篇小说。最能代表我的风格和成就。这篇小说的题名是模仿马原的作品的名字定的，马原写过一篇小说叫《冈底斯的诱惑》，我是写他的，就叫《巴里加斯的困惑》。巴里加斯是西藏的一个地名。另一个我也满意的中篇小说，是 1994 年《芙蓉》第六期上发表的小说《列车夜间运行》。后来收入长江文艺出版社出版的小说集中，改名为《一夜春风到天明》（该小说集即以此篇名为书名，是多人合集，为'中国当代著名作家自荐爱情小说丛书'之一，1996 年 8 月出版）。收入此书时我作了删节。这个小说后来就以《一夜春风到天明》为定本。"李肇正则坦言："迄今为止，《城市生活》、《啊城市》（见《当代》1997 年第 1 期）《头等大事》（见《上海文学》1997 年第 9 期）还算差强人意。《城市生活》原先题名为《分房》，但我觉得这题目缺少代表性。《头等大事》原先题名为《教代会始末记》，但这题目范围太狭小，只局限于教育领域，所以改为《头等大事》，使之具有最大范围的包容性。"

　　对自己的作品是否满意的前提是对自己的作品是否有效接受。这其实还是当下的"我"与当时的"我"的一种对话。

第二节　对一般接受者的问卷调查

　　我们还针对一般接受者作了一项题为《关于修辞心理的问卷调查（不定项选择）》的调查。调查的对象为上海财经大学 2001 级统计专业本专科生（120 人），漳州师范学院中文系与数学系 2000 级本科生（200 人），军事经济学院 2001 级、

2002 级本科生（650 人），中央司法警官学院（100 人），共发放问卷 1070 份。所有问卷内容与形式完全相同。上海财经大学地处上海市，面向全国招生；漳州师范学院地处福建漳州，主要面向福建省内招生；军事经济学院地处湖北武汉，面向全国军队和地方招生；中央司法警官学院地处河北保定，面向全国招生。以上调查对象均有一定的听读体验。

一 调查步骤

首先第一步确定调查对象。既已明确调查对象，第二步即设计调查问卷。发放调查问卷，这一步在有关任课教师的支持与配合下进行，均在教室里完成，均独立完成，被调查对象回答问卷时没有客观上的困难，他们时间相对充裕，书写时比较方便（教室里自然一般都有纸、笔和桌椅）。另外由于是在教师的协助下完成问卷的发放与回收，被调查者（学生）回答问卷是相当认真的。第三步，回收问卷。第四步，问卷的统计及分析处理。

二 调查结果综述

本项调查共回收问卷 1035 份，有效问卷 980 份。需要说明的是：我们将问卷上所有的问题设置为选择题，且为不定项选择。因为是不定项选择，所以有的题目允许不作答，有的可能出现多选，之所以将题目设置为"不定项"是为了使答题更为真实可靠。——不是"逼"被试做出回答，被试可以根据自己的实际情况选择作答，这样，我们将所有已回答 15 个以上问题的问卷均作为有效问卷。此外，由此带来的统计结果上有的题目的实际选择人次超过或略低于回收的有效问卷数目（980 份），我们均将之作为正常情况处理。对于有些问题的限制语我们根据习惯及问题的实际情况在具体发放时有所诠释。

（一）接受心理的存在

本问卷的第 8 个问题在一定程度上能说明接受心理的存在，我们的问题是"您平时说话或写文章是否考虑别人的存在"，在备选项"（A）是；（B）否"中选择 A 的 871 人次，占 89.15%，选 B 的 106 人次，占 10.85%。如下图图 1 所示（注：由于以下扇形统计图均由计算机 Word 软件自动生成，有些百分比的计算与我们的精确计算略有出入，但于总体比例无碍）：

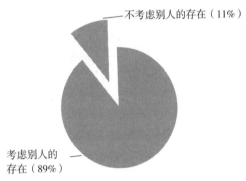

不考虑别人的存在（11%）

考虑别人的存在（89%）

图 1

这表明接受心理是存在的，修辞表达势必考虑接受者及其接受心理的存在。

进一步说，接受心理是以层级系统的方式存在的。接受心理具有一定的层次性，呈一定的优先满足态势。一般先认知而后审美。

事实上，当我们问及"您平时打断别人的讲话，通常是因为"（第 4 个问题），在备选答案"（A）对方太啰唆；（B）自己听不懂对方的讲话；（C）对对方的讲话不感兴趣"

中，选择 A 的有 322 人次，占 31.08%，选 B 的有 425 人次，占 41.02%。选 C 的有 289 人次，占 27.90%。如图 2 所示。

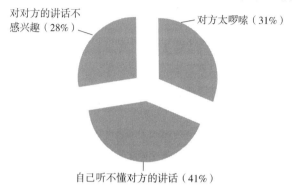

图 2

与之在一定意义上对应，本问卷的第 15 个问题是：当下报纸、杂志大量使用字母词（即以英文字母拼合而成的"词"，如"WTO"、"DNA"、"MPA"、"APEC"等），您觉得（A）可以大量地使用；（B）可以在听读者能懂的前提下有选择地使用；（C）可以在一定范围内有针对性地使用；（D）不必使用。其中，选择 A 的有 81 人次，占 8.28%，选 B 的 516 人次，占 52.76%，选 C 的 365 人次，占 37.32%，选 D 的 16 人次，占 1.64%。如图 3 所示。
"能听懂"即是能够有效感知和理解，这表明接受者对话语的准确理解是修辞表达的一个基本前提。同时还表明，感知和理解等认知是其他接受心理过程的先决条件。

当问及"您阅读时的动机通常有哪些?"（问卷第 5 个问题）时，在"（A）审美（获取美的享受）；（B）认知（即拟获取某种知识、信息等）；（C）二者兼而有之"3 个答案中，

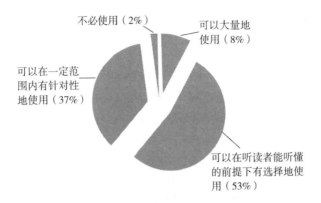

图 3

选择 A 的有 57 人次，占 5.76%，选 B 的 248 人次，占 25.08%，选 C 的有 684 人次，占 69.16%。如图 4 所示。

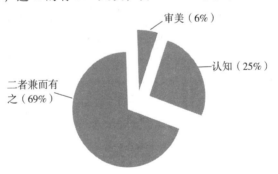

图 4

与之类似，当问及"您听别人讲话的动机通常有哪些?"（问卷第 6 个问题）时，在给定的选择项"（A）审美；（B）认知（即拟获取某种知识、信息等）；（C）二者兼而有之"中，选择 A 的有 28 人次，占 2.70%，选 B 的有 550 人次，占 53.04%，选 C 的 459 人次，占 44.26%。如图 5 所示。

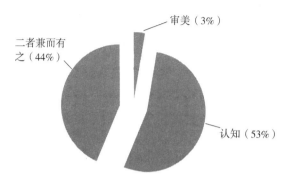

图 5

（二）接受心理的复杂性

接受心理的复杂性从如下一组问题似可看出，本问卷的第16 个问题是："当下报纸、杂志、电视、广播等出现大量形形色色的广告，请您给下列广告打分（分值为 5、4、3、2、1、0，5 为最高值，即如果您认为该广告十分好，就给 5 分，5、4、3、2、1、0 依次递减。请您直接在分值上打钩）"：

（1）今年春节不收礼，要收就收脑白金（A）5；（B）4；（C）3；（D）2；（E）1；（F）0

选择 A 的有 52 人次，占 5.2%，选 B 的有 83 人次，占 8.4%，选 C 的 135 人次，占 13.6%，选 D 的 143 人次，占 14.5%，选 E 的 194 人次，占 19.1%，选 F 的 386 人次，占 38.9%。如图 6 所示。

（2）默默无蚊的奉献（A）5；（B）4；（C）3；（D）2；（E）1；（F）0

选 A 的 218 人次，占 21.61%，选 B 的 195 人次，占 19.33%，选 C 的 229 人次，占 22.70%，选 D 的 157 人次，占 15.56%，选 E 的 120 人次，占 11.89%，选 F 的 90 人次，占 8.92%。如图 7 所示。

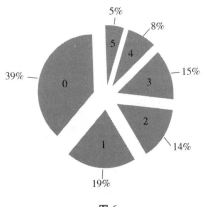

图 6

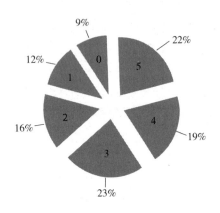

图 7

（3）做女人挺好（A）5；（B）4；（C）3；（D）2；（E）1；（F）0

选 A 的 222 人次，占 22.33%，选 B 的 147 人次，占 14.79%，选 C 的 196 人次，占 19.72%，选 D 的 169 人次，占 17%，选 E 的 131 人次，占 13.18%，选 F 的 129 人次，占 12.98%。如图 8 所示。

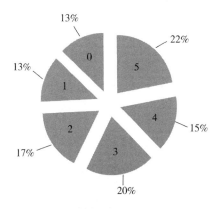

图 8

（4）喝孔府宴酒 作天下文章（A）5；（B）4；（C）3；
（D）2；（E）1；（F）0

选 A 的 203 人次，占 21.19%，选 B 的 211 人次，占 22.03%，
选 C 的 251 人次，占 26.21%，选 D 的 148 人次，占 15.45%，选 E
的 84 人次，占 8.77%，选 F 的 61 人次，占 6.37%。如图 9 所示。

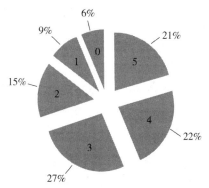

图 9

（5）孔府家酒，叫人想家（A）5；（B）4；（C）3；（D）2；（E）1；（F）0

选 A 的 193 人次，占 20.55%，选 B 的 208 人次，占 22.15%，选 C 的 191 人次，占 20.34%，选 D 的 163 人次，占 17.36%，选 E 的 117 人次，占 12.46%，选 F 的 67 人次，占 7.14%。如图 10 所示。

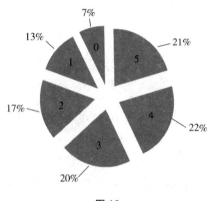

图 10

（6）穿上美尔雅，潇洒走天下（A）5；（B）4；（C）3；（D）2；（E）1；（F）0

选 A 的 63 人次，占 6.36%，选 B 的 138 人次，占 13.94%，选 C 的 310 人次，占 31.31%，选 D 的 227 人次，占 22.93%，选 E 的 162 人次，占 16.36%，选 F 的 90 人次，占 9.09%。如图 11 所示。

（7）趁早下"斑"，请勿"痘"留（A）5；（B）4；（C）3；（D）2；（E）1；（F）0

选 A 的 232 人次，占 24.42%，选 B 的 218 人次，占 22.95%，选 C 的 196 人次，占 20.63%，选 D 的 130 人次，占 13.68%，选

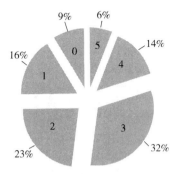

图 11

E 的 80 人次，占 8.42%，选 F 的 94 人次，占 9.89%。如图 12 所示。

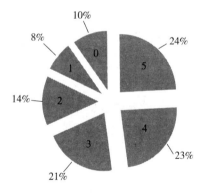

图 12

（8）品位源于品质，魅力来自实力（A）5； （B）4；
（C）3；（D）2；（E）1；（F）0

选 A 的 560 人次，占 56.85%，选 B 的 234 人次，占
23.76%，选 C 的 93 人次，占 9.44%，选 D 的 48 人次，占
4.87%，选 E 的 28 人次，占 2.84%，选 F 的 22 人次，占

2.23％。如图 13 所示。

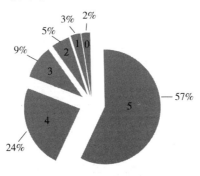

图 13

　　以上结果表明，那些与人们耳熟能详且与日常口语比较接近的语辞（广告语）并不是"人人都说好"。也就是说，并不是所有接受者都认为其满足了自己的审美需要。选择各个分值的都有，接受心理不可谓不复杂。但是，从总体上看，以上 8 条广告词人们还是在给分上有共同的趋势：人们对于以上所列举之修辞话语的总体接受效果呈总体相似。——这从上面的扇形统计图（2）、（3）、（4）、（5）、（7）的形状大体类似可以看出。这就是说在总体上接受心理又有一定的共性，尽管其是复杂的。

　　此外，如上所述，修辞话语的接受心理是以层级系统的形式存在的，进一步看，接受修辞话语过程又具有一定的文体选择性。由此亦可显示出接受心理的复杂性。

　　当问及"您在阅读诗歌时，首先关注的是"（问卷第 9 个问题）时，在备选项"（A）内容（含该诗的主旨、情感等）；（B）形式（含押韵、节奏、排列等）"中选 A 的 740 人次，占 75.36％，选 B 的 242 人次，占 24.64％。如图 14 所示。

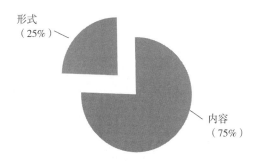

图 14

　　与之对照，当问到"您在阅读小说时，首先关注的是"（问卷第 10 个问题）时，在备选项"（A）内容（含该小说的主旨、价值评判等）；（B）形式（含遣词造句等）"中选 A 的 896 人次，占 91.43%，选 B 的 84 人次，占 8.57%。如图 15 所示。需要说明的是，在发放问卷时对"内容"与"形式"分别作了一定的解释，以尽量减少由于问题不清而给测验的效度带来的负面影响。

　　类似的，第 11 个问题是"您在阅读散文时，下列选项关注的顺序依次是"，在备选项"（A）语音（含声、韵、调的配置及节奏的安排等）；（B）词汇（含词语的锤炼与选用等）；（C）语法（句子成分的安排及词、短语、单句、复句、句群、篇章的顺序与层次调整等）"中选 A 的 227 人次，占 23.72%，选 B 的 534 人次，占 55.80%，选 C 的 196 人次，占 20.48%。如图 16 所示。

　　第 12 个问题仍然与之相关，对于该问题"您在阅读戏剧剧本时，首先关注的是"的回答，备选项"（A）剧情；（B）台词；（C）人物形象"中选 A 的有 662 人次，占 65.22%，选 B 的 146 人次，占 14.38%，选 C 的 207 人次，占 20.39%。

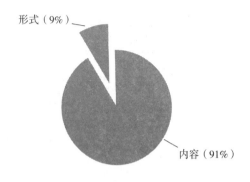

图 15

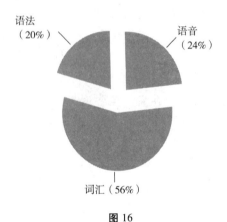

图 16

如图 17 所示。

（三）接受心理是语境的主导因素

接受心理是语境的主导因素，这里的"主导"充分显示了主体性和能动性。以下几个问题旨在印证这一点。

当问及："您平时说话或写文章时，下列哪些因素对您遣词造句、调整适用语辞的影响最大？"（问卷问题 1）时，在备

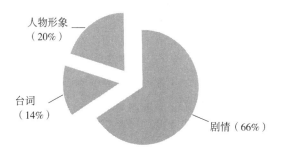

图 17

选项"（A）说话时的前言后语或写作时的上下文；（B）说话或写作的具体场合；（C）时代背景；（D）听者或读者的接受心理（即听者或读者听读时的心理）"中选 A 的有 257 人，占本题参选人次的 19.77%，选 B 的有 488 人次，占本题所有参选人次的 35.54%，选 C 的有 108 人次，占 8.31%，选 D 的有 447 人次，占 34.38%。如图 18 所示。在发放试卷时我们将"最"解释为"最……之一"，即允许多选。

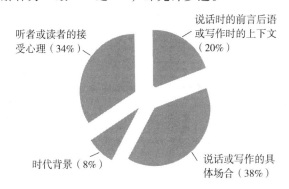

图 18

当问到"下列因素对您平时说话或写作有没有影响？如果有，请您按照影响的强弱排序"（问题3）时，在备选项"（A）听者或读者的接受能力；（B）听者或读者的人格与性格特征；（C）听者或读者的听读动机；（D）听者或读者的情绪、情感状态"中选A的有163人次，占本题所有参选人次的17.09%，选B的251人次，占26.31%，选C的187人次，占19.60%，选D的353人次，占37%。如图19所示。

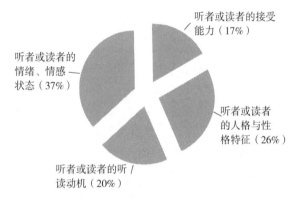

听者或读者的接受能力（17%）

听者或读者的情绪、情感状态（37%）

听者或读者的人格与性格特征（26%）

听者或读者的听/读动机（20%）

图 19

（四）接受心理的可认知性

接受心理的可认知性，似可从以下几个问题的回答得到印证。

当问及"以您的经验，您觉得在你说话或写作时，接受者（即听读者）的心理是否可以感觉、揣摩、预测、推究、想象？"（问题14）时，在备选项"（A）完全可以；（B）通常情况下可以；（C）多数情况下可以；（D）完全不可以"中，选A的80人次，占8.11%，选B的528人次，占53.55%，选C的361人次，占36.61%，选D的17人次，占1.72%。如图20所示。

这说明接受心理是可以认知的，比如可以通过副语言特征

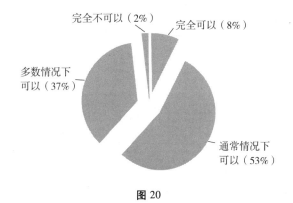

图 20

认知，即通过面对面地直接感知对方的接受心理来认知。传统所谓"察言观色"。

此外，当问及"当朋友受挫（比如失恋等）而情绪低落时，您想劝劝她，通常您会首选下列方式中的哪一种？"（问题 17）时，在备选项"（A）写信（用笔和纸）；（B）写电子邮件；（C）发手机短消息；（D）打电话；（E）聊天（面对面）"中，选 A 的 263 人次，占 22.65%，选 B 的 37 人次，占 3.20%，选 C 的 110 人次，占 9.47%，选 D 的 149 人次，占 12.83%，选 E 的 602 人次，占 51.85%。如图 21 所示。

之所以更多的人选择了"聊天（面对面）"主要是因为面对面聊天的过程中，修辞表达与修辞接受能更为便捷地互动，修辞主体能够通过副语言特征等及时认知对方的接受心理，从而恰当调整适用语辞，以达到预期的修辞目的，取得理想的修辞效果。

作为上一个问题的补充，第 18 个问题是："您更喜欢网上聊天的理由是"，在备选项"（A）不必看对方的脸色；（B）即时迅速；（C）不必在乎对方的身份；（D）不必在乎对方的性别"中选 A 的 209 人次，占 18.33%，选 B 的 243 人

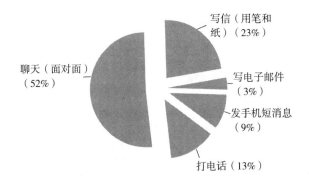

图 21

次，占 21.31% ，选 C 的 602 人次，占 52.80% ，选 D 的 86 人
次，占 7.54% 。如图 22 所示。

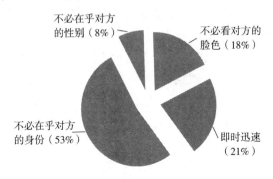

图 22

喜欢上网聊天，因为它自由，不受约束，准确地说，是可以不受
接受心理的约束。从上面的选择结果来看，选 C 的人最多，因为
"身份"是直接与受话心理结构等"接受心理"密切相关的，在
一定意义上可以说是接受心理的"写照"。这从侧面说明了接受
心理与修辞表达之间的关联，接受心理影响并制约修辞表达。

（五）基于接受心理的修辞话语调节性建构

基于接受心理的修辞话语调节性建构，可从以下几个问题的回复中得到一定的启示。

问卷的第 7 个问题是："您会玩扑克牌或下象棋、围棋吗？如果您会其中的若干种，您觉得它和交谈（比如辩论）是否有些相似?"在被选项"（A）是；（B）否"中选 A 的有 710 人次，占 72.45%，选 B 的 270 人次，占 27.55%。如图 23 所示。

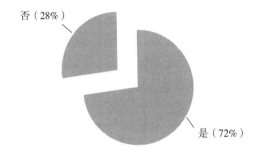

否（28%）

是（72%）

图 23

这即是说交谈过程需要适时的调整语辞，这一过程类似于下象棋等博弈活动。以上结果在一定程度上表明了修辞话语调节性建构的博弈性。

修辞话语的调节性建构的典型形式是名作家的"改笔"，我们对此设计了一组问题，作为问题 2。即：

请您选出下列各组句子中您觉得更顺口、更好的那一句：

（1）你别作声音，他们就在门口。（A）

你别作声，他们就在门口。（B）

选 A 的有 18 人次，占 1.81%，选 B 的有 976 人次，占 98.19%。如图 24 所示。

（2）母亲，我们来看你来了。（A）

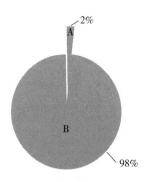

图 24

妈妈，我和二弟看你来了。（B）

选 A 的有 91 人次，占 9.30%，选 B 的有 888 人次，占 90.70%。如图 25 所示。

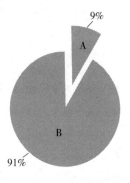

图 25

（3）四凤在中间窗户前面站着：背朝着观众，面向窗外不安地望着，窗外池塘边有乘凉的人们说着闲话，有青蛙的叫声。（A）

四凤在中间窗户前面站着：背向群众，对窗外不安地

望着，池塘边有乘凉的人说话的声音和青蛙的叫声。（B）
选 A 的有 511 人次，占 52.20%，选 B 的有 468 人次，占
47.80%。如图 26 所示。

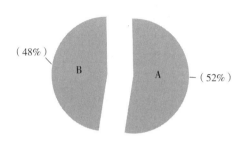

图 26

（4）那具有俨然道貌的圣人，以前便是坐在简陋的车上
颠波动摇的奔忙于这些地方的罢？这样想着觉得颇为滑
稽。（A）

　　一想起那具有俨然道貌的圣人，先前便是坐着简陋车
子，颠颠簸簸，在这些地方奔忙的事来，颇有滑稽之感。
（B）
选 A 的有 320 人次，占 32.49%，选 B 的 665 人次，占
67.51%。如图 27 所示。

（5）这是当然的，夜间的田野里边的景物和情形，独有
他知道得最明白而丰富了。（A）

　　这是当然的，田野里的夜间的风景和情形，只有稻草
人知道得最清楚，也知道得最多。（B）
选 A 的有 415 人次，占 42.39%，选 B 的有 564 人次，占
57.61%。如图 28 所示。

这 5 组题目的问题均选自倪宝元《汉语修辞新篇章》，每

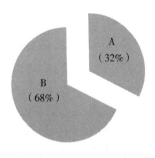

图 27

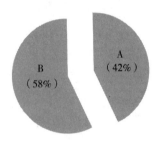

图 28

一组的上下两句中的下一句（即 B 句）为后出的版本中相应
的句子，其中，第（1）组 A 句出自《雷雨》，文化生活出版
社 1936 年版；B 出自《雷雨》，《曹禺选集》，人民文学出版
社 1979 年版。第（2）组 A 句出自郭沫若《棠棣之花》，北新
书局 1938 年版；B 句出自郭沫若《棠棣之花》，《沫若文集》，
第三卷，人民出版社 1957 年版。第（3）组 A 句出自曹禺
《雷雨》，文化生活出版社 1936 年版；B 句出自曹禺《雷雨》，
《曹禺选集》，人民文学出版社 1979 年版。第（4）组 A 句出
自鲁迅《孔夫子在现代中国》，见《杂文》1935 年第二号；B
句出自鲁迅《在现代中国的孔夫子》（《孔夫子在现代中国》

的改名），见《鲁迅全集》，第六卷，人民文学出版社 1981 年版。第（5）组 A 句出自叶圣陶《稻草人》，见《叶圣陶选集》，开明书店 1951 年版；B 句出自《稻草人》，见《〈稻草人〉和其他童话》，中国少年儿童出版社 1956 年版。旨在通过改笔前后的对照，看改笔后的效果——显然，这里的问卷中我们均没有注明出处。此外，我们还想借此在总体上判断本调查结果的有效性，即在某种意义上，以此来检验受试的接受能力是否达到我们调查所需要的程度。事实表明被调查者（接受者）在总体上选择了后出的经过改笔后的语句，即总体上认为经过"改笔"后的语句比没有改笔的好，只是第三组例外，但即使是第三组，前后两句中选"改笔"前的比选"改笔"后的也仅仅多出 4.4 个百分点。足见，本调查中的被调查者（受试）具备一定的受话能力，且对修辞话语的接受具有一定的共性。

以上表明，**接受心理与修辞表达是密切关联的。修辞话语的调节性建构是十分必要的，这种调节性建构往往能取得较好的修辞效果。**

当问及"如果您已经认知到了接受者（即听读者）的接受心理，您觉得你的表达主旨和接受心理（含接受动机、接受情绪情感等动态心理因素）之间的比例为多少最为合适？"（问题 13）时，在备选答案"（A）1∶1；（B）1∶0.618；（C）大于 1∶0.618 ；（D）小于 1∶1"中，选 A 的有 160 人次，占 16.92%，选 B 的 390 人次，占 39.76%，选 C 的 300人次，占 30.58%，选 D 的 125 人次，占 12.74%。如图 29 所示。

我们在发放问卷时对"1∶0.618"的解释是：假如有一篇旨在培养学生阅读能力的阅读材料一共有 100 个单词，其中生单词

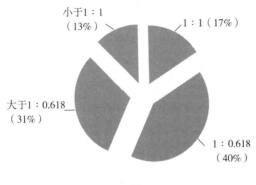

图 29

有 38 个，即读者认识的单词与不认识的单词之间的比例为
"1:0.618"（黄金分割比例）。我们以为，这里的调查结果印
证了教育学上所说的"跳一跳，够得到"的教育策略。即假
如一个特定的内容学生全懂，没有必要再让学生当作学习材
料，假如学生一点也不懂，以之作为学习材料也不会有好的习
得效果。这种情形即体现的是接受认知心理与修辞表达之间的
和谐关联。

当问到"假如您一时失言了，您通常会"（问题 19）时，
在备选项"（A）无所谓；（B）迅速改换话题；（C）道歉并收
回自己所说的话；（D）等待时机抢白对方；（E）搪塞"中选
A 的 41 人次，占 3.92%，选 B 的 253 人次，占 24.21%，选 C
的 651 人次，占 62.30%，选 D 的 41 人次，占 3.92%，选 E
的 59 人次，占 5.65%。如图 30 所示。

与上一个问题互为补充，我们设计了这样一个问题："假如
您一时食言了，您通常会"（问题 20），在备选项"（A）无所
谓；（B）道歉；（C）努力寻找理由以开脱；（D）重新允诺"
中，选 A 的 11 人次，占 1.10%，选 B 的 791 人次，占 79.18%，

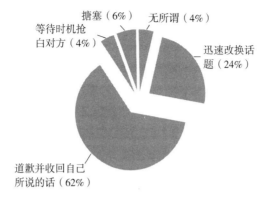

图 30

选 C 的 116 人次，占 11.61%，选 D 的 81 人次，占 8.11%。如图 31 所示。

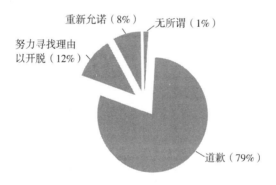

图 31

之所以道歉，除了伦理道德方面的原因，还直接与接受者的受话情绪情感有关，在一定意义上是为了平衡接受者的心理而为之。

以上综述，虽然受试（被调查者）均是认真合作的，但由于调查对象（即样本）的数量未必充分大及其他主体因素的干扰，肯定存在着一定的局限性。因而从中也未必能得到十分令人信服的结论。但是，从这些问题及其回答中，我们可以得到大量的十分有意义的启示。这些启示可以给本项研究的理论分析、事实描写、行为观察等诸方面提供线索，打开思路。

第三节　一项对照问卷试验

表达语境是接受心理在修辞表达上的一种映射。表达语境即通过话语本身体现或表征出来的语言环境，含通过话语直接表达出来的表达者的有关资讯、表达时的时代背景、表达中的情景及文体等。话语即是言语作品，话语有其语义内容。表达语境是与接受语境相对而言的，接受语境是指接受者接受特定话语时的主体情况、场合情景等。在我们看来，表达语境、接受语境均为宏观语境。一般所说的上下文语境（context）则属于常观语境和微观语境。在此主要考察宏观语境。

表达语境是话语接受效果的一个重要制约因素。在一定意义上可以说，接受主体的受话心理结构是接受者对表达语境的认知程度的重要反映。在我们看来，接受语境中受话心理是主导因素。这里的受话心理主要包括受话心理结构和受话心理过程。表达语境可以转化为接受语境。接受者对表达语境的认知程度往往形成受话心理结构（含能力、兴趣、需要、动机等）的主要内涵。

表达语境与话语接受效果有着较为密切的关联，表达语境在一定程度上制约着话语接受效果。这从笔者所做的一项试验即可看出。本项试验旨在从相对实证的角度通过对照，考察表达语境对话语接受效果的制约，兼及表达语境与接受主体之间

的关系。本项试验共进行了两次（分别于 2002 年 10 月、2005
年 10 月进行），之所以做两次，旨在考究本试验结果的可重
复性。结果表明，在高中及大学一年级阶段，这一试验是可重
复的。

　　第一次试验的受试为北京市京源学校高二年级学生
（2004 届）。第二次试验的受试为湖北师范学院中文系 0509
班、0508 班学生。每次调查均分两组进行，第一次每组 47
人，第二次每组 25 人。且每组成员不是同一个班级，但是同
属一个学校一个年级，第二次试验的受试还是同属一个系
（中文系）的学生。之所以选择同一个年级是为了保证受试在
总体上的话语接受能力相当，选择不同的班级是为了确保试验
过程中相互之间没有干扰，没有心理影响。这些都是为了试图
提高试验的信度。

　　试验主要是让学生阅读内容主旨基本相同的两份试卷。但
试卷的题名不同，我们将二者分别命名为《名篇片段鉴赏》
和《看看你的感觉准不准》，并且，尤为重要的是，《名篇片
段鉴赏》中的一些解释性因素（含作者、写作时间、时代背
景、文本话语中的副语言特征及动作举止等表达语境）在
《看看你的感觉准不准》中均被笔者有意略去，以期形成对
照。试验以受试对四个言语片段鉴赏后给分的高低为对照的参
照点。第一次试验在教师的协助下在教室进行，第二次试验也
是在教师的协助下在教室进行，由笔者全程主持。

一　试验步骤
两次试验的步骤相同。
　　我们首先选取了四个言语片段〔分别为：鲁迅《秋夜》
中的"我的后花园，可以看见墙外有两株树"至"而将繁霜

洒在我的园里的野花草上";曹禺《日出》中的"方达生（：）张先生，我们见过。"至"方达生（微笑）谁知道？";林徽因《小诗》;老舍《月牙儿》中的"是的，我又看见月牙儿了"至"它唤醒了我的记忆，像一阵晚风吹破一朵欲睡的花。"〕并将这四个言语片段制成两份试卷（或称"问卷"）。

第二步，将这两份试卷分别命名为《名篇片段鉴赏》、《看看你的感觉准不准》。之所以将试卷冠以如上标题，其一是为了将二者区别开来；其二是不给学生以冗余的心理暗示。这些均是为了尽量提高试卷乃至试验的可信程度。

第三步，分别将这两份试卷印制好，分发给两组受试，使他们人手一份。

第四步，分发试卷，并简要告知学生在试卷上的操作"规程"。

第五步，受试做问卷，给四个言语片段打分。

第六步，回收问卷。两次试验问卷的回收率均为100%。

第七步，处理问卷，主要是统计出相应的结果。

二 问卷的差异

两组问卷的差异具体表现为：

1. 试卷名不同：二者分别为《名篇片段鉴赏》、《看看你的感觉准不准》，均将试卷名置于该卷的首行居中位置。

2. 试卷中的四个片段在言语形式上的不同之处具体体现为：

（1）《名篇片段鉴赏》（一）较《看看你的感觉准不准》（一）多出：

〔鲁迅《野草·秋夜》，写于1924年9月15日。其中有些文字较隐晦，据作者后来解释："因为那时难于直说，所以

有时措辞就很含糊了。"（鲁迅《二心集·〈野草〉英文译本序》）]

（2）《名篇片段鉴赏》（二）较《看看你的感觉准不准》（二）多出：

[（**愣住，忽然**），（**忍住笑**），（**忽然走到达生面前，用力地握着他的手，非常热烈地**），（**回头取吕宋烟**），（**低声**），（**微笑**），（**曹禺《日出》，第二幕。陈白露：在某大旅馆住着的一个女人，二十三岁；方达生：陈白露从前的"朋友"；张乔治：留学生，三十一岁**）。]

（3）《名篇片段鉴赏》（三）较《看看你的感觉准不准》（三）多出：

（**林徽因《小诗》，原载《文学杂志》1948 年 5 月第 2 卷12 期**）

（4）《名篇片段鉴赏》（四）较《看看你的感觉准不准》多出：（**老舍《月牙儿》，原载《国闻周报》1935 年 4 月第 12卷 12 期**）

（5）《名篇片段鉴赏》（二）中的"方达生"、"张乔治"、"陈白露"分别于《看看你的感觉准不准》中换成"甲"、"乙"、"丙"。

以上多出部分均以加粗行楷标出，并置于括号内。应该说，这些多出部分较为醒目，足以凸显二者之不同。

简言之，《名篇片段鉴赏》比《看看你的感觉准不准》多出部分均为：作者名；语言片段的出处；写作或发表的具体时间。此外，特别值得注意的是话剧（片段二）中多出部分为人物介绍（含人物的性别、年龄、身份等）、对话言谈的场合、动作、表情、神态等表达语境因素。

三　试验结果

通过对回收的问卷累计加分，得出两组相应的名篇片段的话语接受情况。

第一次的具体结果是：

"《名篇片段鉴赏》组"（共 47 人）中：片段（一）共计得分 189 分，片段（二）共计得分 144 分，片段（三）共计得分 186 分，片段（四）共计得分 207 分。

"《看看你的感觉准不准》组"（共 47 人）中：片段（一）得分 166 分，片段（二）得分 125 分，片段（三）得分 197 分，片段（四）得分 210 分。如下表所示：

话语接受结果对照（2002 年 10 月）

《名篇片段鉴赏》组	得分	《看看你的感觉准不准》组	得分
（一）	189	（一）	166
（二）	144	（二）	125
（三）	186	（三）	197
（四）	207	（四）	210

第二次的具体结果为：

"《名篇片段鉴赏》组"（共 25 人）中：片段（一）共计得分 107 分，片段（二）共计得分 96 分，片段（三）共计得分 104 分，片段（四）共计得分 114 分。

"《看看你的感觉准不准》组"（共 25 人）中：片段（一）得分 99 分，片段（二）得分 66 分，片段（三）得分 105 分，片段（四）得分 111 分。如下表所示：

话语接受结果对照 (2005 年 10 月)

《名篇片段鉴赏》组	得分	《看看你的感觉准不准》组	得分
(一)	107	(一)	99
(二)	96	(二)	66
(三)	104	(三)	105
(四)	114	(四)	111

四 试验结果分析与解释

本项试验结果应该是可信的。第一，两次试验大致相同的结果表明，本项试验具有一定的可重复性。第二，同一次试验中，两组受试的接受能力等个性心理特征在总体上应该是可以等量齐观的，因为我们所选的受试均为同一学校同一年级（第二次试验的受试为同一系别）。第三，受试的接受能力在总体上接受我们所选的话语材料不会有太大的困难（两次试验对象分别为高中二年级学生和大一学生），但是要较为透彻地理解并进而有效地鉴赏试验材料（四个话语片段）尚有一定的难度，在试验的准备阶段，我们多方了解到所有受试事先均不熟悉试验材料，事先不熟悉表达语境。第四，受试的答题是认真地、独立地进行的：第一次试验是在课堂上在该班语文老师的协助下完成的，第二次试验是笔者在课堂上请受试完成的，两次试验均当场完成，并及时回收试卷，且问卷并不要求署名，故在做题时没有多少其他顾虑。

以上试验结果表明：

第一，表达语境对于话语接受效果的制约具有文体选择性。即主体接受不同文体的话语时，接受效果对表达语境的依赖程度不同。我们所选的四个言语片段中（一）为散文，（二）为话剧，（三）为诗歌，（四）为小说［所选的（四）

这一片段其实更像抒情散文或者散文诗]。两次试验中，对于话剧［即片段（二）]《看看你的感觉准不准》和《名篇片段鉴赏》的鉴赏给分相差较大，这表明接受者（读者）了解和不了解相关背景知识（即我们所说的表达语境）直接影响话语接受效果。由此体现出表达语境对话语接受效果的制约作用。这同时也表明，话剧是一种综合舞台艺术，它对于场景等表达语境的依赖程度要高于诗歌、散文和小说等。此外，接受者对片段（一）的理解也需诉诸自己对当时的历史、文化背景、作者当时的心境以及作者的言语风格等方面的认知。这种认知在接受者那里是作为个性心理结构而存在的，就言语作品而言，则体现为表达语境。表达语境对言语片段（一）的接受效果也有较强的制约作用。例如其中的"我的后花园，可以看见墙外有两株树，一株是枣树，还有一株也是枣树"。很多接受者都对之进行了分析，"有人说它是'用语累赘'，有人说它反映'观察中得来的事实'"①。《秋夜》中加上解释性的成分与不加解释性成分在接受者给分上的区分即可说明这一点。林徽因的诗和老舍的《月牙儿》之所以能得到接受者在无须解释的情形下的认可。主要是因为诗和散文诗（《月牙儿》、尤其是我们这里所选的片段富于浓郁的散文诗气息）是较为纯粹的语言艺术。用作家自己的话说就是："诗和小说戏剧的不同之点，就是它除了写作的主题和技巧之外，还有比小说戏剧所有的更精美的言语，以及它和言语不可分离的关系。""诗和言语永远是结在一起的。"②

---

① 曹德和：《内容与形式关系的修辞学思考》，复旦大学出版社2001年版，第210页。

② 舒济：《老舍演讲集·谈诗》，生活·读书·新知三联书店1999年版，第31页。

在我们看来，文体（言语作品的体制）可看作是一定意义上的上下文语境，只不过它"天然"地是一种宏观的"上下文语境"，故仍然属于我们所说的表达语境，属于宏观语境。这一点从有关工具书对"文体"的界定亦可看出，《语言学百科词典》指出："文体是：①文章的体裁或体式，是在表达功能基础上，对文章表现形式所分类别的总称。②语言环境的次范畴，是交际方式中书面形式的总称。③旧时也用以指称语体。"① 对于文体的这三个"义项"不妨做这样的理解：一方面，文体是一种总体概括；另一方面，文体是表达时"生成"的，同时势必对话语接受产生影响。简言之，文体是话语表达的一种"潜移默化"的制约因素，以上试验结果表明，文体同时也是影响话语接受效果的一种重要因素。

第二，表达语境中的态势语及副语言特征直接影响话语接受效果。准确认知态势语及副语言特征有助于提高修辞接受效果。两次试验中，《名篇片段鉴赏》（二）与《看看你的感觉准不准》（二）相对照，省略的部分主要是"态势语"及副语言特征，比如"愣住"、"忍住笑"、"微笑"、"低声"、"用力紧握着他的手，非常热烈地"等。第一次试验结果在鉴赏给分上二者相差 22 分，第二次二者的得分相差 30 分。

第三，作为表达语境的构成成分的文内解释性因素对于话语接受效果也有重要的影响。在我们的试验中，前面已提及《看看你的感觉准不准》所略的部分，主要是文内的解释性话语。这里之所以名其为"文内"，主要是因为像《看看你的感觉准不准》（二）中所略去的"（愣住，忽然），（忍住笑），（忽然走到达生面前，用力地握着他的手，非常热烈地），（低

---

① 　戚雨村等：《语言学百科词典》，上海辞书出版社 1993 年版，第 85 页。

声），（微笑），（曹禺《日出》，第二幕。陈白露：在某大旅馆住着的一个女人，二十三岁；方达生：陈白露从前的'朋友'；张乔治：留学生，三十一岁）"本身即是话语"正文"的一个有机组成部分，这些部分类似于随文释义的"注疏"，是一种解释性的文本，而不是文外的背景介绍。

　　两次对照试验表明，表达语境是话语接受效果的一种制约因素。即文体、言语作品（话语）的表达者及其相关资讯、话语表达的时代、话语的出处、言语作品中随文附加的解释性话语（含副语言特征、场景等的说明性话语）等表达语境是话语接受效果的制约因素。表达语境对于话语接受效果的制约具有一定的文体选择性。表达语境中的态势语及副语言特征直接影响话语接受效果。作为表达语境的构成成分的文内解释性因素对于话语接受效果也有重要的影响。而语境的主导因素是接受心理，由此看来，接受心理与修辞表达是紧密关联的，作为语境的主导因素的接受心理往往制约修辞表达。

附：问卷设计样例

名篇片段鉴赏

　　班级　　　　　性别　　　　　出生地
　　请你给以下几段话语打分（最高分值为 5，5、4、3、2、1 逐次递减）
（一）我的后花园，可以看见墙外有两株树，一株是枣树，还有一株也是枣树。

　　　　这上面的夜的天空，奇怪而高，我平生没有见过这样的奇怪而高的天空。他仿佛要离开人间而去，使人们仰面不再看见。……他的口角上现出微笑，似乎自以为大有深意。而将繁霜洒在我的园里的野花草上。[鲁迅《野草·秋夜》，写于1924年9月15日。其中有些文字较隐晦，据作者后来解释："因为那时难于直说，所以有时措辞就很含糊了。"（鲁迅《二心集·〈野草〉英文译本序》）]

$$5 \quad 4 \quad 3 \quad 2 \quad 1$$

（二）方达生　张先生，我们见过。

张乔治　（愣住，忽然）哦，我想起来了。我们见过，我们是老朋友了！

陈白露　（忍住笑）真的？在哪儿？

张乔治　啊，老朋友了！我想起来了，五年前，我们同船一块从欧洲回来。（忽然走到达生面前，用力地握着他的手，非常热烈地）啊，这多少年了，你看多少年了。好极了，好极了，请坐，请坐。（回头取吕宋烟）。

陈白露　（低声）他是怎么啦？

方达生　（微笑）谁知道？

（曹禺《日出》，第二幕。陈白露：在某大旅馆住着的一个女人，二十三岁；方达生：陈白露从前的"朋友"；张乔治：留学生，三十一岁）

$$5 \quad 4 \quad 3 \quad 2 \quad 1$$

（三）小蚌壳里有所有的颜色，

整一条虹藏在里面。

绚彩的存在是它的秘密，

外面没有夕阳，也不见雨点。

黑夜天空上只一片渺茫；

整宇宙星斗那里闪亮，

远距离光明如无边海面，

是每小粒晶莹，给了你方向。

　　　（林徽因《小诗》，原载《文学杂志》1948 年 5 月
第 2 卷 12 期）

　　　　5　　4　　3　　2　　1

（四）是的，我又看见月牙儿了，带着点寒气的一钩儿浅金。
　　　多少次了，我看见跟现在这个月牙儿一样的月牙儿；多
　　　少次了。它带着种种不同的感情，种种不同的景物，当
　　　我坐定了看它，它一次一次在我记忆中的碧云上斜挂
　　　着。它唤醒了我的记忆，像一阵晚风吹破一朵欲睡
　　　的花。

　　　（老舍《月牙儿》，原载《国闻周报》1935 年 4 月
第 12 卷 12 期）

　　　　5　　4　　3　　2　　1

看看你的感觉准不准

班级　　　　　性别　　　　　出生地

请你给以下几段话语打分（最高分值为 5，5、4、3、2、
1 逐次递减）

（一）我的后花园，可以看见墙外有两株树，一株是枣树，还
　　　有一株也是枣树。

　　　　这上面的夜的天空，奇怪而高，我平生没有见过这
　　　样的奇怪而高的天空。他仿佛要离开人间而去，使人们
　　　仰面不再看见。……他的口角上现出微笑，似乎自以为
　　　大有深意。而将繁霜洒在我的园里的野花草上。

　　　　　5　　4　　3　　2　　1

（二）甲　张先生，我们见过。

　　　乙　哦，我想起来了。我们见过，我们是老朋友了！

　　　丙　真的？在哪儿？

　　　乙　啊，老朋友了！我想起来了，五年前，我们同船一
　　　　　块从欧洲回来。啊，这多少年了，你看多少年了。
　　　　　好极了，好极了，请坐，请坐。

　　　丙　他是怎么啦？

　　　甲　谁知道？

　　　　　　5　　4　　3　　2　　1

（三）小蚌壳里有所有的颜色，

　　　整一条虹藏在里面。

　　　绚彩的存在是它的秘密，

　　　外面没有夕阳，也不见雨点。

　　　黑夜天空上只一片渺茫；

　　　整宇宙星斗那里闪亮，

　　　远距离光明如无边海面，

　　　是每小粒晶莹，给了你方向。

　　　　　　5　　4　　3　　2　　1

（四）是的，我又看见月牙儿了，带着点寒气的一钩儿浅金。
　　　多少次了，我看见跟现在这个月牙儿一样的月牙儿；多
　　　少次了。它带着种种不同的感情，种种不同的景物，当
　　　我坐定了看它，它一次一次的在我记忆中的碧云上斜挂
　　　着。它唤醒了我的记忆，像一阵晚风吹破一朵欲睡的
　　　花。

　　　　　　5　　　4　　　3　　　2　　　1

第 二 章
修辞：人与人的一种广义对话

　　我们以为，修辞是人与人的一种广义对话。对话的内容即在某种意义上是陈望道先生所说的"达意传情"的"意"和"情"。"修辞原是达意传情的手段。主要为着意和情，修辞不过是调整语辞使达意传情能够适切的一种努力。"① 那么，"什么是修辞现象呢？写说者运用语文材料，调动表现手段把所要表达的思想感情传递到对方，这就是修辞现象"②。显然，这种"努力"是努力的"达"和"传"，或曰努力"传达"、"传递"。既然修辞是一种"达"和"传"即"传达"的努力，则不妨说这种努力是一种活动或过程，即修辞活动或修辞过程。换言之，"修辞，就是一个根据思想内容来调整语辞以确定语文表达方式的过程，也就是说，达到思想内容和语文形式的统一需要一个过程"③。

---

① 陈望道：《修辞学发凡》，上海教育出版社 1997 年版，第 3 页。
② 陈光磊：《修辞论稿》，北京语言文化大学出版社 2001 年版，第 8 页。
③ 同上书，第 4 页。

第一节　修辞行为、修辞过程与广义对话

　　修辞是一系列修辞行为的总称，这一系列修辞行为形成一个过程，修辞是交际双方的一种互动（interaction）过程。

一　修辞行为的过程性

　　尽管当下学界对"什么是修辞"的看法见仁见智，人们或者着眼于结构形式，或者着眼于功能效果看修辞的特质，但是，无论持怎样的修辞观，仍然不可回避的是修辞的过程性。因为，不论是同义结构形式的选择，还是修辞效果的管控，都需要修辞主体的参与，这种参与其实就是由语言而言语的过程。"语辞的形成，凡是略成片段的，无论笔墨或唇舌，大约都须经过三个阶段：一、收集材料；二、剪裁配置；三、写说发表。"[1] 在这个过程中，抽象与具体辩证作用，表达与接受交互作用。即使是"修辞技巧"，其"在相当程度上也就是把抽象的语言转化为具体的表达的技巧"[2]。显然，由抽象到具体是一个过程。正如陈光磊先生所指出的，"对于这个过程应当更加深入地加以研究和认识"[3]。无疑，修辞是一个过程，并最终形成特定的修辞话语。修辞话语连接着表达者（写说者）和接受者。

　　比如说话、演讲、文学创作等均有发话人和受话人。日常说话当然地需要表达者和接受者，这比较容易理解，相对较难

---

　　① 陈望道：《修辞学发凡》上海教育出版社 1997 年版，第 5 页。
　　② 陈光磊：《修辞论稿》，北京语言文化大学出版社 2001 年版，第 5 页。
　　③ 同上。

理解一些的是演讲和文学创作，尤其是后者。其实，演讲和文学创作也是一个由表达到接受、由接受到表达的过程。就演讲而言，可分为有准备的演讲和无准备的演讲，后者即人们一般所说的"即席演讲"。有准备的演讲尽管可能会事先有所准备，且常常以书面的形式出现，但一旦接受者（听众）的情绪情感等心理状况与自己事先预料的不一样，那就得重新调整演讲的话语。即席演讲更是这样。文学创作其实也是这样一种表达和接受的互动过程，只是这种过程不太典型，不像人们平常面对面的交谈那样。事实上，据我们对一些熟练表达者的问卷调查，多数被调查者认为写作时要考虑到读者，有时一个言语作品要经过反复修改，这里的修改其实就是自己把自己想象成一个读者，设想如果自己是读者，看到自己写的这一段话语会有些什么样的感受等。然后再根据这些"感受"对自己的修辞话语做出相应的调整适用。

二 修辞过程的社会性

修辞过程显示出修辞的社会性。陈望道有言，"但写说本是一种社会现象，一种写说者同听读者的社会生活上情意交流的现象"①。为什么这样说呢？因为修辞从根本上讲是以把特定的"意"和"情"传达给听读者为目的，也以影响读听者为其任务的。修辞的动机、目的决定了表达者势必考虑到其建构的话语读听者能否感受、理解，乃至能否引起听读者的共鸣，而且，这些在修辞表达者那里从修辞表达一开始就不能不考虑到。即表达者"对于夹在写说者和听读者中间尽着传达中介责任的语辞，自然不能不有相当的注意。看它的功能，能

---

① 陈望道：《修辞学发凡》，上海教育出版社1997年版，第6页。

不能使人理解，能不能使人感受，乃至能不能使人共鸣"①。显然，"使人理解"、"使人感受"、"使人共鸣"中的"人"均为社会的人，而"理解"、"感受"、"共鸣"则是只有"人"才具有的心理活动，是人接受修辞话语后的心理活动。我们也就是在这些意义上说修辞过程具有一定的社会性。

　　既然修辞过程或曰修辞现象"本是一种社会现象，一种写说者同读听者的社会生活上情意交流的现象"，而社会是由人构成的，社会是人的社会，那么，在"人"或"社会"这些属概念下的写说者和听读者就势必构成了修辞的必要条件。这就是说，修辞活动的主体，由说写者和听读者两个方面构成。说写者说写的直接对象是什么呢？是语言。听读者听读的直接对象是什么呢？还是语言。有了写说者和听读者及与二者直接关联的语言，对话就有了可能。"对话是言语交际中最基本的一种行为方式。"② 这种行为方式在一定意义上即是修辞行为。修辞是一种以语言为媒介以生成或建构有效话语为指归的广义对话（dialogue）。这里所说的"以生成或建构有效话语为指归"指的是使自己即将建构或者已经建构的话语有效的一种努力。"话语"指的是能够为特定接受者所接受的语言。话语具有内容，话语和内容的对应关系就类似于语言和意义的对应关系。而"有效话语"简单地说就是表达者所表达的能在特定接受者那里激起一定为表达者所预期的心理反应的言语作品。

　　我们这里所说的广义对话包括一般所说的独白和对谈，后者包括方光焘先生所说的日常对话。"日常对话是在一定情境

---

① 陈望道：《修辞学发凡》，上海教育出版社 1997 年版，第 6 页。
② 张斌：《新编现代汉语》，复旦大学出版社 2002 年版，第 551 页。

之下进行的。说话的顿挫抑扬的音调，说话人的表情、手势、姿态以及说话时的实际环境和当前情况，都帮助听读者去了解说话人的意思。听话人的心理活动，也是对话的有力支持者。"① 另据《语言与语言学词典》，"DIALOGUE"（对话）这一术语表示"两人之间的交际"②，与之相关的是，"MULTI. LOGUE"（会话）或"POLYLOGUE"（会话）这两个术语则表示：参与交际的不止两个人，如在讨论中的情况就是这样。另外，"MONOLOGUE"（独白）是指特定情境下独自一个人的言语活动，如演说或讲课，或自言自语。此外，书面语言的表达或阅读也在某种意义上可视为"独白"，但这种独白说到底终究是一种交互式的对话。"一方面阅读是大脑和认知的过程（这里的'大脑和认知'中的'和'似为'的'字之误——引者按）；另一方面阅读也是读者和作者之间的沟通与交流。作者像讲话人一样发出信息。与听众与讲话人的关系一样，读者和作者也是在交流，尽管这种交流并非在面对面的情况下发生，但读者在阅读的过程中，需要运用自己的语言、文化等背景知识来释译作者的意图，有所选择地接受或拒绝作者所表达的思想。因此，许多语言学家都将阅读视为读者与作者之间的交流和沟通的过程。"③ 这里所说的"自己的语言、文化等背景知识"主要是指个性结构（含个性心理特征和个性心理倾向）。既然阅读是读者与作者之间的交流和沟通的过程，那么，我们就有理据（理由根据）将书面独白式的

---

① 方光焘：《作家与语言》，《方光焘语言学论文集》，商务印书馆 1997 年版，第 648 页。

② ［英］哈特曼：《语言与语言学词典》，黄长著等译，上海辞书出版社 1981 年版，第 218 页。

③ 吕中舌：《还须重视英语阅读》，《光明日报》2002 年 9 月 26 日，B1 版。

表达也视为一种对话了。

值得注意的是《语言与语言学词典》将"对话"、"会话"与"独白"这些术语词条放在一起，这似乎不是偶然的。该词典《引言》中所列《词典的用法说明》的第二条（共有七条）即明确指出："近似的术语列在词条末尾"，此外，该词典还在《引言》的第一部分《语言与语言学》中指出"有关术语注明互相参看"。这就表明至少在该词典编纂者看来，这几个术语之间的关系是有着非同寻常的密切联系的。此外，我们之所以对"修辞"的概念表述采用"对话"而不用与之在外延上有较大叠合的"会话"，有以下三个方面的考虑：第一，会话分析理论中"会话"方式与我们所说的"对话"方式不尽相同，前者往往并不包括历时过程中修改具体言语作品时当时的"我"与最初写说发表时的"我"的对话；第二，"会话"这个概念一般不区分也不便于用来表述"表达"与"接受"的区分，而"对话"则蕴涵了可以将对话主体大别为二，即表达者和接受者；第三，"会话"这个概念很难涵括表达与接受之间的内在联系，它通常强调的是言语主体的数量多（一般至少二者以上），而使用"对话"这个概念则有利于提示人们注意表达与接受之间的某种互动关系，注意区分这种互动中的相对主动与被动。有鉴于此，我们把"独白"、"会话"及"对话"不作严格区分，并统一概括为"广义对话"。

三　修辞的主体交互性

既然修辞过程具有一定的社会性，修辞又是人与人的一种广义对话。则似可以说，人与人的对话显示出一定的主体交互性，能在一定程度上凸显人的本质特征。"人与人的对话，是与存在讲和。对人类自身存在的关注，是人与人对话的核心问题。"① 这里的"存在"包括自身和他人。自身和自身以及自身和他人之间"讲和"的媒介是"语言"。作为人与人对话的媒介的语言文字是能指与所指的结合。所指是语言的语义内容，语义内容在使用的过程中产生心理现实性，即在使用者的心理上产生一定的反应。也就是说："人与人是相互依存的，人类生活本身就是充满对话性的，人的意识、思想无不带有这种相关而又独立的特征。"② 在我们看来，语言事实上只存在于交往中，如果没有人与人的交往，语言就失去了存在的价值，这是人与动物区别的一个重要标志。"而有交往必然就有对话"，"对话交际才是语言的生命真正所在之处"③，有了对话就可能有修辞。

不过，有必要指出，我们说修辞是一种广义对话，绝不意味着我们认为广义对话就是修辞，我们强调修辞是以语言为媒介的一种广义对话。换言之，在我们看来，"广义对话"是属概念，"修辞"是种概念。事实上，我们在"广义对话"之前冠以"一种"即是想以之表明二者之间的种属关系。考察表明，作为一种广义对话的修辞受人的各种心理因素的制约，尽管它还受诸如特定场合、前言后语、时代背景等因素的影响。

台湾学者林大椿也在其论著中论及"这几年美国的学者认为讲话问题的中心，是心理问题。也可以说：讲话学的问题就是讲话的内容是否能够适合人家需要，是否能够真正使人家

---

① 谭学纯：《人与人的对话》，安徽教育出版社 2000 年版，第 1 页。

② ［苏］巴赫金：《巴赫金全集》（第 5 卷），李兆林等译，河北教育出版社 1998 年版，第 43 页。

③ 同上书，第 51 页。

喜闻乐听；这才是我们讲话之学里的最中心的问题"①。林大椿所说的"讲话"与我们所说的修辞意义上的广义对话大致相当，"人家"显然主要指的是接受者，而"需要"、"喜闻乐听"等则是比较典型的接受需要、接受兴趣、接受感知等。《言理浅说》向我们提供的以上信息亦表明接受心理对"讲话"的重要意义。毋庸置疑，这里的"讲话"属于我们所说的"修辞"之列。

我们这里所说的广义对话的发话就是表达，相应的，受话就是接受。表达与接受是修辞意义上的广义对话中须臾不可分离的两个有机组成部分。它们共同构成一个完整的修辞过程。发话与受话的主体分别为说写者和听读者，他们共同构成修辞活动的双方。"修辞活动中所涉及的双方，说写者和听读者既然都是'人'（我们也就是在这个意义上强调修辞意义上的广义对话是人与人的一种广义对话——引者按），那么他们都必然会产生心理活动。说写者的修辞活动离不开思维，要受大脑'言语区'的指挥；听读者的大脑皮层也受到对方语词的刺激而引起种种反映。由此可见，修辞一时一刻也离不开人的心理。"② 既然，修辞"一时一刻也离不开人的心理"，那么，作为"人"的接受者（听读者）的心理势必影响、制约修辞表达。

作为广义对话的修辞在某种意义上也是一种"行为"，是一种语言交际行为。这种语言交际行为显然是人的一种活动。"人的活动受客观世界的制约。然而，心理活动乃是负载人的

---

① 林大椿：《言理浅说》，台北商务印书馆1980年版，第4页。
② 宗廷虎：《修辞学和心理学》，《宗廷虎修辞论集》，吉林教育出版社2003年版，第130页。

实践活动的精神支柱；心理活动的规律制约人的活动。"① 不难理解，这里所说的心理活动包括修辞活动时的修辞心理，而修辞心理其实包括表达心理和接受心理。既然心理制约行为，那么，作为心理之一种的接受心理势必会制约作为行为之一种的修辞表达。概言之，"修辞过程受各种心理因素的制约"②，这里所说的"心理因素"理应包括接受心理。

"人们的言语交际过程离不开知觉、意念、表象、知识、信念、思维、记忆，这些都是心理表征或符号。"③ 修辞终究是通过接受心理实现其价值的。修辞的价值在某种意义上即为修辞的效果。修辞的效果又跟人与人广义对话的媒介等密切相关。

第二节　修辞意义上广义对话的媒介

媒介是中介，是联系事物与事物、人与人、人与事物的不可或缺的中间环节。"媒介通常是指那些传达、增大、延长人类信息的物理形式，如语言、文字、书刊、电视等等。用加拿大传播学者麦克卢汉的话来讲，媒介就是人体的延长。"④ 显然，语言文字是可以作为媒介的。人与人广义对话的媒介就是语言以及记录语言的文字、标点，这从人们有关"语言"的界定可以看出。

---

① 孟昭兰：《人类情绪》，上海人民出版社 1989 年版，第 18 页。
② 陈汝东：《社会心理修辞学导论》，北京大学出版社 1999 年版，第 29 页。
③ 桂诗春：《实验心理语言学纲要·前言》，湖南教育出版社 1991 年版，第 Ⅱ 页。
④ 沙莲香主编：《传播学》，中国人民大学出版社 1990 年版，第 115 页。

一　语言作为媒介

陈望道先生曾对语言作了一定的界定。"语言是达意传情的标记，也就是表达思想，交流思想的工具。"① 陈望道还同时指出，"较广义的语言，又是指语言和文字这两种而言"②。在更广泛的意义上，"再看聋哑和婴儿，又颇有用摇头、摆手、顿脚等装态作势的动作来传情达意的事实。我们谈话、演说，也还时时利用它来做补助的标记。故有时更加扩大范围，又往往连这种态势也算做语言，把它叫做'态势语'。语言的更广义，又是含有声音语、文字语和'态势语'这三种"③。无独有偶，另一语言学家赵元任也指出，"语言是人跟人互通信息，用发音器官发出来的，成系统的行为的方式"④。

尽管有关语言的界定在当下学界仍然见仁见智、莫衷一是，"但在一个问题上各家几乎没有例外，即所有的语言学家，所有的工具书编纂家和其他学者，都特别强调语言是人所特有的，是人区别于其他动物的最根本特征"⑤，而人区别于其他动物的另一重要特征是人的心理的存在。这表明，语言与心理在"人"那里找到了归宿，二者在此联系了起来。我们也就是在这些个意义上以为，作为人与人广义对话的媒介的语言在某种意义上决定了接受心理与修辞表达的关联具有必然性。

---

① 陈望道：《修辞学发凡》，上海教育出版社 1997 年版，第 20 页。
② 同上。
③ 同上。
④ 赵元任：《语言问题》，商务印书馆 1997 年版，第 3 页。
⑤ 潘文国：《语言的定义》，《华东师范大学学报》2001 年第 1 期，第 105 页。

　　作为人与人广义对话之媒介的语言是与人的本质密切相关
的。"哈贝玛斯指出语言的使用是构成'人'的一个重要本
质。人只能在懂得运用语言和别人沟通的情况下才醒悟自己是
一个人，因而也醒悟有其他人及社会的存在。"① 运用语言和
别人沟通的最常见的形式是对话。伽达默尔也曾经指出，语言
只有在谈话中，在人与人的对话中，也就是在相互理解的实行
中才有其根本的存在。"因此，人类的语言就'世界'可以在
语言性的相互理解中显现出来……因为语言按其本质乃是谈话
的语言，它只有通过相互理解的过程才能构成自己的现实
性。"② 似乎可以说，心灵与语言的相互补充、相互丰富在某
种意义上离不开话语，在我们看来，话语是能被接受者接受的
语言。语言是人与人之间的媒介，而话语则是人与人心灵沟通
的纽带。"话语（Reden）是思维共同性中介（Vermittlung）"③，
话语是具有心理现实性的语言。"要知道，话语只有在人们的
一切相互影响，相互交往中真正起作用：劳动协作，意识形态
的交流、偶尔的生活交往、相互的政治关系等等。"④ 一言以
蔽之，话语的价值要在交往中才能体现出来。

二　话语：有内容的语言

　　能被特定接受者接受的语言是话语，言语则正是由语言到

---

　　①　阮新邦等：《批判诠释论与社会研究》，上海人民出版社 1998 年版，第
35 页。
　　②　［德］伽达默尔：《真理与方法》（下卷），洪汉鼎译，上海译文出版社
1999 年版，第 570 页。
　　③　洪汉鼎：《理解与解释》，东方出版社 2001 年版，第 48 页。
　　④　［苏］巴赫金：《马克思主义与语言哲学》，《巴赫金全集》（第 2 卷），
李兆林等译，湖北教育出版社 1998 年版，第 359 页。

话语的过程，话语是结果。话语有口头的和书面的。显然，口头的话语在最初意义上是诉诸人的听觉感知的，书面的则主要是诉诸人的视觉感知的。

这里，我们强调的是话语的功能及语言的运用。其实，就是一般人们所认为的结构主义的滥觞者索绪尔及其《普通语言学教程》，也并不是纯粹将语言视为"纯粹的结构"、"纯粹的形式"。这从《普通语言学教程》有关"语言"同"言语"的关联及"被称为概念的意识事实"（所指）与"音响形象"（能指）的密切关系的讨论即可看出。就"语言"和"言语"而言，语言和言语的关系也涉及理解与效果。"毫无疑问，这两个对象是紧密相连而且互为前提的：要言语为人所理解，并产生它的一切效果，必须有语言；但是要使语言能够建立，也必须有言语。"① 再进一步，语言与语言使用者的心理更是密切相关的。"我们总是听见别人说话才学会自己的母语的；它要经过无数次的经验，才能储存在我们的脑子里。最后，促使语言演变的是言语：听别人说话所获得的印象改变着我们的语言习惯。由此可见，语言和言语是互相依存的；语言既是言语的工具，又是言语的产物。"② 显然，从言语习得的角度来看，听到别人说话是自己说话的前提，**也就是说，就言语生成而言，接受是表达的先决条件**。同时，话语也应该是一种符号系统，在这系统里，意义和音响形象是紧密结合的，"意义"即是所指，"音响形象"则是"能指"，它们共同构成"符号"的两个部分。**"符号的两个部分都是心理的。"**③ 索绪尔所说的

---

① ［瑞士］索绪尔：《普通语言学教程》，高名凯译，商务印书馆1980年版，第41页。

② 同上。

③ 同上书，第36页。

言语活动已经与我们所说的修辞意义上的广义对话的含义很接近了。"要在整个言语活动中找出与语言相当的部分，必须仔细考察可以把言语循环重建出来的个人行为。这种行为至少要有两个人参加；这是使循环完整的最低限度的人数。所以，假设有甲乙两个人在交谈：循环的出发点是在对话者之一例如甲的脑子里，在这里，被称为概念的意识事实是跟用来表达它们的语言符号的表象或音响形象联结在一起的。假使某一个概念在脑子里引起一个相应的音响形象。"① 这完全是一个生理—心理现象。接着，索绪尔描述到，脑子把一个与那音响形象有相互关系的冲动传递给发音器官，然后把声波从甲的口里播送到乙的耳朵：这是接受感知的过程。随后，循环在乙方以相反的程序继续着：从耳朵到脑子，这是音响形象在生理上的传递；在脑子里，是这形象和相应的概念在心理上的联结。如果轮到乙方说话，这新的行为就继续下去——从他的脑子到甲方的脑子——进程跟前一个完全相同，连续经过同一些阶段。以上构成一个交际循环，在这个循环中始终离不开语言符号，投射到接受者的心里的便是话语。由语言向话语投射的过程就是言语活动。我们说，人与人的修辞意义上的广义对话就是建立在表达者和接受者的表达心理与接受心理基础之上的言语循环。一个表达者和一个接受者是最典型的形式，甚至可以说是一种较为理想化的模式。

以上分析似已表明语言作为广义对话的媒介是必然的，是不可替代的。这种对话有且只有在语言所介入的双方，即发话者和受话者的共同参与下才可以进行下去。以此形成言语循

---

① ［瑞士］索绪尔：《普通语言学教程》，高名凯译，商务印书馆1980年版，第31页。

环，形成话语系列，并最终完成修辞过程。

第三节　修辞意义上的广义对话的效果

作为修辞行为的广义对话的指归是有效话语的建构，因此，对特定效果的追求即是其题中应有之义。对话过程中"发话"、"受话"的关联必然体现出一定的效果。

效果是相对的，效果的有无自然也是相对的，如果有效，其程度亦是有差等的。修辞在最终意义上是对最佳修辞效果的追求。通过对最佳修辞效果的追寻体现出修辞的审美价值。修辞审美价值的实现离不开作为主体的说写者和听读者的说写与听读，由说写到听读实质上是一种社会性的传达。"写说与听读之间不但有着交流思想的交际关系；而且，同时对交际所使用的语言（话语文章）也就有了审美关系。语言美就正是最佳表达效果的美学表现。从这个意义上，完全可以说，修辞，就是语言美的创造！"① 或曰："修辞价值的实现主要体现为审美价值的实现。"②

一般而言，由语言到言语的生成过程是一个创造过程，而"美在创造中"③。这即是说修辞价值可以以审美的方式实现，形成特定的语言美，是为有效修辞话语的特质。有效修辞话语的审美效果具有一定的情感体验性。所有这些使得修辞审美体现出一定的"人本"特质。

---

① 陈光磊：《修辞论稿》，北京语言文化大学出版社 2001 年版，第 13 页。

② 谭学纯：《接受修辞学》（增订本），安徽大学出版社 2000 年版，第 2—3 页。

③ 蒋孔阳：《美在创造中》，广西师范大学出版社 1997 年版，第 27 页。

一　语言美：有效修辞话语的特质

我们所说的修辞话语是指能为特定接受者所接受的言语。如果特定修辞话语在特定接受者那里能引起表达者预期的反应，我们就说该修辞话语是有效的，否则即是无效的。无疑，修辞话语的有效与否是需要检验的，需要接受者用审美的方式去检验。换一个角度来看，为使自己的修辞话语有效，势必需要有意识地建构或营造语言美。

有效修辞话语的语言美在某种意义上就相当于陈望道先生所提出的"美质"。陈望道先生将这个意义的美质大别为三：第一要别人看了就明白，第二要别人看了会感动；第三要别人看了有兴趣。在我们看来，"明白"是基于认知上的考虑；"感动"、"兴趣"则更多的是基于"审美"上的考虑。美在某种意义上其实就是一种感动。而认知是审美的前提与基础，二者不可互相替代。"我们以为：文章在传达意思的职务上能够尽职就是美，能够尽职的属性，就是美质。这个美质。也并不一定要显现在文章上，如显现在言语上也未始不可能。"①显现在"言语"上较显现在"文章"上的范围扩大了，无疑是对整个修辞话语建构的要求。而我们前面已论及言语的结果是话语。足见，以上"大别为三"的美质即是有效修辞话语的特质。

不难发现，陈望道先生所指出的三种美质都同人的心理有关。"知识的美质"同认识或认知有关，而人的"认识"或"认知"当然首先是一种心理。"感情的美质"中的"感情"

———————

① 陈望道：《作文法讲义》，《陈望道文集》（第二卷），上海人民出版社1980年版，第223页。

自然更是人的一种心理过程。"审美的美质"是关于人的嗜好的，同人的兴趣等个性倾向性有关。再进一步，这三者都是针对接受者而言的，这从陈望道的原文的直接表述可以看出，即陈望道强调的是"要别人……"，三个"要别人"并置，形成排比，彰显强调之势。这里的"别人"显然是相对表达者而言的，即特定接受者。至此不妨认为，修辞效果是由表达者和接受者共同营造的，它直接映射到接受者的接受心理上，并通过接受心理得以体现和表征。以此显示出修辞"仍然促进着心灵诸力的陶冶，以达到社会性的传达作用"①，从而由语言而生成言语，由表达者而传及接受者，进行语言美的创造。

修辞是语言美的创造，这样，修辞效果的特征便是"美感性与适切性的统一"②，而美感是同人的心理密切相关的一个概念。美是人的本质力量的对象化，是人的本质力量在客观对象上的自由显现，相应的，美感则是这一本质力量得到对象化或者自由显现之后，我们对它的感受、体验、观照、欣赏和评价，以及由此平衡了内心的结构之后所产生的**和谐感**。美感首先应该是一种感觉，即美感"它又受到心理结构和心理因素的影响，是一种内心的活动和精神上的一种状态"③，这里，蒋孔阳先生将美和美感的关系用精练的语言阐释得十分清楚。修辞效果之所以为效果，有且只有被人尤其是接受者体验到才成其为效果，我们以为这种审美体验首先就是美感。

美感是与创造密切相关的，没有创造也就无所谓美、无所谓美感，创造说到底是一种社会实践活动。用德国古典美学创

---

① ［德］康德：《判断力批判》（上卷），宗白华译，商务印书馆1964年版，第151页。

② 陈光磊：《修辞论稿》，北京语言文化大学出版社2001年版，第8页。

③ 蒋孔阳：《美学新论》，人民文学出版社1993年版，第251页。

始人康德的话说就是："在经验里，美只在社会里产生着兴
趣；并且假使人们承认人们的社会倾向是天然的，而对此的适
应能力和执著，这就是社交性，是人作为社会的生物规定为必
需的，也就是说这是属于人性里的特性的话，那么，就要容许
人们把鉴赏力也看作是一种评定机能，通过它，人们甚至于能
够把它的情感传达给别人，因而对每个人的天然倾向性里所要
求的成为促进手段。"① 不难理解，康德这段话的关键词是：
经验，社会，兴趣，人性特性，鉴赏力，评定，情感传达。由
这些关键词人们可以作很多阐释，但至少有一点毋庸置疑，那
就是，美需要情感体验、需要传达，更需要有人鉴赏。康德还
形象的描述道："一个孤独的人在一荒岛上将不修饰他的茅
舍，也不修饰他自己或寻找花卉，更不会寻找植物来装点自
己。只在社会里他才想到，不仅做一个人，而且按照他的样式
做一个文雅的人（文明的开始）；因为作为一个文雅的人就是
人们评赞一个这样的人，这人倾向于并且善于把他的情感传达
于别人，他不满足于独自的欣赏而未能在社会里和别人共同感
受。并且每个人也期待着和要求着照顾那从每个人来的普遍的
传达。恰似出自一个人类自己所指定的原本的契约那样。"②
这表明美需要欣赏，接受者的欣赏是美不断被"创造"出来
的十分重要的动力因素。既然一般意义的"美"是这样的，
作为"美"的一个表现形式的话语的美及美感也理应需要创
造，需要接受者，需要诉诸接受心理体现其价值。

　　这样，修辞之效果就同人的接受心理有了"天然"的联

---

　　① ［德］康德：《判断力批判》（上卷），宗白华译，商务印书馆1964年版，
第141页。

　　② 同上。

系。作家老舍、艾青、茅盾等的创作经验验证了这一点，老舍
指出："我们写文章要一句是一句，上下联贯，切不可错用一
个字，每逢用一个字，你就要考虑到它会起什么作用，人家会
往哪里想。写文章的难处，就在这里。"① 这里，"人家"显然
指的是接受者，"人家会往哪里想"即是接受者的接受心理。
写文章因为这种考虑的存在而犯难，实为后者制约前者的一种
体现。类似的，艾青认为："作者总希望更多的人理解它，接
受它；那种下决心写东西不让人看懂，恐怕是很个别的，不然
为什么要发表呢?"② 发表的目的是为了让人家（接受者）接
受，艾青在此说得十分明确。茅盾则从另一个角度指出接受心
理之于修辞话语表达效果的重要意义。"一位作家若不时时自
己检查自己，那也恐怕不能写出真正有价值的作品来。"③ 这
里的"自己检查自己"在某种意义上即是我们所说的自己与
自己的一种广义对话。这种检查其实说到底也是一种制约。同
理，巴尔扎克的小说往往是易稿多次而写定，托尔斯泰的
《战争与和平》，曾经修改七次。也都是对自己检查的结
果——不检查，就不会也不可能做出修改。之所以要修改仍然
是为了让接受者更好地接受，也就是使自己建构的修辞话语更
为有效。

　　修辞是人与人的一种广义对话，是一种以"促进着心灵
诸力的陶冶，以达到社会性的传达作用"为价值取向的艺术。
在社会性的传达过程中形成修辞话语，语言美是有效修辞话语

---

　　① 舒济：《老舍演讲集·关于文学的语言问题》，生活·读书·新知三联书
店 1999 年版，第 93 页。

　　② 艾青：《诗论》，人民文学出版社 1995 年版，第 20 页。

　　③ 茅盾：《茅盾论创作·创作的准备》，上海文艺出版社 1980 年版，第 480
页。

的特质。换一个角度来看，美是人与人的一种精神关系，自然要涉及人的心理因素。"假如说，消极修辞是要敲开听众的心扉，进入对方的心房；则积极修辞就是要进而拨动内心深处的某一根弦，激发共鸣，享受多重的美感经验。"① 也就是说，假如没有或者无视接受心理的存在，修辞审美就没有可能实现，也就谈不上有效修辞话语的建构了。这一点当下网络"修辞"或曰网络文章的创作可为著例。之所以网络文学常常遭人诟病，甚至被很多人视为"垃圾"，大概是网络的虚拟性遮蔽了接受注意、接受审美的缘故。在网络世界中，网络创作可以"随心所欲"——单单随表达者的"心"，而没有考虑到接受心理，缺失了效果评判。另据我们的问卷调查，当问及"您更喜欢网上聊天的理由是"，在我们给出的四个备选项"（A）不必看对方的脸色；（B）即时迅速；（C）不必在乎对方的身份；（D）不必在乎对方的性别"中，选"（C）不必在乎对方的身份"的最多，共有 603 人次，占 52.80%。在发放问卷时我们对"对方的身份"的解释是："对方的角色意识，即对方自己对自己的社会角色的定位，是作为人与人之间的精神关系或情感关系的具体形式。"显然，这种角色意识是接受心理的一个组成部分。由此表明主要以审美心理为表现形式的接受心理之于修辞价值实现的重要意义。

换言之，有效修辞话语建构不可忽视接受心理的存在，接受心理是审美或美作为人与人之精神关系或情感关系的不可或缺的一方，对修辞话语建构起着审美评判作用。例如，日本学者植条则夫认为广告撰稿人的广告撰稿构思有五个阶段，其中第五个阶段，即最后一个阶段为"评价阶段——决定好的创

---

① 沈谦：《语言修辞艺术》，中国友谊出版公司 1998 年版，第 4 页。

意"。植条则夫认为一个个地审核第四阶段产生的诸多构思，决定最好和最合适的一个，是这一阶段的工作，植条则夫进一步强调："对这个构思（即最后合适的构思——引者注）的优点、缺点、可能使用的东西、不可能使用的东西、崭新的东西、平凡的东西，一定要加以分析和评价。"① 广告撰稿创意的好坏显然不是由表达者一厢情愿的单方面说了算，它需要接受者的审美评判。

最后，我们强调语言美是有效修辞话语的特质就是把语言运用提高到美学的高度来思考来看待的。"把语言的运用提到美学的高度来看待，这是应该的。美和用不可分，最有用、最管用、最好用的，就是最美的。……用了这个字、词或句而不起作用，怎么不破坏美？"② 陈望道先生在强调题旨情境之于修辞的重要意义时也曾正确地指出："语言文字的美丑全在用得切当不切当：用得切当便是美，用得不切当便是丑。"③ 足见，语言美与语言的使用之间的"天然"的联系。在这个意义上，不妨说有效的修辞话语就是用得美的语言。

二　审美效果的情感体验性

我们说修辞审美必定最终体现出一定的效果，而效果又必然投射到人（这里尤指接受者的）的心理世界里面去。从而产生特定的喜怒好恶哀惧等情绪情感体验。我们把这种由接受修辞话语而引起的情感称为语言审美效果的情感体验性。"什

---

① ［日］植条则夫：《广告文稿策略——策划、创意与表现》，俞纯鳞、俞振伟译，复旦大学出版社 1999 年版，第 27 页。

② 吴组缃：《生活·写作·读书》，载邓九平主编《谈治学》（下），大众文艺出版社 2000 年版，第 514 页。

③ 陈望道：《修辞学发凡》，上海教育出版社 1997 年版，第 19 页。

么是体验？每个人都亲身感受过快乐或悲伤、痛苦或愤怒的感情。它们是心理活动的一种带有独特色调的觉知或意识，是心理的一种主观成分。体验的外显方面是表情，它本身可归结为一种纯主观的东西。"①　这就是说，有的修辞话语让接受者读或听了以后会感受到快乐，有的则会让人感受到悲伤、痛苦抑或愤怒等。有的修辞话语让接受者乐于接受，所谓喜闻乐见。而有的修辞话语则让接受者不忍卒读。这些都是修辞话语的效果在接受者的心理上的映射，而前者则是修辞价值的审美体现的必然要求。

　　认知心理学研究成果表明情感体验可以在语词层面上展开，这是人的特质之一。同时情感是具有一定的社会性的。"情感（feeling）经常被用来描述社会性高级感情。一般认为，具有稳定而深刻社会含义的感情性反映叫做情感，它标示感情的内容。所谓感情的内容并不是指这一反映的语义内容或思维内容，而是指那种带有享乐色调的体验。"②　而美感是一种情感，美感是可感的，"美感虽然是人的各种心理功能的综合表现，它也离不开理智和意志，但无疑的，感情占据着主要的地位，发挥着主要的作用。离开了感情，不可能有美感。理智和意志，到了美感中，都化成了感情"③。这就进一步证明了语言美是有效修辞话语的特质。例如，有的修辞话语可以让人黯然神伤，比如李清照的婉约词；也有的可以让人欣喜若狂，比如杜甫的"漫卷诗书喜欲狂，即从巴峡穿巫峡"；还有的可以让人跟着"仰天长啸，怒发冲冠"；有的亦可以让人面如土

---

①　孟昭兰：《人类情绪》，上海人民出版社1989年版，第127页。
②　同上书，第14页。
③　蒋孔阳：《美学新论》，人民文学出版社1993年版，第278页。

灰,可以让人啼笑皆非,可以使人破涕为笑。

情感体验是修辞审美的一种运作方式,情感体验可以交流。这表明情感体验还是诉诸人与人之间的交流被言说出来的。而修辞正是人与人以语言为媒介的广义对话,是语言美的创造。语言作为修辞的媒介,同时也是一种十分便捷的交流工具。这种情感交流的形式之一即是感动。感动建立在一定的感受的基础之上。这样,我们可以说,情感体验终究是一种感受。"有感受,就有感情。心应于物,情随之生……王国维所说的隔与不隔,其中的关键,就在于有没有真感受和真感情。"① 美的感受,必然涉及人的心理因素。一般说来,在对美的感受中,我们的心理功能最初表现为直觉。照克罗齐的讲法,直觉是"对于个别事物的知识",修辞效果的审美始于感受与直觉。修辞效果是语言审美的效果,语言之于修辞价值而言是美的载体,而语言又是相对抽象的,因此修辞审美不会止于感受与直觉的层面。事实上,美学理论告诉我们,在知觉和表象的基础上,一些认知活动,诸如记忆和联想等,进一步开拓了美感的时间和空间领域。开拓美感的时间和空间领域实际上也是为其交流提供可能性,使美感由表达者那里传递到接受者那里成为必然。这样由情感体验而上升为美感,美感则综合体现了有效修辞话语的心理现实性。

三 修辞审美的"人本"性

有效修辞话语的心理现实性最终体现在"人"的身上,它是人的本质力量的某种体现,由此显示出修辞审美的人本性。我们这里所说的人本性是指人区别于其他物种以及机器

---

① 蒋孔阳:《美学新论》,人民文学出版社1993年版,第279页。

（尤指人工智能）的特性。修辞审美首先是最后也是一种情感体验，即是指接受者接受有效修辞话语（含口头的和书面的）时所产生的一种情感体验。如果单纯地说"审美性"、"社会性"、"符号化"三者中的一种是人的本质属性，可能有些人不会认同，他们可能会举出这样那样的反例。然而在这里，不难理解，"审美性"、"社会性"、"符号化"这三个概念的外延是有所交叉的，但仅仅是交叉，一般说来不会重合，即它们外延的集合不可能是全同关系。既然是交叉关系，应该是可以找到它们的交叉部分的，在我们看来，"修辞审美"这个概念的外延即可放到这三者的交叉部分。修辞审美可以同时具备"审美性"、"社会性"、"符号化"等特质。既然，同时具有以上特质，我们似可在这些意义上说修辞审美尤其有助于彰显人的本质特性。

首先，修辞审美是语言美的创造，是作为主体的人的创造过程，是创造给欣赏者欣赏接受的。美和艺术离不开观者、听者，离不开社会的解释和评价。艺术的美，是在作者、作品和读者交互的作用中，共同创造出来的。格罗塞说："艺术给予观众和听众的效果，决非偶然或无关紧要的，乃是艺术家所切盼的……如果根本没有读者，诗人是决不会做诗的。"① 这都说明了，美不仅不要求也不可能做到所谓"孤芳自赏"，它的本质就是社会性的，它要求与旁人分享。"艺术作品尽管自成一种协调的完整的世界，它作为现实的个别对象，却不是为它自己而是为我们而存在，为观照和欣赏它的听众而存在。例如演员们表演一部剧本，他们不仅彼此交谈，而且也在和我们交

---

① ［德］格罗塞：《艺术的起源》，蔡慕晖译，商务印书馆1984年版，第39页。

谈。要了解他们，就要根据这两方面来看。每件艺术作品也都是和观众中每一个人所进行的对话。"① 不难理解，上面所说的"我们"主要是就接受者而言的。为了"我们"而存在，也就是为了接受者而存在。

一般说来，表达者的快乐之一，在于他的话语引起了他人的接受。而我们作为接受者，每每听读到有效的修辞话语，也恨不得找人谈谈，把我们所享受到的美分给旁人。这亦是表达与接受的某种交互作用的表现形式。同时，这也是人区别于其他一般意义上的动物的一个显著特征。再者，如上所述，修辞审美是人的一种情感体验，既为情感体验，情感不是孤立存在，它与人的认知、动机、意愿等密切相关。"感情的活动不是循序渐进的，而是突然的，跳跃式的。那就是说，它和想象伴随在一起。感情的逻辑，就是想象。因为美感离不开感情，所以美感也离不开想象。"② 再者，修辞是美的创造，创造的是语言，是对语言美的追求。"然而创造力的根源正是在于人的本质。这种本质可以用复杂的神经具有无限组合的能力来给予解释。"③ 这表明，修辞在创造这个意义上也体现了人的本质。

综上，不难看出，修辞效果尤能彰显人的本质属性，是为修辞效果的人本性。修辞效果之所以具有人本性，在最一般意义上是因为修辞价值是"以达到社会性的传达作用"为价值取向，并且是以语言作为美的载体以审美的方式实现的。

---

　　① ［德］黑格尔：《美学》（第一卷），朱光潜译，商务印书馆 1979 年版，第 335 页。

　　② 蒋孔阳：《美学新论》，人民文学出版社 1993 年版，第 291 页。

　　③ ［美］S. 阿瑞提：《创造的秘密》，钱岗南译，辽宁人民出版社 1987 年版，第 531 页。

第四节 作为子系统的修辞表达

修辞是由表达和接受交互作用而形成的系统，修辞表达是其子系统。修辞表达可以利用而且需要利用语言文字的一切可能性。有鉴于此，修辞表达首先可以分出以音段特征表现出来的修辞表达和以超音段特征表现出来的修辞表达两类。然后，音段特征的修辞表达又可以分为：语辞的组合与语辞的聚合两个子类。

一 以音段特征表现出来的修辞表达

音段特征是相对于超音段特征而言的。划分出音段特征与超音段特征是从语言的物质外壳语音的角度着眼的。上文已述及，音段特征下的修辞表达可以有语辞组合和语辞聚合。

（一）语辞组合

组合关系里面主要由语素与语素组合、词与词组合、短语与短语组合、句子与句子组合等。我们以为，在修辞学意义上，语辞组合具体表现为在话语的横向的线性序列上语词的增损、位移以及句式、句类的调整。我们可以从作家改笔或作家的作品收入中学语文课本时的修改来看修辞表达中语辞的组合过程及接受心理之于语辞组合的制约。

1. 增损 所谓增损就是在语言的线性序列上，增加或删除某些语辞以适应特定题旨情境（含接受心理）的一种语辞组合形式。例如，

（1）原句：想起它，就像想起旅途的旅伴，战斗的战友，心里充满了深深的怀念。（吴伯箫《记一辆纺车》）

改句：想起它，就像想起旅伴，想起战友，心里充满

着深切的怀念。（吴伯箫《记一辆纺车》，中学语文课文）

原文在"旅伴"前面有"旅途的"3个字，"战友"前面无"想起"，却有"战斗的"，末一分句作"心里充满了深深的怀念"。这里，选入中学课本时有所增损，这种增损是在修辞表达的语辞组合关系上进行的。

（2）原句：当这些时候，她往往说，"她现在不知道怎么样了？"意思是希望她再来。（鲁迅《祝福》）

改句：每当这些时候，她往往自言自语地说，"她现在不知道怎么样了？"意思是希望她再来。（鲁迅《祝福》，中学语文课文）

最初发表时无"每"字，也没有"自言自语地"5个字。加上"每"，即构成双音节词"每当"，它在语气上似比单音节词"当"要强一些，另在形式上它可以和紧接着的同样表频度的"往往"形成对称，增强了能指的审美效果。"自言自语地"这一摹状式短语把"她"说下面一番话的情形示现出来，便于接受者联想、想象。

（3）原句：唐先生写文章，我在替你挨骂。（唐弢《琐忆》）

改句：唐先生写文章，我在替你挨骂哩。（唐弢《琐忆》，中学语文课文）

改句中的语气词"哩"，是作者在《琐忆》选入中学课本时增添的。原句似乎给人以过于认真和严肃的感觉，让人觉得"我"不太随和，增添句尾语气词"哩"舒缓了语气，还能给接受者以幽默风趣和轻松自然的感觉，让人觉得"我"平易近人。显然，改句凸显增强了语气，更便于接受者揣摩、理解。

2. **位移**　位移指的是在语言的线性序列上不改变原有的构成成分，而改换构成成分之间的位置的一种语辞组合关系。例如：

（4）原句：华大妈也黑着眼眶，笑嘻嘻地送茶碗茶叶出来，加上一个橄榄，老栓便去冲水。（鲁迅《药》）

改句：华大妈也黑着眼眶，笑嘻嘻地送出茶碗茶叶来，加上一个橄榄，老栓便去冲水。（鲁迅《药》，中学语文课文）

最初发表时，"送出……来"作"送……出来"。这样改动后，"送出"作为一个双音节述补形式和"加上"这一双音节述补形式自成对称，凸显对称有助于接受者对能指的对称美的感知。

（5）原句：——怕什么呢！我是姓张的丈母，映川的娘，我要到街上去喊，看有谁把我怎样！（叶圣陶《夜》）

改句：——怕什么呢！我是映川的娘，姓张的是我女婿，我要到街上去喊，看有谁把我怎样！（叶圣陶《夜》，中学语文课文）

《叶圣陶选集》中"我是"以下两个分句原作"我是姓张的丈母，映川的娘"。作者最后定稿时改变了语序。称谓也作了调整。这样，"我是……是我……，我要……把我……"在整体上形成了对称，能指的审美效果得到凸显，感情色彩更加鲜明。

再如彭荆风的《驿路梨花》中有这样一段话：

（6）原句：正说着，门被推开了。一个须眉花白、手里提着一杆明火枪、肩上扛着一袋米的瑶族老人站在门前。（彭荆风《驿路梨花》）

改句：正说着，门被推开了。一个须眉花白的瑶族老人站在门前，手里提着一杆明火枪，肩上扛着一袋米。（彭荆风《驿路梨花》，中学语文课文）

其中"一个须眉花白、手里提着一杆明火枪、肩上扛着一袋米的瑶族老人站在门前"。在收入中学语文课本时改为："一个须眉花白的瑶族老人站在门前，手里提着一杆明火枪，肩上扛着一袋米。"之所以在收入语文课本时编者要做出如上的调整，主要是为了便于接受者（中学生）能有效地感知，毕竟，原文在线性序列上一个中心语（"瑶族老人"或"老人"）的限制语太长，而且略显杂糅。

（二）语辞聚合

语辞聚合是对语言的线性序列上处于同一环节上的具有相同功能的语词的替换。之所以要做"替换"，在很大程度上是为了表达得更加"本色当行"，更加有利于接受者的接受。陈望道先生曾指出，"酌量少用宽泛语——譬如说'我想编出一本文法书'，这'想'字就太宽泛。因为'想'字范围太大，也可以解为决定，也可以解为计算筹备，如果是决定的，我们便说'我决定编出一本文法书'，那就周到，也就没有肤泛的毛病了。……"① 聚合关系里面可以分出同义聚合、非同义聚合两类。例如：

（7）原句：谁知竟等了那么久，可见那上行的船只是如何小心翼翼了。（刘白羽《长江三峡》）

改句：谁知竟等了好久，可见那上行的船是如何小心翼翼了。（刘白羽《长江三峡》，中学语文课文）

原文中"好久"作"那么久"，"船"作"船只"。"好久"比"那么久"相对客观。"那么久"所裹挟的主观情绪色彩较浓。

---

① 陈望道：《作文法讲义》，《陈望道文集》（第二卷），上海人民出版社1980年版，第213页。

"'那么久'只能用于事后的追述，不适合此处的语言环境"①，而我们以为，语境（即与季樟桂先生所说的"语言环境"略当）的主导因素是接受心理。这样，由"那么久"在聚合轴上改为"好久"实乃接受心理使然。此外，由"船只"改为"船"更为准确，更便于接受者理解。"船"是普通名词，可以特指，但普通名词加上相应的量词则常常表示一个整体，从而形成一个集合名词，一般不可再特指，这里"船只"即属此列。我们可以说"这只船"，但一般不说"这艘船只"，这里"船"与"船只"的关系就像"人"之于"人口"，我们通常可以说"这个人"，但不能说"这个人口"。概言之，由"船只"改为"船"是指称上的需要，也是"意义"转换为"内容"的需要。这里使用"船只"没有心理现实性。类似的，中学教科书所选的课文秦牧《土地》中有这么一句话："看来很平凡的一块块田地，实际上都有极不平凡的经历。"是由原文经过改动而形成的。原文中"看来"之前有"在我们"三个字，"一块块田地"作"一块块田野"。其中由"田野"改为"田地"也是接受理解制约的结果。

我们以为，接受心理与语辞聚合之间的关系可以通过作家改笔等表现出来。显然，作家的改笔或相应的言语作品收入中学语文课本所作的改动等凸显的是修辞表达的"变"，之所以要"变"，主要是接受心理制约的结果。我们知道，作家改笔大多数是在作品已面世后，在发行新的版本时所做的改动，作品面世势必会在特定接受者那里引起一定的心理反应，反馈到表达者那里的接受心理是改版修改的重要动因。

---

① 季樟桂：《中学语文名篇改笔丛谈》，上海教育出版社 1993 年版，第 174 页。

二　以超音段特征表现出来的修辞表达

我们以为，以超音段特征表现出来的修辞表达主要为韵律配置。语调等韵律的配置在书面上通常以特定的标点符号表现出来，在口头上则往往表征为语调的抑扬顿挫、语气的强弱、语音的轻重等超音段特征。超音段特征与听读者的听读的关系也十分密切，譬如"公、穀两家善读《春秋》本经：轻读，重读，缓读，急读，读不同，而义以别矣"①。

应该说语调的配置也是修辞表达系统的一个重要组成部分。不妨认为，语调是能指的一个具体体现。"语言是多种多样的。有这样的语言，有那样的语言。有讽刺的语言，有哀诉的语言，有挖苦的语言，有恳求的语言……该用什么语言，根据你内容的需要。"② 显然，这里所说的"讽刺"、"哀诉"、"挖苦"、"恳求"等在很大程度上即是靠语调的配置得以表现的。

上面所说的"讽刺"、"哀诉"、"挖苦"、"恳求"常常在表达上需要，同时也势必形成相应的格调或气氛。"语义上的差异就会被这种相似性缩小或消除。这种形式里面隐藏着的别的含义却可以让人感受到。它并不参与内容的展开与含义的变化，而只是协助产生一种气氛或'大全效果'。"③ "气氛"也是与韵律的配置密切相关的，它同"韵律"一样需要一定的"格调"并且势必会表现出一定的格调。这里"让人感受到"中的"人"主要是指我们所说的接受者。

---

① 刘熙载：《艺概·文概》，上海古籍出版社1978年版，第3页。
② 艾青：《诗论》，人民文学出版社1995年版，第144页。
③ ［美］阿瑞提：《创造的秘密》，钱岗南译，辽宁人民出版社1987年版，第210页。

　　我们以为，韵律还可以通过一些虚词"裹挟"出来。我们这里所说的"裹挟"，主要是针对某些语气、口气而言的，并不是说用以裹挟语气的虚词就是韵律特征。这样，韵律配置通常还表现为某些虚词的配置。比如叹词"啊"、"哎"等。有些虚词及部分实词可以裹挟相应的语气。韵律配置得当，有助于接受者对特定修辞话语的感知与记忆，同时也便于加深接受者的"印象"。诚如方光焘先生所言，"文学作品的目的，却不仅仅是使读者懂得意思，而是在给予读者深刻的印象。作家企图通过作品，把自己的感情思想，感染读者，震撼读者，以至说服读者……"[①]"文学作品"之于修辞表达的关系自不待言，显然，方光焘在此强调的是文学作品的形成的"来之不易"，之所以来之不易，很重要的因素就是修辞表达要受包括接受心理在内的诸因素的制约。例如：

　　（8）原句："余明同志啦！……"

　　（秘书说了半句头话！）（沙汀《闯关》，新群出版社 1946 年版）

　　改句："余明同志呀！……"

　　（助理秘书拖长着声调说，随即又把话头咽下去了。）

　　（同名，见《沙汀选集》，第一卷，四川人民出版社 1982 年版）

这里原句的语气词"啦"改为"呀"，体现的是超音段特征的变化。之所以这么改是为了更切合接受情绪情感。

　　韵律配置还可以表现为韵律词（即某种意义上的离合词）、联绵词（比如双声、叠韵等）以及某些语流音变（比如

---

　　① 方光焘：《作家与语言》，《方光焘语言学论文集》，商务印书馆 1997 年版，第 649 页。

语音的强化、弱化、脱落、增音、变调）、儿化等，韵式、韵脚以及音的洪、细等。

修辞表达中超音段特征还可表现为肯定、否定口气的强弱等。例如：

（9）原句：白杨树实在不是平凡的，我赞美白杨树！
（茅盾《白杨礼赞》，见《文艺阵地》第6卷第3期）

改句：白杨树实在是不平凡的，我赞美白杨树！（茅盾《白杨礼赞》，见《见闻杂记》）

改句中的"是不"2个字，最初在1941年3月《文艺阵地》第六卷第三期发表时作"不是"，后来在作者的散文集《见闻杂记》（1943年4月由桂林文光书店出版）中被改为"是不"。所做的修改是"否定转移"，如果我们把上例看作一个性质命题，则修改前的性质命题的"质"是否定的"质"，修改后的命题则是肯定的"质"。这里表否定的"不"的转移使原来的否定的性质命题变成了肯定的性质命题，积极意味更强一些，与表达者在这里的情绪情感更加协调从而更有利于接受者的积极接受。

最后需要指出的是，在表达与接受这两个相对存在的系统中，有时为了接受者更好地接受感知、记忆等，言语使用者在修辞表达时不惜损"表达"以奉"接受"。例如："北平话的'八'字，是一个好听的字眼，所以京城里面的'进士'都是'第八名'：由此可见它们对于音节的运用，多么用心，他们甚至牺牲了内容去迁就言语。"[1] 这里"好听"显然是针对接受者而言的，强调的是"读"的重要性。

---

[1]　舒济：《老舍演讲集·谈诗》，生活·读书·新知三联书店1999年版，第33页。

第 三 章
接受心理：广义对话中的受话心理

　　接受心理，即广义对话中接受者的受话心理。受话心理是与发话心理相对而言的，包括接受者受话时的心理过程及接受者与受话有关的个性结构等。接受心理或曰受话心理并不就是接受者的心理，在我们看来，接受心理只是接受者的心理的一个种概念，如果我们将"接受者的心理"作为一个属概念的话。这即是说，接受心理的外延小于接受者的心理，接受心理包含于接受者的心理。

　　这样，我们在讨论接受心理时将主要着眼于与受话（接受修辞话语）的联系更为密切、更为直接的受话心理过程，兼及接受者的个性结构中与受话之关系相对密切、相对直接的需要、动机、兴趣以及能力等，而与受话也存在一定关系但不那么直接的接受者的理想、信念、世界观，以及性格、气质等暂不在我们的考察之列。事实上，据我们的初步调查，接受者的诸心理要素中与修辞表达关系最密切的是包含接受情感、情绪的接受心理过程。

第一节　接受心理是语境的主导因素

受话心理同语境密切相关。在我们看来，它是语境的主导因素。

一　受话心理是语境的构成要素

受话心理首先是同题旨情境密切相关的一个概念。陈望道《修辞学发凡》早已经指出，"修辞所须适合的是题旨和情境。语言文字可说是修辞的资料、凭藉；题旨和情境可说是修辞的标准、依据。像'六何'说所谓'何故'、'何人'、'何地'、'何时'等问题，就不过是情境上的分题。"① 陈望道又指出，"情境是拘束的、理智的，或题旨是抽象的、概念的"②，对此，陈光磊先生又作了进一步的阐发，"题旨是什么？是指'一篇文章或一场讲话的主意或本旨'（陈望道：《修辞学发凡》，上海教育出版社1997年版，第6页——引者转注），它体现着写说者的意图、动机和目的。情境是什么？它大致包括客观方面的社会环境、自然环境、时地场合和主观方面的写说听读的情趣心境等因素；这是形成具体表达的现实条件"③。显然，接受心理属于写说听读的情趣心境，尤其是听读的情趣心境。这就是说，接受心理是语境的一个构成要素。这还可从以下有关语境的界定看出。

"所谓语境，包括社会情境、自然环境及上下文。分析起

① 陈望道：《修辞学发凡》，上海教育出版社1997年版，第8页。
② 同上。
③ 陈光磊：《修辞论稿》，北京语言文化大学出版社2001年版，第12页。

来有：（1）联系说话时的情境；（2）利用时间地点等条件；（3）利用自然景物特点；（4）适合说话人和听众读者的关系；（5）适应听众读者的情况；（6）照顾上下文的关系等项。"[①]

　　语境"　①　指上下文。词、短语、句子都可以有语境。例如'……一边站着一个孩子'可以理解为一个孩子，也可以理解为两个孩子，但是下文如果是'看来年纪都很小'，却只能理解为后者。这里的语境使句子避免歧义。②　除了上下文之外，还包括说话的环境，甚至包括言语的各种有关背景，例如风俗习惯、个人修养、交际目的，等等"[②]。

　　以上我们仅用举例式的方法简单列举了几家看法，事实上，有关语境的定义可以说是见仁见智。冯广艺先生《语境适应论》中列举了不下 20 种有关语境的界定，并接着将之归纳为 8 种有代表性的基本看法：第一，"题旨情境说"；第二，"广义狭义说"；第三，"一切因素说"；第四，"主观客观说"；第五，"大小语境说"；第六，"文化情境说"；第七，"语境创造说"；第八，"模拟语境说"。[③]综观诸家看法，不难发现，尽管有关语境的界定目前还不尽一致，但有一点几乎是没有异议的，那就是大家在界定"语境"时都不否认交际对象及其心理的存在。有的只是表述上略有不同罢了。有的表述得较为显豁，有的稍显笼统。

二　受话心理在语境中的主导地位

　　受话心理是语境的构成要素之一，如上所述。那么，接受

　　①　张弓：《现代汉语修辞学》，河北教育出版社 1993 年版，第 2 页。
　　②　张涤华、胡裕树、张斌、林祥楣：《汉语语法修辞词典》，安徽教育出版社 1988 年版，第 505 页。
　　③　冯广艺：《语境适应论》，湖北教育出版社 1999 年版，第 2—9 页。

心理（受话心理）在语境中的地位究竟怎样呢？据我们初步考察，接受心理是影响（这里尤指制约）修辞表达的一个不可等闲视之的重要因素，是语境中的主导因素。

首先，语境中的其他诸主要因素都可以内化为接受心理。诚如《现代汉语通论》所言，"无论什么语境都必须通过认知活动转化为我们的知识，才能在话语理解中起作用。所以有的语言学家说'语境就在你头脑里'，语境一定是内在化的、认知化的"①。而话语理解中起作用的内在化的、认知化的知识即是某种意义上的接受心理。毕竟，知识与能力等心理结构直接相关，而心理过程可视为心理结构的运作。足见，接受心理在语境中有着举足轻重的地位，它可以集中体现其他诸要素。一般说来，人们对语境这个概念应包括说写的具体场合和上下文基本上是没有异议的。就写说的具体场合而言，场合终究是人的场合，毋庸置疑，人是"场合"的主导因素。很难想象，没有人"在场"的场合将是一幅什么样的情景。在具体场合中，特定的人总是以一定的"角色"出场、在场、退场的。当然，特定场合的人必然包括写说者，这似乎并不难理解，那么，一定的场合是否一定存在接受者呢？答案是肯定的。只是，接受者的数量有多少之别罢了。特定场合中的人势必会形成特定的关系，这些关系联系着特定的社会角色，而特定的社会角色必然有着自己的角色意识，或曰"角色心理"。不妨说，特定的角色意识在某种意义上是主体的地位、身份、职业、年龄、性别等诸因素共同熔铸的模板。另一方面，角色心理的凸显又为特定接受心理的形成提供了可能。此外，就连接受者的生理特点等也都在某种程度上可以内化为相应的接受心

---

① 邵敬敏主编：《现代汉语通论》，上海教育出版社2001年版，第271页。

理，譬如我们耳熟能详的鲁迅笔下的阿Q，因为头上"颇有几处不知起于何时的癞疮疤"（鲁迅《阿Q正传》），便"讳说'癞'以及一切近乎'癞'的音，后来扩而广之，'光'也讳，'亮'也讳，连'灯'、'烛'都讳了"（鲁迅《阿Q正传》）。事实上，现实生活中，对着癞疮疤喊"亮"总是不大讨人喜欢的。讨不讨人喜欢显然就是一种接受心理。

　　一般而言，就"意义"和"内容"的关系来说，语境与内容的关系更密切。而接受心理即是"内容"之所以为内容的必要条件。也就是说，接受心理是语言符号的"意义"变成"内容"的一个必要条件。**由意义到内容的过程在我们看来就是语言符号的心理现实性形成的过程。**什么是"意义"，什么是"内容"，有关二者的相对存在张斌先生已给出了精辟的阐释。"语言符号的能记是声音，所记是意义。它实际上是一种'集'（set），每个语言符号都包括许多成员（members）。例如'我'的声音是'wo'，意义是自己，但并没有确指某一具体对象。在具体运用时，'我'或者指张三，或者指李四，这里体现出符号的转化。就是说，原有的语言符号（声音和意义的结合）变成了能记，而所指的具体对象成为它的所记。这里的所记有人也称之为意义，为了与前者的意义相区别，可以称之为内容（content）。"[①] 在我们看来，"意义"转化为内容有且只有通过接受者的接受。"只有通过解释者，本文的文字符号才能转变成意义。也只有通过这样重新转入理解的活动，本文所说的内容才能表达出来。"[②] 这里所说的"解释者"

---

　　① 张斌：《汉语语法学》，上海教育出版社1998年版，第62—63页。

　　② ［德］伽达默尔：《真理与方法》（下卷），洪汉鼎译，上海译文出版社1999年版，第495页。

实际上就是我们所说的接受者，而"理解"显然是一种重要的接受心理，由此可见，接受心理之于"意义"转化为"内容"的重要性。

此外，受话心理是以被动的形式起到主动的作用。这具体体现为接受心理的倾向选择性。接受者在接受修辞话语时往往可以有所倾向、有所选择。这与表达心理不尽相同。"信息交流是一种双向活动，一方面是表达（包括说和写），一方面是理解（包括听和读）。听和读的方面并非完全处于被动地位，往往根据自己的经验作选择性理解。"① 比如我们平时接电话或替人开门时，对于不熟悉的声音常常要首先弄清楚对方是"哪位"。这里，电话里或门外传过来的音义形式，如果在接受者（电话的接听者或开门者）还没有确切地知道他是谁时，它就只有意义，而没有内容，正因为没有内容，接听电话的人可以拒绝接听该电话，开门的人也可以拒绝为对方开门。事实上，在英语里，电话用语中，常常说"This is Tom speaking（我是汤姆）"，而一般不说，"I am Tom"，类似的，当回答"Who knocked at the door?"常用"It is me"，其中的代词用非人称代词"It"，而不是用"I"这一常用的人称代词的第一人称形式。再比如在汉语里，我们常常可以称德高望重的女士为"先生"，比如"宋庆龄先生"、"吴健雄先生"、"谢希德先生"等，称呼这些杰出女性为"先生"往往蕴涵了表达者的格外尊崇之心理，同时也可引发接受者对这些"先生"的敬仰之情，该称呼具有心理现实性。以上表明，接受心理是内容之所以为内容，即由意义转化为内容的必要条件。

黑格尔曾指出，"艺术的真正职责就在于帮助人认识到心

---

① 张斌：《汉语语法学》，上海教育出版社 1998 年版，第 106 页。

灵的最高旨趣。从此可知，就内容方面说，美的艺术不能在想象的无构无碍境界飘摇不定，因为这些心灵的旨趣决定了艺术内容的基础，尽管形式和形状可以千变万化。形式本身也是如此，我们也并非完全听命于偶然现象。不是每一个艺术形状都可以表现和体现这些旨趣，都可以把这些旨趣先吸收进来而后再现出去；一定的内容就决定它的适合的形式"①。虽然不能将黑格尔这里所讲的"内容"与我们所说的内容等量齐观，但黑格尔以"内容"与"形式"对举，并强调心灵旨趣之于内容与形式关系——一定的内容决定它的适合的形式——的基础意义，"内容"、"形式"、"心灵旨趣"三者的关联对于我们理解接受心理这一特殊的"心灵旨趣"在语境中的地位不无意义。一定的内容就决定它的适合的形式，就表明了接受心理对修辞表达的某种意义上的制约的必然性。

此外，就具体的上下文而言，之所以需要上下文，或者说，上下文的作用的发挥有且只有诉诸人（这里尤指接受者）的理解或解释。比如我们上文所援引的张涤华、胡裕树、张斌、林祥楣诸先生的《汉语语法修辞词典》在界定"上下文语境"这一概念时所举的一个例子，"'一边站着一个孩子'可以理解为一个孩子，也可以理解为两个孩子，但是下文如果是'看来年纪都很小'，却只能理解为后者"。《汉语语法修辞词典》接着分析说"这里的语境使句子避免歧义"。《汉语语法修辞词典》同时还给出了一个例子，即"例如'多少'这个词，在动词前边（你多少喝一点儿），倾向于表示'少'。

---

① ［德］黑格尔：《美学》（第一卷），朱光潜译，商务印书馆1979年版，第18页。

在名词前边（旧社会多少人受苦受难），倾向于表示'多'"①。以上例子表明上下文作为语境出现是供人理解时用的，是帮助人们更好地、更准确地理解的。而这里的理解即是一种接受心理。显然，如果没有接受心理的存在或参与并发挥主导性的作用，上下文语境的作用或功能将没有办法得以体现。

综上，我们得出接受心理是语境（尤指广义语境）中的主导因素这一初步看法。"修辞以适应题旨情境为第一义"②，对题旨情境这一某种意义上的语境的适应从另外一个角度来看就是语境对修辞的制约。"语境是言语交际中生成、实现并制约言语行为的相关因素的总和。"③ 而行为必然在最一般意义上受制于心理，由此亦见接受心理之于语境的主导意义。

第二节　接受心理作为一个复杂性系统

接受心理是语境的主导因素，语境是复杂的，接受心理的复杂自不待言。接受心理是一个不稳定的复杂性系统。

一　接受心理的不稳定性

题旨和情境尤其是后者并不是固定不变的。情境的变化必然会反映在接受心理上。题旨本身也是可以变化的。尤其是表达主体为多主体时，即群体表达时，我们这个地方所说的群体

---

① 张涤华、胡裕树、张斌、林祥楣：《汉语语法修辞词典》，安徽教育出版社 1988 年版，第 505 页。

② 陈望道：《修辞学发凡》，上海教育出版社 1997 年版，第 11 页。

③ 张斌：《新编现代汉语》，复旦大学出版社 2002 年版，第 513 页。

表达是相对于纯粹个人表达而言的，以往的研究似更注重个体
表达。即使是对个体表达的研究也往往关注的是表达主体的
"即时表达"，而对似乎并不比"即时表达"次要的"继时表
达"关注得不够。什么是"继时表达"呢？在我们看来，它
指的是同一个表达主体"与时俱进"的、在时间的纵向流逝
过程中的表达过程，它强调的是表达的过程性。比较典型的是
作家的改笔和一般表达者的日常对话的改口。显然，我们这里
的"即时"与"继时"概念是以索绪尔提出的"共时"与
"历时"为原型的。

　　多主体也可以有即时表达，但我们这里主要关注的是多主
体的继时表达。这也主要体现为嗣后主体对先前主体的修改。
之所以如此，首先是因为修辞主体"修辞"时的媒介——语
言——是复杂的。语言是一种社会现象，社会是复杂的，而
"语言是人类社会使用最广泛、最灵便、最基本的信息载
体"①。另一方面，语言又是我们所说的人与人广义对话的媒
介。接受心理是因为这些特定的"语言"而引起的，故我们
说社会的复杂必然导致接受心理的复杂。

　　语言的使用过程就是特定的言语活动。"整个来看，言
语活动是多方面的、性质复杂的，同时跨着物理、生理和心
理几个领域，它还属于个人的领域和社会的领域。"② 既然言
语活动是多方面的、性质复杂的，又属于个人领域和社会的
领域，这即表明言语活动是复杂的，而如前所述言语活动是
语言的使用过程，语言的使用是人对语言的使用，这里的

---

　　① 钱锋、陈光磊：《语言学既是基础科学，又是带头科学》，《语言学资料选
编》（上册），中央广播电视大学出版社1983年版，第43页。
　　② ［瑞士］索绪尔：《普通语言学教程》，高名凯译，商务印书馆1980年
版，第30页。

"人"势必包含接受者及相应的接受心理。由此可见接受心理的复杂性。接受心理的复杂性在此蕴涵了接受心理的不稳定性。

二　接受主体的多元倾向

如上所述，表达主体是复杂的，但接受主体一般比表达主体更复杂，接受心理的复杂性首先表现为接受主体的多元性。通常情况下，接受主体包括继时表达中的后来的"我"和即时表达中的一般受话者。诚如熟练表达者李怡所言："诗歌的创作总是个别的，而诗歌的批评则是为了社会，为了沟通，为了更广泛更有效的对话"[1]。显然，这里的"创作"与"批评"分别对应的是"表达"和"接受"。另一方面，认知心理学已证实，"一般的情形是语言理解者较多，语言表达者较少……"[2]之所以如此，是因为通常情况下能听懂别人的话，自己未必能说。这尤见于儿童初学语言时，成人学习外国语时也常常是这样。

第二，接受心理的复杂性还表现为接受者个性心理的多样性。准确地说，接受心理的复杂性主要体现为各个接受者的个性心理并不尽然相同。接受心理中的个性倾向性和个性心理特征是相对复杂的。

第三，接受心理的多样性亦在于理解和解释过程的未必即时性。接受心理可以多次分步完成，尤其是理解和解释。不少论者已注意到了这种情形，"继诺姆·乔姆斯基之后，大多数

---

[1]　李怡：《新诗标准讨论引起关注》，《文艺报》2002年8月27日，第1版。

[2]　张春兴：《现代心理学》，上海人民出版社1994年版，第308页。

心理学家和心理语言学家都强调理解的过程并不只是以线形（一次性）的方式进行的"①。比如，我们可以分若干次读完一本书，但值得注意的是当我们继时读同一本书时，其时的感觉、联想、想象以及情绪情感状态与上一次读时并不一定是一样的。表达当然也可以而且也必定有一个过程，但这个过程相对简单，即修辞话语一旦建构起来，就可以暂时告一段落。

第四，接受心理的复杂性还在于接受心理要素对修辞表达的制约并不是唯一的、单一的。比如，接受者受话时的好奇心、兴趣与认知心理等的可能同时存在，他们可能对修辞表达形成交叉制约。由此，显示出接受心理的层次性。

最后，得指出，接受心理的复杂性却并不意味着接受心理是"囫囵一团"的没有秩序、没有层次的"千千结"式的胸中"块垒"。事实上接受心理有其层次，是一个系统。

三 作为一个复杂子系统的接受心理

普通心理学理论告诉我们，人的心理首先可以大别为二：个性结构，心理过程，前者又可以称作"个性心理"。有鉴于此，作为子系统的受话心理首先包括两大元素。它们分别是受话个性结构、受话心理过程。受话个性结构是静态的，而受话心理过程则是动态的。静态的受话个性结构常常在总体上具有一定的相对稳固性，而受话心理过程则一般是不稳固的，是变动的。

（一）受话个性结构

人的个性结构主要包括个性的倾向性和个性的心理特征

---

① ［美］斯坦孙·费什：《读者反应批评：理论与实践》，文梵安译，中国社会科学出版社1998年版，第162页。

（包括性格、气质和能力等）两个方面。受话个性结构指的是广义对话中直接影响接受者接受修辞话语的个性倾向性和个性心理特征。受话个性结构主要由受话能力、受话需要、受话动机、受话兴趣等组成。

1. 受话能力

孔子曾经说过，"中人以上，可以语上也；中人以下，不可以语上也。"（《论语·雍也》）这是说讲话要看听话者的受话能力。受话能力是与受话活动的要求相符合并影响受话活动效果的受话个性心理特征的综合。也就是说，受话能力是影响行为主体接受修辞话语整个活动效果的个性心理特征的综合指标。我们前面第二章业已论及修辞意义上的广义对话的实质是人的一种活动，即修辞活动，而修辞活动尤其注重其活动效果。修辞活动中人们接受修辞话语的能力即为受话能力。这样说来，受话能力势必影响修辞活动，影响修辞活动中的修辞表达。

受话能力主要表现为听读能力。也就是听话的能力和阅读的能力。听话和阅读的能力包括对所听或所读修辞话语的鉴别能力。简单地说，就是是否可以分辨出所接受话语的好坏美丑等。伽达默尔曾深刻地指出："因此阅读的能力，即善于理解文字东西的能力，就像一种隐蔽的艺术，甚至就像一种消解和吸引我们的魔术一样。在阅读过程中，时间和空间仿佛都被抛弃了。谁能够阅读流传下来的文字东西，谁就证实并实现了过去的纯粹现时性。"[1] 这就是说，受话能力是相对固定的一个心理要素。

---

① ［德］伽达默尔：《真理与方法》（上卷），洪汉鼎译，上海译文出版社1999年版，第214页。

　　受话能力与修辞表达的意义所指密切相关。接受者对修辞话语意义的理解往往诉诸接受者的认知能力。对"所指"的认知能力一般建立在对"能指"的认知及其相应的能力上。这表明，接受者对修辞话语的能指的认知能力也是接受能力的一个重要组成部分，它主要表现为接受者对语词的音和形的识别以及对语词的记录工具文字的形和音及标点功能的识别等方面。

　　除了认知能力之外，常常还有审美能力，即辨别修辞话语美丑的能力，是为受话审美能力，受话审美能力包括人们通常所说的语文鉴赏能力。受话能力是存在着个体差异的，受话能力个体差异的存在使受话能力成为制约修辞表达的一个重要心理因素之一。受话能力同时也是发展的，由此显示出我们此前所讨论的受话心理的不稳定性。通常情况下，受话能力与修辞表达应该呈对应关系。也就是说，如果接受主体的接受能力发生了变化，修辞表达也就要做相应的调整。

　　此外，以上认知、审美等受话个性心理结构并不一定是独立发挥作用，并不是各自独立地与修辞表达互动的。毕竟，系统中的要素是相互发生关系的彼此关联的整体。"例如，你对刚懂事的小孩子说'教师是人类灵魂的工程师'，他肯定不懂。"① 这里的"听不懂"即主要是就接受心理而言的。再比如，公开面向社会发表的一些言语作品被选入中学教科书时一般都要经过选编者作相应的"改编"，这种改动也是一种"改笔"。这种改笔在某种意义上是包含以上诸个性心理结构在内的接受心理共同与修辞表达互动（有关"互动"问题的讨论后详）的结果。兹试举数例。

---

　　①　吴士文：《修辞讲话》，甘肃人民出版社1982年版，第2页。

（1）原句：大家都默无一言地注视陈伊玲：嫩绿色的绒线上衣，一条贴身的咖啡色西裤，宛如春天早晨一株亭亭玉立的小树。（何为《第二次考试》）

改句：大家都注视着陈伊玲：嫩绿色的绒线上衣，咖啡色的西裤，宛如春天早晨一株亭亭玉立的小树。（何为《第二次考试》中学语文课文）

原文中"都注视着"作"都默无一言地注视"。"咖啡色"前面有"一条贴身的"5个字，"西裤"前面没有"的"字。之所以删去"一条贴身的"，在我们看来主要是考虑到特定接受心理的存在，收入中学语文课本后，接受者更为明确，改动是因特定的接受者（好奇心比较强，富于联想而又正值青春期的青少年）的接受心理而做的调整。毕竟"贴身的"这一限制语带有一定的示现性质。再比如：

（2）原句：黄的，那是土，未开垦的处女地，几十万年前由伟大的自然力所堆积成功的黄土高原的外壳；绿的呢，是人类劳力战胜自然的成果，是麦田。（茅盾《白杨礼赞》）

改句：黄的是土，未开垦的荒地，几十万年前由伟大的自然力堆积成功的黄土高原的外壳；绿的呢，是人类劳力战胜自然的成果，是麦田。（茅盾《白杨礼赞》，中学语文课文）

《见闻杂记》中的原句，"黄的"后面有逗号，"是土"之前多"那"字，"荒地"作"处女地"，"堆积"的前面有"所"字。之所以在收入课文以后改"处女地"为"荒地"，亦主要是针对教科书的特定接受者青少年而做的，改动后更接近青少年的接受话语的能力。显然，"荒地"比"处女地"更通俗易懂，更便于接受者对特定知识点的认知。又如：

　　（3）原句：李子俊的女人却忍不住悄悄地骂道："好婊子养的，骚狐狸精！你千刀万剐的钱文贵，就靠闺女，把干部们的屁股舔上了。你们就看看咱姓李的好欺负！你们什么共产党，屁！尽说漂亮话！……"（丁玲《果树园》）

　　改句：这时李子俊的女人看见黑妮，忍不住悄悄地骂道："你们什么共产党，屁！尽说漂亮话！……"（丁玲《果树园》，中学语文课文）

原文中没有"这时"两个字，也没有"看见黑妮"四个字及其后的逗号，"忍不住"前面有"却"字，"你们"之前还有如下几句："好婊子养的，骚狐狸精！你千刀万剐的钱文贵，就靠闺女，把干部们的屁股舔上了。你们就看看咱姓李的好欺负！"这里的"污言秽语"虽然有助于人物性格的刻画，但不适宜作为中学教科书。青少年的模仿能力比较强，一旦他们接收到这些话语可能会对他们产生负面的影响，而且以上骂人的话语尽管对于塑造人物形象有积极的作用，但从言语文明的角度来看，有些与之相悖。而在收入课本时删之，则正是接受心理制约修辞表达的一种结果。类似的情形还可见于下例：

　　（4）原句：层层的叶子中间，零星地点缀着些白花，有袅娜地开着的，有羞涩地打着朵儿的；正如一粒粒的明珠，又如碧天里的星星，又如刚出浴的美人。（朱自清《荷塘月色》）

　　改句：层层的叶子中间，零星地点缀着些白花，有袅娜地开着的，有羞涩地打着朵儿的；正如一粒粒的明珠，又如碧天里的星星。（朱自清《荷塘月色》，中学语文课文）

《朱自清文集》中的原文，此处最后还多"又如刚出浴的美人"一个分句。本例与上面几例类似。大概是由于编者以为中学语文教科书中出现这样的文字有些"不宜"吧，这一个分句在课文中已经被全部删去。这亦表明了接受者的接受心理影响修辞表达。同时体现了认知能力是审美能力的基础。中学生的审美能力、审美鉴赏（接受评判）能力还在形成和发展中。

受话能力是受话个性结构的综合体现，同时它也是受话动机、受话需要、受话兴趣等的基础。

2. 受话动机

受话动机是指决定听、读行为的内在动力，是接受者接受话语的意图与目的。我们这里的"话语"包括口头的和书面的两种形式。

个体的受话动机常常是具体的。比如人们听演讲、学生听老师课堂上的提问、记者听记者招待会上发言人的发言等，其动机各有所不同。再例如，医生听病人的讲述的受话动机主要是了解发病原因及进一步了解病症等，是作为一种治疗的辅助手段，有时还是为了所谓"望、闻、问、切"之"问"能够更深入、更有效，病人听医生的讲述则主要是为了进一步了解自己的诊治情况及自己日常起居的注意事项，实际上也是为了更好地"遵医嘱"。学生听老师课堂上提问的动机是好有针对性地准备自己的答案，以回答老师的问题，老师听学生回答的受话动机恐怕主要是了解学生对相关知识的认知情况。记者招待会的记者的受话动机则是为了获取某种动向以继续提问或向外发布传播等。凡此种种表明个体的受话动机又应该是明确的。

人的受话动机可以是单一的，也可以是复合的（即同时带着若干目的或意图听或读）。我们称前者为单一受话动机，后者为复合受话动机。纯粹的单一的受话动机是比较少见的，复合受话动机是更为经常的形式。但是，复合动机里面的各种各样的意图的重要性在接受者自己看来并不一定是同等的，它们会分别有所侧重。

受话动机同人的需要密切相关，尤其是同人的审美需要和认知需要的联系更为密切。据我们的问卷调查结果显示，当问及"您平时阅读的动机通常有哪些?"时，在以下三个选项"（A）审美（获取美的享受）；（B）认知（即拟获取某种知识、信息等）；（C）二者兼而有之"中，选"二者兼而有之"的有 684 人，占 69.16%，选"审美"的仅 57 人，占 5.76%，选"认知"的 248 人，占 25.08%。而当问及"您听别人讲话的动机通常有哪些?"时，在以下三个选项"（A）审美（获取美的享受；（B）认知（即拟获取某种知识、信息等）；（C）二者兼而有之"中选"二者兼而有之"的有 459 人，占 44.26%，选审美的仅有 28 人，占 2.70%，选认知的则多达 550 人，占 53.04%。这表明：其一，动机与需要是密切相关的，不可截然分开；其二，人的受话动机之于口头话语和书面话语的接受有所不同，在口头语的接受中认知是主要的动机，而在书面语的接受中则主要是兼顾认知与审美。之所以如此，与人的受话需要有关，它同时表明人的动机是有一定的针对性的。"动机的基础是人类的各种需要，即个体在生理上和心理上的某种不平衡状态。"① 受话动机的基础是受话需要，即听读的需要。

3. 受话需要

人是有受话需要的。受话需要对修辞表达有着一定的制约作用。《论语》有言，"侍于君子有三愆，言未及之而言，谓

_____

① 彭聃龄：《普通心理学》（修订版），北京师范大学出版社 2001 年版，第 3 页。

之躁，言及之而不言谓之隐，未见颜色而言谓之瞽。"（《论语·季氏》）这是说，讲话必须注意对方的需要，以及对方的反应。这同时也表明人与人广义对话时受话需要是存在的，并且是修辞表达时不可忽略的一种接受心理因素。

按照美国心理学家马斯洛的说法，人的需要是有层次的，也就是说人的需要的满足是逐层递进的。需要的层次由低到高依次是：生理的需要，安全的需要，相属关系和爱的需要，尊重的需要，自我实现的需要（认知的需要，审美的需要）。在我们看来，人的受话也有生理的需要，安全的需要，相属关系和爱的需要，尊重的需要，自我实现的需要。比如有时候人们以限制接受话语作为对过错者的惩罚，例如作为对过错者的一种惩罚手段的"关禁闭"即在某种意义上是对受话需要的一种剥夺，而这恰恰从另一个方面说明了受话需要之于人的重要意义。

我们以为禁忌语的使用在某种意义上就是接受者受话时安全的需要。接受者需要从语言里获取安全感。哲学家海德格尔有一个著名的论断就是：语言是存在的家园，是人的精神家园。这里的"家"尽管是一种隐喻式的表述，但其要义之一应该是家能够满足人（尤指受话者）安全的需要。譬如"子不语'怪、力、乱、神'"（《论语·述而》），之所以竭力回避"怪、力、乱、神"，实在是对它们的敬畏。人们平时讲话时往往力图避开那些不吉利的语辞，比如祝福语"一路顺风"，本来是相对吉利的一句祝福的话，但是如果对方是去飞机场登机的，最好就不要使用之，因为飞机的飞行是与"风"向密切相关的，"顺风"在此已失去了"一帆风顺"的寓意——对飞机飞行而言，"顺风"未必是好事。

按照马斯洛的需要层次说，假如生理需要和安全需要都很好地得到了满足，爱、感情和归属的需要就会产生。这里，爱的需要既包括给予别人的爱，也包括接受别人的爱。可以说每个正常的人都有爱与被爱的需要。一句发自肺腑的"我爱你"，简单、自然，但却常常能产生神奇的力量，它可以使误入歧途的浪子回头，可以使因某些误解而隔阂的夫妻破镜重圆。

除了爱的需要，人们还会有自尊和尊重他人的需要。"除了少数病态的人之外，社会上所有的人都有一种对于他们的稳定的、自重和来自他人的尊重的需要或欲望。这种需要可以分为两类：第一，对于实力、成就、适当、优势、胜任、面对世界时的自信、独立和自由等欲望。第二，对于名誉或威信（来自他人对自己尊敬或尊重）的欲望。"[①] 人们往往喜欢听"抬举"自己的话，正常情况下，没有谁愿意被别人贬损。谦敬语及某些避讳语的使用即常常可以满足人们（尤其是接受者）被尊重的需要。自尊需要一旦得到满足，就常常会导致一种自信的感觉，使人觉得自己在这个世界上有价值、有力量、有能力、有位置、有用处和必不可少。而人一旦有了自信，又可能会产生新的被尊重的需要。我们觉得马斯洛有关"尊重"和"爱"的双重分析或曰两种指向的分析很有意义，其中自尊的分析以及被别人爱可视为同一个向度，来自他人的尊重的需要和给予别人爱是同一个向度。

通常情况下，以上需要得到满足以后，人会有自我实现的需要。自我实现的需要又包括认知的需要和审美的需要两类。认知的需要源于人的好奇心。好奇心，是一种对于知

---

① ［美］马斯洛：《动机与人格》，许金声等译，华夏出版社1987年版，第51—52页。

识、真理的追求以及求解的欲望。就认知而言，"认知（cognition）一词的涵义，系指吾人对事物知晓的历程，在此历程中，包括对事物的注意、辨别、理解、思考等复杂的心理活动"①。假如接受者的认知需要得到满足，他就可能会感到相对的满意。满足认知冲动使人主观上感到满意，并且产生一种终极体验（end - experence）。但是，需要说明的是这种"满意"也只能是相对的。之所以说是相对的，是因为它很快会被新的需要，即审美的需要所代替。马斯洛指出，"审美需要与意动、认知需要的重叠之大使我们不可能将它们截然分离。秩序的需要，对称性的需要，闭合性（closure）的需要，行动完美的需要，规律性的需要，以及结构的需要，可以统统归因于认知的需要，意动的需要或者审美的需要……"②虽然审美需要与认知需要有所重叠，但二者毕竟是两种不同的受话需要。

　　"审美"（aesthetic）这个词是德国哲学家鲍姆加登根据希腊语的"aestheticos"一词大约在1750年创造出来的新词。词的原意是"知觉的和感性的"，与人的感知觉直接相关。既然审美的原意是"知觉的和感性的"，那么审美势必就应该以包含感知的认知为基础。以认知为基础的修辞审美的需要是一种较高层次的需要。它首先需要接受者具备一定的语言认知能力。比如文学语言中的超常搭配，你首先要对相应的正常搭配有一定的了解才能以审美的方式接受之。否则，你会觉得这些超常搭配不但不会给你以美感，相反，还会使你觉得它有语

---

① 张春兴：《现代心理学》，上海人民出版社1994年版，第22页。
② ［美］马斯洛：《动机与人格》，许金声等译，华夏出版社1987年版，第59页。

病。例如，我们曾让小学一年级的小学生和大学中文系一年级的大学生来读"一川烟草，满城风絮，梅子黄时雨"（贺铸《青玉案》）。我们选取的两位受试反馈的信息显示二者的阅读感受完全不一样：前者认为这里的"一川烟草"搭配不当；后者则觉得该言语片段"脍炙人口"，这即是说在小学生那里是语病的一个话语结构，在大学生那里不但不是语病，还可在一定意义上满足审美需要。对于后者来说，"写说与听读之间不但有着交流思想的交际关系；而且，同时对交际所使用的语言（话语文章）也就有了审美关系。"① 就受话者而言，这种审美关系是源于其特定的审美需要，本项对比实验同时表明，审美需要是以审美能力为基础的。

语言的美就是尽职，尽职则表明了修辞动机的认知性与审美性的实现。既已实现了，也就尽职了。于是，认知与审美也就在此统一了起来。

最后，有必要说明，受话需要由一个层次向另一个层次的扩展是"循序渐进"的，即一个新的需要在优势需要满足后另一种需要的出现并不是一种突然的、跳跃的现象，而是一种从无逐渐到有的渐变。受话需要的存在及其"循序渐进"经常是无意识的。

4. 受话兴趣

除了受话需要与动机之外，人在接受修辞话语时还存在着是否有兴趣、有多大兴趣的问题。受话兴趣是人急于、乐于接受修辞话语的一种倾向。受话兴趣表明的是接受者对修辞话语的一种积极接受。受话兴趣的有无是表达者能否吸引接受者的一个重要方面，同时，从受话兴趣也能反观特定修辞话语是否

---

① 陈光磊：《修辞论稿》，北京语言文化大学出版社 2001 年版，第 13 页。

有效。一般说来，有效修辞话语应该是能引起、激发或保持接受者的受话兴趣的。受话兴趣在整个受话心理中的作用也是不可忽视的，这类似于一般兴趣在一般心理中的地位和作用。就一般兴趣而言，"兴趣又和认识、情感密切联系着。如果个体对某些事物没有认识，也就不会对它产生情感，因而不会对它发生兴趣。相反，认识越深刻，情感越丰富，兴趣也就越浓厚"[①]。

　　一般而言，话语的新异性和超常性应该是引起受话兴趣的两个主要的激活器。通常情况下，生动、鲜明、幽默的修辞话语容易引起接受者的兴趣。就书面语而言，丰富的词汇、铿锵的音节、适当的偶句、精彩的叠句等调整适用得好，容易激起受话兴趣。我们前面提及有效修辞话语是语言美的创造，例如工整优美的律绝和对联，所能够给人的美感，常常超过表达同样内容的散文句子。相对而言，律绝和对联更能满足接受者的受话兴趣。这里的律绝和对联属于积极修辞，积极修辞的典型是修辞格。表达者精心调整适用的辞格自然也会引起接受者的受话兴趣。就辞格中较为常见的比喻而言，"精警的譬喻真是美妙！它一出现，往往使人精神为之一振。它具有一种奇特的力量，可以使事物突然清晰起来，复杂的道理突然简洁明了起来，而且形象生动，耐人寻味"[②]。秦牧这里所说的"譬喻"实为人们现在习用的比喻格。

　　受话兴趣亦同受话需要、受话能力密切相关。"一般说，兴趣即乐趣；我们把乐趣同某一对象的存在或者行为的存在的

---

　　① 叶奕乾等：《普通心理学》（修订版），华东师范大学出版社1997年版，第475页。
　　② 秦牧：《譬喻之花》，《艺海拾贝》，上海文艺出版社1978年版，第151页。

表象相联系。兴趣的目标是生存或定在（das Dasein），因为，它表达着我们感兴趣的对象同我们实现欲望的能力的关系。"①这就是说，接受兴趣同接受能力是呈一定的正相关的，同时，或者兴趣以需求为前提，或者兴趣产生需求。

　　修辞表达不能不考虑到接受者的兴趣。如果接受者对你的表达压根儿没兴趣，你的修辞话语的建构就不能说是十分有效的。

　　如果考虑到了接受者的受话兴趣的存在，常常会有利于修辞表达取得理想的效果。例如，

　　（5）8月21日的"中国少年数学论坛"开幕式上，92岁高龄的数学泰斗陈省身送给孩子们一幅题词"数学好玩"，并对上千名重孙辈的孩子们说："中国是数学大国，但大不一定强，要想成为强国，还得靠你们！"第二天，著名数学家田刚院士对参加数学夏令营的孩子们说："陈老送给你们'数学好玩'，我想鼓励你们'玩好数学'，因为这是一个需要付出长期努力和勤奋的过程。"②

有人说"玩"是孩子的天性，一般说来，"数学好玩"应该比诸如"数学对人类文明有重大意义，要学好它"之类的"语重心长"的话语更便于特定接受者的接受。再如，国外有一种做成企鹅状的塑料垃圾筒，上面写着，"我饿，快喂喂我吧！"显然，这则广告轻松幽默，更容易为儿童所接受。广告的创作者显然是考虑到了特定接受者的受话兴趣。

　　以上诸例似还表明，之所以调整原有的表达，不仅仅只受

----

　　① ［德］哈贝马斯：《认识与兴趣》，郭官义、李黎译，学林出版社1999年版，第200页。

　　② 沈祖芸：《数学家的"文字游戏"》，《中国教育报》2002年8月25日，第4版。

制于上述受话个性结构，它还涉及特定受话心理过程。甚至在某种意义上我们可以说，"言语接受主要是一个心理过程"①。

（二）受话心理过程

受话心理过程即接受者接受修辞话语时的心理过程。普通心理学认为心理过程可分为认知、情感、意志过程，而"这三个方面都与修辞密切相关"②。有鉴于此，就修辞接受而言，受话心理过程首先可分出三大构成元素：受话认知、受话情感、受话意志。受话认知往往又包括这些构成元素：感知与定势，意识与注意，理解与揣摩，联想与回忆等。情感通常由情绪情感两部分组成。意志由愿望与认同组成。受话认知是受话审美与认同的基础。具体分述如下。

1. 受话认知

受话感知过程主要是指接受者对修辞话语的能指和所指尤其是能指的感觉和知觉过程。受话感知有时候又称"语感"，它是相对于对语言的认知等理性把握而言的。我们这里的语感是接受者的语言心理直觉。接受感知过程直接制约修辞表达的能指是否上口悦耳。有人把对修辞话语的感知比喻成对食物中"盐"等调味品的品尝。"在文学作品中，有没有一些东西，象盐一样重要呢？……单从文学语言这一方面来说，'平易流畅'，我觉得也象盐一样，是一种'上味'。……有一些作品，内容思想都很好，但是，语言文字却砂石很多，我们读起来，就正像吃上等的白米饭却咀嚼到砂子一样。"③ 不难想象"吃

---

① 宗廷虎、赵毅：《弘扬陈望道修辞理论　开展言语接受研究》，《宗廷虎修辞论集》，吉林教育出版社 2003 年版，第 210 页。

② 宗廷虎：《修辞学和心理学》，《宗廷虎修辞论集》，吉林教育出版社 2003 年版，第 131 页。

③ 秦牧：《艺海拾贝》，上海文艺出版社 1978 年版，第 195 页。

上等的白米饭却咀嚼到砂子"是何滋味。除了从熟练表达者作家秦牧那里可以见出接受感知之于修辞表达的重要意义之外，我们还可以从另一作家（熟练表达者）汪曾祺那里看到语感的重要意义。"语言学中有一个术语，叫做'语感'。作家要锻炼自己对于语言的感觉。王安石曾见一个青年诗人写的诗，绝句，写的是在宫廷中值班，很欣赏。其中的第三句是：'日长奏罢长杨赋'，王安石给改了一下，变成'日长奏赋长杨罢'，且说：'诗家语必此等乃健。'为什么这样一改就'健'了呢？写小说的不必写'日长奏赋长杨罢'这样的句子，但要能体会如何便'健'。要能体会峭拔、委婉、流丽、安详、沉痛……"① 对"健"的"体会"显然靠的是语感。语感对诗等纯粹语言艺术的表达的制约尤为明显。

诗是语言的艺术的典型形式，"诗是最精妙的观感表现于最精妙的语言"②。因而对诗的感知在某种意义上首先是对语言的感知。"诗这东西，除了表现真理，心理上给我们一种美的刺激以外，在生理上它还能使我们的口腔舒服，不然，老先生们平白地发疯，摇头晃脑所为何来？这在这里面是有点道理的，我们试念念'白日依山尽，黄河入海流'多么轻快，调和，使我们身心俱化。"③ 这里老舍所说的"生理上它还能使我们的口腔舒服"实际上应该是一种心理上的受话反应、受话感受，"身心俱化"的轻快、调和就是一种心理上的整体感知。

---

　　① 汪曾祺：《"揉面"——谈语言与运用》，王蒙等《文学创作笔谈》，重庆出版社1985年版，第27页。
　　② 朱光潜：《诗论》，生活·读书·新知三联书店1998年版，第308页。
　　③ 舒济：《老舍演讲集·谈诗》，生活·读书·新知三联书店1999年版，第33页。

受话感知之于修辞表达的作用还可以从书面表达中书写分行上见出。陈望道先生早在《作文法讲义》里面就已注意到了这个问题。陈望道先生指出："每段起首所以要换行要低格，目的全在（一）使读者容易明了要领，（二）使读者读时便于休息，读后便于检查。而检查实以低两格为较便，所以我认为每段起首应该一律低两格写。"① 显然，这里所说的每段的换行低两格已经成为广大语言使用者（含接受者）习焉不察的惯例，之所以要在形式上做这样的安排实乃为接受者的受话感知计，这从另外一个角度表明了接受者的受话感知制约修辞表达。

陈望道先生还谈到有关"文列"的问题。"关于文列的问题，最近极有人主张改为横行……那些主张，约含有以下三个重要的理由……我们这样直行的文章，读者眼球底运动实较为劳苦，较为困难，所以，从看法上说，又该假定横行比直行便利。"② "横行比直行便利"是就接受者的"看法"而言的，是为了尽量减少接受者的"眼球底运动劳苦"，也就是为了读者感知的方便，主要是就接受者的接受感知而言的。现行文列中的一般情况都采用横行，由如今通常情况下的横行代替了中国汉字书写的直行传统，这在某种意义上不能不说是接受感知对修辞表达的制约的结果。

除了书面语中的分行文列等线性序列上的感知外，受话感知还较为典型地体现为对语音的感知。这就要求修辞表达的语音"好听"。事实上，老舍等著名作家在自己的修辞实践中即

---

① 陈望道：《作文法讲义》，载《陈望道文集》（第二卷），上海人民出版社1980年版，第185页。

② 同上书，第230—231页。

十分注意接受者对语音的感知。"我写文章,不仅要考虑每一个字的意义,还要考虑到每个字的声音……虽然我的报告作得不好,但是念起来很好听,句子现成。比方我的报告当中,上句末一个字用了一个仄声字,如'他去了'。下句我就要用个平声字。如'你也去吗?'让句子念起来叮当地响。好文章让人家愿意念,也愿意听。"① 调整平仄的目的是为了让人愿意念,也愿意听,显然是为了接受者乐于感知。

以上还表明接受者对修辞话语的感知首先应该是语音形式、书写方式等形式上的感知。"当然,语音给予人的语感是多样的,有清浊、圆滞、响沉、雅俗种种的不同,反面的,甚至使人感到沾唇拗嗓、艰涩难吐。"② "沾唇拗嗓、艰涩难吐"也是一种感知,只不过是接受者不太愿意接受的一种接受状况。

语音上的感知,还可以表现为表达者自己念或读给自己听,这其实是一种"我"与"我"的对话。"几经揣摩,口中念念有词。"③ 老舍的这种"念念有词"在鲁迅那里被称为"诵习"。鲁迅《汉文学史纲要》说:"诵习一字,当识形音义三,口诵耳闻其音,目察其形,心通其义,三识并用,一字之功乃全。……状水曰汪洋澎湃……遂具三美:意美以感心,一也;音美以感耳,二也;形美以感目,三也。"④ 无论是"口中念念有词"还是"口诵耳闻其音,目察其形,心通其义"

---

① 舒济:《老舍演讲集·关于文学的语言问题》,生活·读书·新知三联书店1999年版,第96页。

② 吴淮南:《语感例说》,《南京大学学报》(哲学·人文·社会科学版),1991年第4期,第160页。

③ 老舍:《出口成章》,人民文学出版社1984年版,第124页。

④ 鲁迅:《汉文学史纲要》,人民文学出版社1973年版,第3页。

的"诵习"，皆为受话感知过程。这种情形还可以表现为文字上的推敲，"有感情的语言，写作时要体现在文字的推敲上，不仅只注重意义，还要注重语音效果。要像鲁迅那样，'自己觉得拗口的，就增删几个字，一定要它读得顺口'"①。显然，有关"拗口"与"顺口"是就受话感知而言的，是感知结果。

对于接受者未必乐于听读的话语，常常需要进一步修辞，即"改笔"。比如，叶圣陶《古代英雄的石像》的这样一处改动："雕刻家到山里采了一块大石，就动手工作。他心里有现成的模型，雕起来就有数，看看那块大石什么地方应该留，什么地方应该去，都清楚明白。"（叶圣陶《古代英雄的石像》，见中国少年儿童出版社1956年出版的《叶圣陶童话选》）在《古代英雄的石像》一书（1931年开明书店出版）中，"山里"作"山中"，"现成"作"完成"，"模型"后有一"在"字，无"雕起来就有数"这一分句，"看看"作"望到"，"应该留"作"要留着"，"应该去"作"要凿去"。之所以要做这样的调整，诚如他在该书《后记》中说的，主要是"在语言方面加工"，希望能够做到"念起来上口，听起来顺耳"。显然，"上口"和"顺耳"主要是针对接受感知而言的。

对语言的感觉与知觉可以形成一种语言定势。语言定势的形成常常是受话感知多次有效作用的结果，往往是潜移默化的，人们常常对此习焉不察。"从心理学的角度考察，语感不过是一种语言定势。……语言定势是人们在日常交际活动中所形成……"② 如果说"语言定势"是"定势"这个概念的种概念的话，那么"定势"则是其属概念。定势（yctahobka）

① 沈祥源：《文艺音韵学》，武汉大学出版社1998年版，第10页。
② 张斌：《汉语语法学》，上海教育出版社1998年版，第113页。

这个概念，最初是由 G. E. 缪勒和 F. 舒曼在 1889 年提出的，它被认为是由一定的心理活动所形成的倾向性准备状态，并决定同类后继心理活动的趋势。这就是说，定势反映的是主体状态的现有模式对以后心理活动趋向的制约性。受话定势往往表现为一种对修辞话语接受的惯性。例如，在起草"五四宪法"时，"大家对国家主席的性质、地位和职权议得较多。主要问题……（2）名称是称主席还是称总统，宪法起草时考虑到称主席是从江西苏区来的传统，叫习惯了，才没有称总统"[1]。这里的"叫习惯了"其实就是一种受话定势，对于被叫者而言。我们从这个意义上可以说，之所以称"国家主席"，不称"总统"，是受话定势使然。

语感与定势直接影响到接受者对修辞话语的理解与认同等方面。因为语感是基础，并且如上所述，它对其后续的相关活动有一定的制约作用。而在我们看来，理解、认同等属于其后续活动。此外，语感与定势体现出修辞心理过程的惰性或曰惯性，是接受者特定的前期受话心理过程对后续受话心理过程牵制的表现形式之一。

修辞心理过程的惰性或曰惯性对修辞表达有积极与消极的意义。辞格的独创性需要打破人们言语感知上的定势，但也要以可接受性为前提，这就是说也要接受者能够感知到。需指出的是，接受心理过程有其惰性，但这绝不意味着接受者在接受具体的修辞话语时不可以有更大的能动性。这就是说惰性尤其是消极惰性是可以克服的。这首先是因为惰性是而且只可能是一个过程，随着接受心理与修辞表达的互动，接受心理的惰性

---

[1] 全国人大常委会办公厅研究室政治组编著：《中国宪法精释》，中国民主法制出版社 1996 年版，第 23 页。

可以激活。接受心理的定势一旦被激活，就有可能使接受者与表达者之间产生一定的"心理距离"，而一般说来，一定意义上的距离可以产生美感，而我们前面已述及美感是有效修辞话语的特质，故接受者的接受定势的惰性被激活是有其积极意义的。

感知与定势是受话心理过程的"认知"这一子过程的基础。以此为基础，可以形成接受意识与注意、理解与揣摩、联想与回忆等。

意识与注意这一受话认知过程是对受话感知和定势的超越。就心理状态而言，"'意识'意味着清醒、警觉、注意集中等"①。意识通常与自动化的动作相反。例如，早晨起床时，一个人在选择穿哪一件衣服时，是受意识支配的，而此前的睁开眼睛或者揉揉惺忪的睡眼则是近乎自动化的，不受意识的控制。修辞接受离不开意识活动。在我们看来，修辞接受过程中意识相对于潜意识、无意识等对修辞表达的制约更为直接，潜意识、无意识在修辞表达心理过程中可能占有一定的地位，但对于表达的制约作用不是那么明显。有鉴于此，我们这里主要把意识及其强化形式（注意）作为接受心理这一子系统的一个元素来考察。

意识有对象意识与自我意识之分。对象意识是把对象当自我看待的那种意识，简单地说，这就是使对象"拟人化"的心理过程。在康德哲学里，自我意识是先验的，它与先验的"统觉"可等量齐观。康德把"统觉"理解为一种纯粹理智的认识形式，认为它是"自我意识"的最高的统一功能，由它

---

① 彭聃龄：《普通心理学》（修订版），北京师范大学出版社 2001 年版，第170 页。

建立起"对象"的客观性，即让对象可以被感知、被意识。在这个意义上，我们说"对象意识"是接受者对"通感"、"拟人"以及一些比喻等的接受的理据。

对象意识与自我意识的存在为角色意识的存在提供了可能。角色意识，在我们看来主要是指修辞接受过程中对象意识与自我意识之间的转换。接受者在修辞受话过程中的角色意识常常处于变化之中。"在人类群体中，不仅有这种交流，而且在这样的交流中……他自身处于他正在刺激，影响的其他人的角色之中。正是通过扮演他人的这一角色使他能够返回自身并这样指导他自己的交流过程。"① 显然，这里的"交流"主要指的是人际交往。在交往中扮演他人角色其实就是一种社会角色的转换，而这种社会角色的转换是建立在接受者的受话意识，尤其是其对象意识和自我意识的觉悟上的。

受话注意是受话意识的强化。注意具有特定的方向性或曰指向性。受话注意对于修辞表达中的表达焦点、语气、话序等都有一定的制约作用。一般说来，需要接受者注意或值得接受者注意的话语需予以凸显。

受话注意与受话兴趣等受话个性倾向性密切相关。一般说来，接受者会对自己感兴趣的话语格外注意，并由此显示出受话注意的选择性。受话注意的选择性还与受话需要和动机密切相关。比如，同样是《韩非子》的接受者，治法学的读者可能首先或主要关注的是《韩非子》中的《有度》（见王先慎《韩非子集解》卷二）、《制分》（《韩非子集解》卷二十），治伦理学的可能首先关注的是《解老》（《韩非子集解》卷六）

---

① ［美］乔治·H. 米德：《心灵、自我与社会》，赵月琴译，上海译文出版社1992年版，第224页。

等，我们学修辞的首先关注的是其《难言》（《韩非子集解》卷一）、《说难》（《韩非子集解》卷四）等。

如果说受话感知与定势主要是对修辞表达中的**能指**（音响形象）的制约的话，那么，修辞接受过程中的理解则主要是对修辞话语的**所指**（语义内容）的理性把握。哈贝马斯曾指出，"理解"这个词"最狭窄的意义是表示两个主体以同样方式理解一个语言学表达"[1]。以同样的方式理解一个语言学表达，其实就是我们前面所述及之修辞表达与接受心理的关联的一种理想形式。既然这样，"言说者必须选择一个可领会的（verstandlich）表达以便说者和听者能够互相理解"[2]。之所以要选择"可领会的表达"是为了接受者更好地理解修辞话语。

理解过程伴随着揣摩，尽管人们对此大都是不自觉的，但事实的确如此。揣摩的范围与接受话语的接受者的受话个性结构，诸如受话动机、受话需要、受话兴趣、受话能力等密切相关。修辞受话过程中的理解与揣摩是一种认知。我们这里所说的"认知"是一种过程，而不是上面我们所谈到的作为人的受话需要的认知。作为过程的认知是动态实时的，而作为需要的认知则主要表现为一种心理倾向。

受话理解可以从修辞话语的整体着手，比如某一完整的篇章或大文本（这里的大文本是相对于只言片语而言的），也可以从个别到整体，比如有些文字游戏。"即我们必须从个别来理解整体，而又必须从整体来理解个别。这条规则：源自古代修辞学，并且被近代诠释学从讲演技巧转用于理解的技术。这

---

① ［德］哈贝马斯：《交往与社会进化》，张博树译，重庆出版社 1989 年版，第 3 页。

② 同上。

是一种普遍存在的循环关系。由于被整体所规定的各个部分本身同时也规定着这个整体，意指整体的意义预期（Antizipation Von sinn）方成为明确的理解。"① 从个别理解整体，而又必须从整体来理解个别是伽达默尔所提出的著名的"解释学循环"。整个解释学循环统一于话语（伽达默尔所说的"本文"）的意义内容。

我们以为，理解与揣摩是与特定话语的意义密切相关的。"我们必须说，正是我们一般对本文感到不满这一经验——或者是本文不产生任何意义，或者是它的意义与我们的期待不相协调——才使我们停下来并考虑到用语的可能的差别。"② 伽达默尔这里所说的"本文"可以看作是我们所说的"话语"的雏形，这样，对意义的期待其实就是揣摩。理解与揣摩常常伴随着一定的理性因素和非理性因素。

既然理解与揣摩常常伴随着一定的理性因素和非理性因素，那么，理解与揣摩势必还常常是理性因素与非理性因素所涵括的多种心理因素的协同一致。理解与揣摩还常常是一种具体化的过程。例如：

（6）原句：她就正告我，"先生还是写一点罢，刘和珍生前就很爱先生的文章。"（鲁迅《纪念刘和珍君》，《语丝》周刊第74期）

改句：她就正告我，"先生还是写一点罢，刘和珍生前就很爱看先生的文章。"（鲁迅《纪念刘和珍君》，《华盖集续编》）

---

① ［德］伽达默尔：《真理与方法》（上卷），洪汉鼎译，上海译文出版社1999年版，第373页。

② 同上书，第344页。

当本文最初在 1926 年 4 月 12 日《语丝》周刊第 74 期发表时，此处原无"很爱看"的"看"字。作者把本文编入《华盖集续编》时添加这个"看"。"爱"是一个表抽象的心理的动词，"爱看"就形成了一个偏正式的状中结构。语义中心有所后移，"看"是一个相对具体的词。由"爱"改为"看"是一种具体化。之所以要做这样的改动实际是考虑到了接受者的受话理解，由此显示出受话理解对修辞话语建构的制约。

联想是由一事物想到另一事物的心理过程。受话联想主要包括两个方面：对有关能指的联想，对有关所指的联想。也可以由能指联想到所指，或由所指联想到能指。譬如"诗歌除了能传达出词的意思外还能从语音上对我们产生吸引力。听到一种愉快的有韵律的声音会使我们联想到音乐。这种发音悦耳的特点在任何一首完整的诗里都很明显。甚至孤立的一句诗里也会常常因此而获得一种高贵庄严的美"①。从语音上对我们产生吸引力一方面是受话兴趣得到激发，另一方面是在受话感知基础上的注意，然后，再在此基础上由"有韵律的声音"而联想到音乐抑或其他。这里表明接受联想乃至回忆是建立在接受感知等的基础之上的。再比如，宋祁《玉楼春》"红杏枝头春意闹"，张先《天仙子》"云破月来花弄影"，其中由"闹"字会很自然地联想到春暖花开时节、群芳争妍、姹紫嫣红的浓浓春意，由"弄"字而想到花"搔首弄姿"、顾盼生俏的动态形象，此所谓"听声类形"（马融《长笛赋》语）。

接受联想需要建立在相应的回忆的基础之上。因为，接受

---

① ［美］阿瑞提：《创造的秘密》，钱岗南译，辽宁人民出版社 1987 年版，第 208 页。

联想是以当下的话语激发的联想，联想的另一方必须是经历过的情形，否则就是幻想。就算是幻想也不大可能完全脱离接受者的回忆过程而显示出其价值。例如上面所举的"闹"，可以激发接受者回忆自己经历过的"闹"的场面。否则，仅仅有联想而没有回忆，则联想没有依托。我们也就是在这个意义上将"联想"与"回忆"作为同一个受话心理过程来讨论的。其实，这种联想与回忆的契合是有其神经心理学理据的。回忆的基础是记忆。若没有记忆，回忆也就不可能。苏联著名心理学家鲁利亚指出："脑皮层的各种不同的区，其中也包括着彼此间很远的区，都参加在心理活动的积极形式的实现，这些积极形式不仅接受信息，而且要将这些信息与过去的经验相比较。"① 显然，这里所说的"与过去的经验相比较"就是某种意义上的回忆。

联想与记忆（含回忆）在受话过程中有时又是矛盾的。根据心理学家的研究，通常情况下，短期记忆一般限度是七个项目。这对表达者和接受者都是相同的。在句中，项目太多大大地超过了七个，不但说话人说起来困难，听读者理解起来也同样困难。譬如，"为什么有些人不愿意念翻译的东西呢？就是原文句子很长，翻译时不能不忠实于原文，结果长句很多，念起来很头痛，念到后半句，忘了前半句"②。一方面要摆脱前理解（记忆），另一方面又要以之为基础。修辞接受的理解与记忆的矛盾推动了接受过程的不断深入，理解与记忆的矛盾使接受联想的存在有了理据，也在某种意义上制约着修辞表达

---

① 鲁利亚：《神经心理学原理》，科学出版社1983年版，第53页。
② 舒济：《老舍演讲集·文学语言问题》，生活·读书·新知三联书店1999年版，第140页。

过程。比如双关等，即主要是基于接受者受话联想与回忆等受话心理过程的修辞表达，并在这些接受心理过程共同发挥作用下取得其修辞效果。此外，接受者的联想与回忆还常常制约着象声词的使用。

2. 受话审美

受话审美，主要包括接受情绪情感等，之所以我们把接受情绪情感作为接受审美主要是因为由我们此前的讨论（尤见于有关修辞效果的讨论部分）可知，美感说到底是一种情感的流动，审美其实就是一种精神交往，一种情感交流。诚如作家池莉所言，"阅读的过程应该是审美的过程，欣赏的过程，感动的过程，震撼的过程，启智的过程……"①受话情绪与情感指的是接受者受话过程中情绪与情感状态及其变化。受话情绪与情感区别于受话认识活动，是一种有特定主观体验和外显表情、同接受者的特定需要（自然的或社会的）相联系的感性反映。这一感性反映，既有情绪的含义，也有情感的含义。因此首先应当肯定，无论情绪、情感或感情，指的是同一过程和同一现象。这可看作是我们之所以将"情感"与"情绪"放在一起讨论的理据。

情绪情感具有一定的适应性和社会性。情绪的适应性和社会化表明它"先天"地可以与话语及接受者"兼容"。一般说来，情绪情感包括内在体验、外显表情和生理激活这三种成分。既然情绪情感具有一定的内在体验，其势必会以喜、怒、哀、惧等形式表现出来。此外，"正是情绪过程的体验感受方

---

① 术术：《池莉：我不懂，所以我不敢胡说》，《华声视点》2002年第4期，第80页。

面为行为提供动机，对认知和行为起着组织和瓦解的作用"①。情绪情感不同于认知、意志之处还在于情绪情感可以外化，外化为特定的表情。而在我们看来，特定的表情是可以作为最广义语言的一个部分的。有人将之作为副语言及"态势语"的一个构成要素。

情绪情感在人的受话过程中具有举足轻重的地位。"情绪情感问题经常发生在人们心理生活的前沿位置。它影响着人们认识活动的方向，行为的选择，涉及人格的形成，人际关系的处理。负性情绪对人们产生很多的干扰和阻难，给人们生活蒙上负性的色调。"② 而"行为的选择"应该包括修辞话语的选择与建构，"人格的形成"以及"人际关系的处理"尤其是后者更是须臾离不开修辞话语。上文已提及，情绪还与一定的态势语及副语言特征（含表达或接受修辞话语时的面部表情及手势等）相联系，有时还直接诉诸副语言特征表征外化出来。

受话情绪情感可以是社会情绪情感，也可以是个体的情绪情感。前者由后者组成，后者寓于前者之中。前者是抽象的，后者是具体的。但无论是社会情绪情感还是个体的情绪情感都对修辞表达存在着一定的制约。也就是说，受话者的情绪情感状况直接制约着修辞表达。一般而言，"感情在决定信息加工的选择范围方面起着重要的作用"③。显然，这里所说的"信息加工"在某种意义上即可理解为修辞表达。受话情绪情感对修辞表达的制约可以表现在诸方面。

3. 受话认同

---

① 孟昭兰：《人类情绪》，上海人民出版社 1989 年版，第 7 页。
② 同上书，第 23 页。
③ 同上书，第 171 页。

　　受话认同心理首先是与受话愿望密切相关的。愿望是一种意愿，是一种对未然事态的期待或当下没有的事物的期盼。愿望与我们日常所说的"憧憬"、"希望"等在一定意义上具有相同的内涵。愿望与意志密切相关，并根据二者的关联，可以将愿望分为两类：积极而有效的愿望；消极而无效的愿望。前者是能成为人的意志的愿望，后者是即使通过人的意志努力仍然无效的一种心理过程，即所谓"奢望"。所以，"只有有效的愿望成为人的意志行动的动机时，人的意志行动才可能产生积极的效果"。① 就接受愿望而言，一般情况下，人都有听好话的愿望。这不能不说是人的趋利避害的意愿支配的结果。事实上，正常的人都乐于接受别人的鼓励——某种意义上的"好话"，当然，一些违心的恭维、吹捧等就是另一个极端了，这与我们所说的"好话"有质的区别。

　　认同指的是受话过程中接受者的意愿的某种实现，或者接受者对表达者意见的肯定、采纳，接受认同心理还可以指接受者爱与归属的需要的满足。"达到理解（verstandigung）的目标是导向某种认同（einverstandnis）。认同归于相互理解、共享知识、彼此信任、两相符合的主观际相互依存。认同以对可领会性、真实性、真诚性、正确性这些相应的有效性的认可为基础。"② 这些有效性的认可则与接受者的接受意愿密切相关，即简单地说，符合意愿的就在某种意义上有效，否则无效，而是否符合意愿本身就是一种评判。这样，我们可以说认同的基础是评判，评判是受话心理过程对修辞制约的一种具体形式。

---

　　① 杨清：《简明心理学词典》，吉林人民出版社 1985 年版，第 380 页。
　　② ［德］哈贝马斯：《交往与社会进化》，张博树译，重庆出版社 1989 年版，第 3 页。

它对作家作为一个表达者的创作的影响是较为显豁的。"作家若坚持他的'创作的自由',那自然任何坚实的理论都奈何他不得的;然而也有一个场合能摇动他这坚持的'自由';这就是他的'自由的创作'在广大读者面前受评判的时候。读者是最后最有力的评判人。如果一部作品不是'藏之名山'而要公世的话,这一关的评判是逃不过的。"① 这里所说的"评判"即主要是接受者的评判,也就是我们所说的受话评判。

受话意愿与认同本身是比认知(含我们前面所讨论过的感知与定势、意识与注意、理解与揣摩、联想与回忆等)高一个阶段的接受心理过程,即受话意愿与认同是建立在认知的基础之上的。只有认知到相应的修辞话语(含能指和所指),才能决定自己的取舍,即是愿意继续听读下去,还是放弃。

建立在认知基础之上的接受意愿与认同对修辞表达也存在着一定的制约。例如,"一次,一家英国电视台采访梁晓声。采访者走到梁晓声跟前说:'下一个问题,请您做到毫不迟疑地用最短的一二个字,如"是"与"否"来回答。'梁晓声点头认可。记者问:'没有文化大革命,可能也不会产生你们这一代青年作家。那么文化大革命在你们看来究竟是好还是坏?'梁晓声灵机一动,立即反问:'没有第二次世界大战,就没有以反映第二次世界大战而著名的作家。那么您认为第二次世界大战是好还是坏?'英国记者不禁愕然"②。显然,这里作为接受者的采访者对梁晓声的回答是不满意的。但反过来,梁晓声对采访者的提问(此时,梁晓声作为接受者)亦不满

---

① 茅盾:《茅盾论创作》,上海文艺出版社 1980 年版,第 448 页。
② 白巍、李志军:《您也来答一答》,《公关语言技巧 200 赏析》,农村读物出版社 1994 年版,第 65 页。

意，于是，梁晓声采用了"以其人之道，还治其人之身"的办法来建构自己的修辞话语。

当特定的修辞表达跟接受意愿与认同不一致时，就得对特定的修辞表达做出相应的调整。例如，原复旦大学与原上海医科大学合并后，上海医科大学一度更名为"复旦大学医学院"，旋即又更名为"复旦大学上海医学院"，之所以更名是受制于接受者（"上医"的校友等）的接受认同的结果。类似的，原北京语言学院一度更名为"北京语言文化大学"，最近又带有恢复性地更名为"北京语言大学"等。

以上我们将接受心理过程分为认知、审美与认同三类。受话心理属上位层次，受话心理过程与受话个性结构为下位层次，受话心理过程又包括感知与定势、意识与注意、理解与揣摩、联想与回忆、愿望与认同以及情绪情感等元素。受话个性结构包括受话动机、受话需要、受话兴趣、受话能力等元素。受话心理与受话个性心理分别属于上位层次。感知与定势、意识与注意、理解与揣摩、联想与回忆、愿望与认同以及情绪情感等元素，以及受话动机、受话需要、受话兴趣、受话能力等元素构成第二级。兹列表如下：

接受心理								
受话个性结构				受话心理过程				
受话动机	受话需要	受话兴趣	受话能力	感知与定势	意识与注意	理解与揣摩	联想与回忆	意愿与认同	情绪与情感

第三节　接受心理的"隔"与"不隔"

受话心理有其"隔"与"不隔"，我们这里借用了王国维关于意境等的"隔"与"不隔"说。王氏认为："语语如在目前，便是不隔。"① 随后王氏又指出："诗人对宇宙人生，须入乎其内，又须出乎其外。入乎其内，故能写之。出乎其外，故能观之。入乎其内，故有生气。出乎其外，故有高致。"② 显然，"隔"与"不隔"在王国维那里是一对范畴，二者是相对的，是辩证的，是可以转化的。接受心理的"隔"与"不隔"大致体现为以下几个方面。

一　功能实现方式上的"隔"与"不隔"

系统论告诉我们，"把极其复杂的研究对象称为'系统'，即相互作用和相互依赖的若干组成部分合成的具有特定功能的有机整体"③。接受心理正是这样的系统。作为一个系统，接受心理常常是以一个整体的形式发挥作用的，但这绝不意味着，它们内部的构成元素在特定功能发挥上不能有所倚重。譬如中国 20 世纪初，人们在书面表达上文列由自右而左的竖排改为自左而右的横排恐怕主要是为了接受感知的方便，之所以作如此调整，实乃接受感知发挥功能的表现。此外，需要强调说明的是，我们主要讨论的是受话心理，而不是接受者的个性心理及心理过程的全部。接受者的个性倾向性中的理想、信

---

① 王国维：《王国维文学论著三种》，商务印书馆 2001 年版，第 38 页。
② 同上书，第 43 页。
③ 钱学森：《论系统工程》，湖南科学技术出版社 1982 年版，第 10 页。

念、世界观等也与修辞接受不无关系，但在我们的讨论中，将之暂时搁置，我们的讨论主要着眼于与修辞表达关系相对密切，并且易于把握的那些因素。此外，由于我们的着眼点在于接受心理，立足点在于修辞表达，故我们所讨论的心理主要是接受心理，表达心理在我们这里是作为参照出现的。接受心理在修辞的整个过程中，在功能发挥上与表达心理有时形成"隔"的态势。

接受心理的各个要素实质上是不可截然分开的。它们之间理应存在、事实上也确实存在一定的关系。是为"不隔"。接受心理作为一个系统，系统势必有其要素，要素以一定的结构形成系统时，各种要素在系统中的地位和作用不尽相同。尤其在复杂的系统中，要素各不相同，它们所处的地位和作用也有很大差别。也许正是这种要素之间的差别使得系统在功能发挥上势必做到"和而不同"，"和合"起来发挥作用。发挥效用时的整体性同时也正是系统的一个基本性质。如上所述，接受心理本身是极其复杂的。

二 接受心理的可认知性：对接受心理认知上的"隔"与"不隔"

尽管接受心理是相对复杂的，它仍然可以被认知、可能被认知，具有可认知性。我们这里所说的可认知性是相对于表达心理的自明性（即自己"心知肚明"）而言的，需要强调的是"可认知"与"自明"均是就表达者而言的，这就是说我们定性接受心理的可认知性、表达心理的自明性的着眼点是统一的。这即表明它们在逻辑上是清晰的、不矛盾的。

对接受心理的认知可以典型地表现为揣摩。例如对一般读者的阅读心理（接受心理之一种）的认知即可以诉诸揣摩，例如，"《水浒》作者或说书人特别关心杨志的揣想，看来是对读者或听书人的兴趣有所揣想的结果。而读者或听书人的揣想，往往是故事中的人物的揣想引起的。……小说作者或说书人猜得出读者或听众于有所猜测的兴趣，这种艺术手段岂不有点白胜那种调动猜测的意味？"[①] 这里是由修辞话语的意义（里面塑造的人物形象）入手对特定接受心理进行揣摩的。除了揣摩，还可以有一定的认知策略，比如反复彼己、微排捭反、测深揣情等。

接受心理之所以是可认知的，是因为接受心理是人的受话心理，它直接与人的话语、人的语言相关，而语言是可以表达感觉的。古人有言，"将叛者其辞惭，中心疑者其辞枝，吉人之辞寡，躁人之辞多，诬善之人其辞游，失其守者其辞屈"（《易·系辞下》）。这就是说可以通过"辞惭"之"辞"认知到"将叛"的心理。同理，可以通过"辞枝"认知到"中心疑"，如此等等。这里实际上又可以从语言的工具属性上找到理据。"语言是表达感觉的工具，是进行思维的工具，是人类交流信息的工具，是教育和接受教育的工具……"[②] "感觉"、"思维"、"交流信息"、"教育和接受教育"等是与认知密切相关的，这表明语言可作为认知的工具。既然语言可作为认知的工具，而接受心理又是接受特定语言后的心理上的反应，故我们可以在这个意义上说接受心理是可以认知的。

接受心理是可认知的，这表明对于接受心理的认知"不

---

① 王朝闻：《审美心态》，中国青年出版社 1989 年版，第 443 页。

② 张志公：《说语言》，载王本华编《汉语辞章学论集》，人民教育出版社 1996 年版，第 64 页。

隔"，但是相对于"自明"的表达心理，它又是"隔"的。

三　一项接受心理与表达心理的个案比照

最后，关于接受心理我们可以将之与表达心理作一个个案比照。表达心理方面我们以蒋孔阳给其书房题名为例，接受心理方面我们以王力接受一些青年来信者的称呼等为例。《书房题名未遂记》原载 1991 年 8 月 9 日《联合时报》，后收入《真与美——蒋孔阳美学随笔》，讲的是蒋先生自己为书房题名的心路历程，实则是一例较为典型的修辞心理过程的内省。

首先，先生讲："我的一生是书生的一生。读书、教书、写书，处处离不开书，处处都在与书打交道。"[①] 这一话语至少预设或蕴涵了：第一，蒋先生有书，而且书的量较大。这从："……一生，是……一生"这个复叠式的判断句及"处处……处处……"这一并置的两个重叠的范围副词可以看出。第二，先生很爱书。这从"书生"以及"读书、教书、写书"等语词可以看出。表达者以"书生"自居，接着又将"读书"、"教书"、"写书"这三个含有"书"这一语素的述宾结构同时并置，表达者以书为乐，"读书"、"教书"、"写书""乐此不疲"的情感态度即溢于言表。一言以蔽之，正是由于"处处离不开书，处处都在与书打交道"，所以拥有书房（"读书"、"写书"的较为经常的处所）是十分必要的。

果然，先生有了书房。自然，"有了书房，就得像一间书房的样子"[②]。而"中国的知识分子，为了宝爱自己的书

---

① 蒋孔阳：《真与美——蒋孔阳美学随笔》，上海人民出版社 2000 年版，第 54 页。

② 同上。

房，抒发自己的情趣，或者表达自己的一点爱或胸襟，常常给自己的书房取各种各样的名字"①，如果我们视以上两个句子为前提，添上一个缺省的当然前提：书房的主人是一位人文学者、学术大家，是一位著名的中国的知识分子，再加上"有同志劝我也给书房取一个名字"② 就可以作一个修辞式推论③了。结论即是：给书房题名该提上"议事日程"了。

　　书房题名是修辞，是修辞现象。修辞"是一个根据表达思想感情的需要来调动语文材料以确定具体的表达方式的过程"④，修辞是人与人的以语言为媒介以生成或建构有效话语为目的的广义对话。可以说，"每用一个词、每说一句话，就都构成了一种修辞现象"⑤，而书房题名即是用具体词语"抒发自己的情趣"，"表达自己的一点爱好或胸襟"等思想感情的修辞现象。

　　有鉴于此，我们以为，以上均为蒋孔阳先生书房题名这一修辞活动的准备与动机。是为"修辞动机"，"就是修辞的目的"。"说写的某种特定的目的，是人进行说写的内部动力，也就是修辞动机"，⑥ 有了修辞动机，修辞心理过程的运作就有了必要与可能。

　　接下来，我们看到的是蒋孔阳先生以内省的方式记录下的

---

　　① 蒋孔阳：《真与美——蒋孔阳美学随笔》，上海人民出版社 2000 年版，第 55 页。

　　② 同上。

　　③ ［古希腊］亚里士多德：《修辞学》，罗念生译，生活·读书·新知三联书店 1991 年版，第 25—26 页。

　　④ 陈光磊：《修辞论稿》，北京语言文化大学出版社 2001 年版，第 8 页。

　　⑤ 同上。

　　⑥ 吴礼权：《修辞心理学论略》，《复旦学报》1998 年第 5 期，第 103 页。

"书房题名"这一修辞心理过程。"……想来想去，找不到一个合适的"①，似可看作是该修辞心理过程的总体描述。

书房题名者觉得取名"陋室"吧，"未免有点那个"②，即书房题名为"陋室"不理想。这里，表达者（书房题名者）旁征博引，引用了"斯是陋室，唯吾德馨"，还由"德"联想到"位"，并引《易·系辞传》的"圣人之大德曰位"以证之，紧接着表达者发出两重反问结束这层联想过程。不难发现，表达者的这一联想过程同时也是比较过程，在联想与比较中，表达者不掠人美、虚怀若谷的态度情感自不待言。然后，言语表达者联想到了杨树达之"积微居"："杨树达先生把他的书房取名'积微居'，我觉得很好。……但我自问……因此，我放弃了这个想法。"③ 这里，"我觉得"与"我自问"可视为修辞心理过程的内省标记（mark），由"我觉得"到"我自问"以至"我放弃"形成了特定的内省式心理结构层次。"我自问"比"我觉得"显然是进了一层。不妨认为，"我觉得"、"我自问"的相应语义内容是对言语主体（书房题名者）所要说写的对象或内容的认识，而"我放弃了这个想法"则为意志活动。"意志活动是思维决策见之于行动的心理过程"④，这样，言语使用者通过对"积微居"的认识及意志过程表现出自己的情感倾向：宝爱自己的书房；敬佩"积微居"的主人。

最后，言语使用者（书房题名者）又联想到了郭绍虞先

---

① 蒋孔阳：《真与美——蒋孔阳美学随笔》，上海人民出版社 2000 年版，第55 页。

② 同上。

③ 同上。

④ 孟昭兰：《普通心理学》，北京大学出版社 1994 年版，第 9 页。

生之"照隅室"。蒋孔阳对郭绍虞的"照隅室"的印象是："我感到更是别开生面：一方面，是'照隅'谐'绍虞'的音；另一方面，'照隅'又含'各照隅隙'之义。"①书房题名者在心里头从谐音双关的角度对其"别开生面"作了分析。随后，题名者转而联想到了"空羊"以及"亡羊"，显然是一种类比联想。紧接着，题名者又有寻思："但'孔阳'两字能找到什么样恰当谐音呢？""不正可以说明我这个曾经大量浪费时间，今天有了书房，可以好好学习一番的意思么？"②这种心理寻思、反思过程显示了修辞心理过程的不断深入及其连续性。

蒋孔阳书房题名的心理过程还在继续："但是，仔细一想，觉得'亡羊'两字不但不好听，而且我要'补'也补不了什么。"这里的"不好听"显然是一种审美价值评判。"想来想去，姑且用'无名'两字吧！……但终究因为自己德既不高，望也不重，从来不敢把这个名字亮出来。……'无名室'至多也只是我想象中曾经一度想取的名字。"③ 这样，不难发现，就像蒋先生自己所说的，其书房题名自始至终是在"想象"中进行的。

以上由题名的动机到过程、结果（题名未遂）即构成了我们所说的修辞心理过程的全部。以上心理过程的分析表明，书房题名这一未果的修辞心理过程运作的主要途径是联想（含接近联想与类比联想等）和修辞式推论。而且，联想的过程不是随机的、任意的。事实上，由唐代刘禹锡的"陋室"

---

① 蒋孔阳：《真与美——蒋孔阳美学随笔》，上海人民出版社 2000 年版，第 56 页。

② 同上。

③ 同上。

到杨树达的"积微居"及郭绍虞的"照隅室"是由远及近的。
这里的由远及近包含时间（由唐到今）与空间（蒋孔阳先生
与郭绍虞先生曾同处于复旦园）两个维度。这即在一定意义
上可视为是受某种认知方式支配的结果。此外，一提及书房题
名，"陋室"、"积微居"、"照隅室"随即信手拈来，并旁征
引博，这也是一种认知过程，一种更为具体的认知。再者，这
个认知过程中又常常伴随着诸如"合适"、"不好听"之类的
审美评判。

如果说我们以上所作的考察主要侧重于表达心理，则下面
王力先生的一段话则可视为其接受心理的一种内省。王力谈的
是自己接受别人来信时的心理。

首先从信封上的收信人姓名和寄信人姓名谈起。多数
人在信封上写王力教授收，或王力先生收，都不错。我个
人不大喜欢人家称我为教授，因为文化大革命以来，教授
这个名称已经臭了。在学校里，人家叫我王先生；我听了
比较舒服。有的人叫我一声王力同志，我就心里乐滋滋
的。因为我们这些老知识分子很多心，以为人家不肯叫我
同志，是因为我是资产阶级知识分子！有的同志在信封上
写王力伯伯收，那是不合适的。因为信封上的收信人姓名
是写给邮递员或送信人看的，邮递员和送信人不叫我王伯
伯。外国也没有这个规矩，将来咱们和外国人通信，切不
可以在信封上写 Smith 伯伯或 Johnes 伯伯收！有的同志在
信封上干脆写王力收，那更不好！我回信说："你在信内
称我做尊敬的王力教授，太客气了；你在信封上写王力
收，又太不客气了。"这是礼貌问题。……还有一些同志
在信封上写"王力（教授）收"，把"教授"二字放在

括号内（或者把"教授"二字写得小些），我不懂这是什么意思。我认为也是没有礼貌的，似乎是说，你本来不配当教授，我不过注明一下，以便投递罢了。真令我啼笑皆非！我还听说许多青年人写信给父亲，在信封上写的是"父亲大人安启"，写信给姐姐，在信封上写的是"姐姐收"，那就更可笑了。[①]

以上"在信封上写"、"信封上的收信人姓名和寄信人姓名"无疑是一种修辞表达。有这样一些表达形式："王力教授"、"王力先生"、"王先生"、"王力同志"、"王力伯伯"、"王力"、"王力（教授）收"以及把"教授"二字放在括号内（或者把"教授"二字写得小些）此外，"父亲大人"、"姐姐"等亦为特定的修辞表达。写信人是表达者，而接信人是接受者，此外，送信人乃至材料中提及之可能的"外国人"也是接受者。接受者读信后有其心理反应："不大喜欢"，"比较舒服"、"乐滋滋"、"真令我啼笑皆非！"等。后者主要体现了接受者接受修辞话语时的情绪情感。

再比如王力先生谈道：

有时候，乱用文言词，会导致对方不高兴。有一次，我在某校作了一次演讲的时候收到那个学校的道谢信，信内说"承你来校做学术报告，颇为精彩，特函道谢。"又有一次，一位中年同志写信给我说："您来信给我批评，使我颇受教益。"这两位同志都用了文言词语"颇"字，

---

① 王力：《谈谈写信》，《王力论学新著》，广西人民出版社 1983 年版，第279 页。

他们不知道，在古代汉语里，"颇"字一般用作"相当"的意思。（广雅："颇。少也。""少"就是"稍"的意思。）"颇好"是"相当好"或"比较好"，"颇大"是"相当大"或"比较大"。现代北方话虽然把"颇"字当作"很"字讲了，但南方还有许多地方不把"颇"字当作"很"字讲。那么"颇为精彩"只是"相当精彩"，"颇受教益"只是"稍受教益"，包含有不大满意的意思，为什么不说"很精彩"、"很满意"呢？又有一次，一位青年同志写信给我说："希望你一定答复我的信，切切！"他不知道，"切切"是从前作官的人命令老百姓的话。在旧社会里，县太爷出告示，最后一句是"切切此令！"[①]

其中，"会导致对方不高兴"则是一种具体的受话情绪。"对方"即为接受者。接受者之所以"不高兴"，主要是因为修辞话语不得体。

以上比照似已表明接受心理是与表达心理相对而存在的，二者常常相伴相生。在上述两个例子中，蒋孔阳书房题名时所考虑的正类似于王力读信时的真实心理"感受"，二者在一定意义上"所见略同"。这正反映了接受心理与表达心理之间并不是泾渭分明的，而是辩证共存的。

① 王力：《谈谈写信》，《王力论学新著》，广西人民出版社1983年版，第282页。

第　四　章
接受心理与修辞表达的互动

　　以上关于接受心理与修辞表达问卷调查综述和对"修辞"（含"修辞表达"）及"接受心理"特质的讨论表明：修辞表达与接受心理呈一定的倚变关系，即接受心理与修辞表达之间呈一定的关联共变关系。接受心理与修辞表达的这种关联是就其整体而言的，它们共同于具体修辞行为上体现出来。这种整体上的关联凸显出二者之间的主体交互性，即接受心理与修辞表达的互动体现出修辞行为的主体交互性。

　　有关主体交互性，有论者将之表述为"主体间性"。"主体间或主体际，指的是两个或两个以上主体的关系。它超出了主体与客体关系的模式，进入了主体与主体关系的模式。"①尽管学界有人不赞成"主体间性"这一提法，但我们以为，着眼于以语言为媒介的对话，提出主体交互性这一概念未尝不可。主体交互性超出了社会性中应该有的主体与客体之间的关系，使用这个概念能更为集中地彰显具有特定心理的人与人之

---

　　① 　郭湛：《论主体间性或交互主体性》，《中国人民大学学报》2001 年第 3
期，第 32 页。

间的关系。

　　接受心理与修辞表达的主体交互性体现了语言的本质。"语言的本质在于交往，是说话者'社会的相互作用的产物'。人进入交往，就有说话人对话人出现。'语言是针对对话者的'，就是说话语存在于两个人中间，它既出于说话人，同时也在连接对话人，即他人，并回应他人对答的言语。"① 而又如我们此前已探讨的，修辞是人与人的一种以生成或建构有效话语为指归的广义对话，由此可见修辞所关涉的修辞表达和接受心理须臾不可分离。接受心理与修辞表达互动的前提是接受心理的存在。

第一节　接受心理的存在

　　有表达就有接受，有接受就势必有相应的接受心理。接受心理有个体的，也有社会的。社会接受心理与个体接受心理没有泾渭分明的界限。个体接受心理恰好是社会接受心理的具体体现，接受心理以个体的形式存在，却是以社会接受心理的形式和方式发挥其功能的。例如国家级媒体《光明日报》的《文化周刊》专门辟有"观者有心"栏目，其中，"观者有心"的"观"当主要是阅读负载有语义内容的语言文字，"观者有心"就是给一些特定话语提供反馈意见的平台。在这里，"心"虽然并不就是话语接受心理，但它一定包含接受心理，而且应该通过社会接受心理发挥作用。这就是说，读者看报时总归是个人去看，但是反馈到相关表达者那里时肯定是多个人

---

　　① 钱中文：《巴赫金：交往、对话的哲学》，《哲学研究》1998 年第 1 期，第 61 页。

的接受心理。即使是不通过中间环节直接由读者将自己的阅读心理明确无误地告诉表达者，表达者因而从接受者那里得到启发、提醒、提示，也应该自己再重新审读自己曾经表达的话语。于是，这时的接受者就至少包括了两个人：原表达者和我们假设的那一个读者。

伽达默尔更是从理论思辨的高度阐明了接受者的存在："这可以推出一个进一层的结论。文学概念绝不可能脱离接受者而存在。"① 伽达默尔这里所说的"文学概念"是一个大文学概念，外延很广，实际上包括我们所说的修辞表达。"文学概念绝不可能脱离接受者而存在"强调的是表达与接受的紧密关联，它蕴涵了接受者及其接受心理的必然存在。

人具有受话心理，这是第二信号系统存在的必然体现。尽管一般动物也可能具有一定意义上的受话心理，比如动物对于人的呵斥可能会产生抵触等情绪，但是，至今没有资料显示动物甲会因为动物乙的抵触情绪而调整其"呵斥"，动物不会在同类情绪受挫时用我们所说的语言——有可切分的清晰的而不是囫囵一团的音节去安慰对方，而人能够做到。毕竟，"用词组成的信号系统是人类独有的，是第二信号系统"②，有其神经生理理据的接受心理是以辩证的方式存在的。

一　接受心理的辩证存在

我们以为，接受心理是以辩证的方式存在的。即接受心理的存在与修辞表达须臾不可分离，可以说二者互为存在的依

---

① ［德］伽达默尔：《真理与方法》（上卷），洪汉鼎译，上海译文出版社1999年版，第211页。

② 高名凯、石安石：《语言学概论》，中华书局1987年版，第41页。

据。接受心理的辩证存在主要表现为以下几个方面。

（一）接受心理是以被动的形式主动存在的

从形式上看，似乎表达是主动的，接受是一种被动存在。即我说给你听，或我写给你读。但深入下去，人们为什么而说/写？我们可以拿黑格尔所说的"诗人"的修辞表达为例回答这个问题。"诗人是为某一听众而创造……这些听众有权要求能了解他的艺术作品而且感觉到它异常亲切。真正不朽的艺术作品当然是一切时代和一切民族所能共赏的，但是要其他民族和时代能彻底了解这种作品，也还要借助于渊博的地理、历史乃至于哲学的注疏，知识和判断。"① 显然，黑格尔这里所说的"诗人"可看作是一种广义的言说者。既然"听众有权要求能了解他的艺术作品而且感觉到它异常亲切"，那么听众的这种受话需要就绝不是纯粹被动的，而我们此前的讨论已表明受话需要是受话心理的一个重要构成元素。

这即是说接受心理之于修辞表达是以被动的形式发挥主动的作用的。"不能认为理解者只要被动地接受信息就行。理解者在理解的过程中必须发挥主观能动性，才能取得最佳理解效果。"② 之所以说接受心理不是纯粹被动地接受信息，还因为表达者自身也必然是一个接受者。"每时代的作者大半接受当时所最盛行的体裁。史诗、悲剧、小说、五七言诗和词曲，都各有它的特盛时代。作者一方面固然因为耳濡目染，相习成风，一方面也因为流行但事实上体裁易于为读者接受和了

---

① ［德］黑格尔：《美学》（第一卷），朱光潜译，商务印书馆1979年版，第336—337页。

② 宗廷虎：《21世纪的汉语修辞学向何处发展？——关于现状与前景的思考》，《宗廷虎修辞论集》，吉林教育出版社2003年版，第233页。

解。……文艺上许多技巧，都是为打动读者而设。"① 朱光潜先生十分精辟地概括了表达者同时也应该是一定意义上的接受者。

接受心理以被动的形式发挥主动的作用具体表现为接受者对修辞话语之接受的能动性。"作为接受主体的读者、观众和听众是艺术家原体验的二度阐释者，但他们对艺术品的接受不是机械的被动的接受，他们的艺术接受过程正是艺术家原体验的接受和升华，从这个意义上讲，接受主体的心理不是一块'白板'，接受主体的心理图式、自性定向、心理时空、惯性经验对艺术接受过程产生积极的能动作用。"② 童庆炳、程正民在此谈的是对艺术品的接受，但这丝毫不影响其观点之于修辞表达的接受的正确性：首先，我们此前已讨论过有效修辞话语的审美性、情感体验性、人本性，——应该没有人能否认有效修辞话语是艺术品；其次，童庆炳、程正民这里所说的接受主体的外延是十分广泛的，它包含读者、观众和听众，——并不限于艺术某一具体形式；最后，童庆炳、程正民这里的"艺术品"的（"艺术活动"的结果）概念是周延的，这段论述的前一个表述已告诉我们"艺术品"前面的存在量词是"任何"，即"没有接受主体的参与和响应，任何艺术活动都是潜在的甚至是不完整的"③。此外，如果说"观赏者"和"游戏者"都可视为博弈的局中人的话，那么在整个博弈过程中，观赏者其实也是以被动的形式主动发挥作用的。这种情形与戏剧十分类似。"在这整个戏剧中，应出现的不是游戏者，

---

① 朱光潜：《谈文学》，上海文艺出版社 2001 年版，第 110 页。

② 童庆炳、程正民：《文艺心理学教程》，高等教育出版社 2001 年版，第 268 页。

③ 同上。

而是观赏者。这就是在游戏成为戏剧时游戏之作为游戏而发生的一种彻底的转变。这种转变使观赏者处于游戏者的地位，只有为观赏者——而不是为游戏者，只是在观赏者中而不是在游戏者中，游戏才起游戏作用。"① 修辞表达应该是戏剧之题中应有之义，戏剧中的观赏者与游戏者的关系是辩证的，接受心理之于修辞表达亦理应如此。

事实上，人们听读时是可以有所取舍的，这实际上是接受意愿与认同的作用的结果。"听和读的方面并非完全处于被动地位，往往根据自己的经验作选择性理解。"② 这里所说的"根据自己的经验"其实就是某种意义上的"联想与回忆"，同时又可以视为受话能力和受话需要的具体要求。

（二）接受心理是以虚拟的形式现实地存在的

早在 20 世纪初，朱自清先生就提出在写作教学中应该给学生一个切近的目标（即写给谁读）并且认为"必要时教师应该让学生在头脑中产生假想读者这一观念"③。"头脑中"的"假想读者"这一概念表明接受心理是以虚拟的形式现实地存在的。

从这个观点看，"用文字传达出来的文艺作品没有完全是'自言自语'的。它们在表面上尽管有时**像是向虚空说话，实际上都是对着读者说话**，希冀读者和作者自己同样受某一种情趣感动，或是说服某一点真理。这种希冀克罗齐称之为'实用目的'。它尽管不纯粹是艺术的，艺术却多少要受它的影

---

① ［德］伽达默尔：《真理与方法》（上卷），洪泽鼎译，上海译文出版社1999 年版，第 141—142 页。

② 张斌：《汉语语法学》，上海教育出版社 1998 年版，第 106 页。

③ 同兴军、张中原：《美国当代写作教材新探》，《世界教育信息》2002 年第 8 期，第 40 页。

响。因为艺术创造的心灵活动不能不顾到感动和说服的力量，感动和说服的力量强大也是构成艺术完美的重要成分"①。"像是向虚空说话，实际上都是对着读者说话"，这里，朱光潜先生使用的是"都是"这样一个全称存在量词，这表明这一命题是周延的。由此可见接受心理以虚拟的形式现实地发挥作用的普遍性。

（三）接受心理是以继时态即时发挥作用的

从根本上讲，接受心理是可以无限延展的，它可以是第一受话人的受话心理，也可以是第二受话人的受话心理，亦可以是巴赫金所谓"超受话人"的受话心理。简单地说："正如我们能够指明的，艺术作品的存在就是那种需要被观赏者接受才能完成的游戏。"② 王国维指出："诗人视一切外物，皆游戏之材料也。"③ 只要进行游戏，就势必需要"局中人"，"在对策中至少要有两个被称作局中人的参加者……对策结束后，每个局中人都得到一份赢得"④。就受话心理而言，这一份赢得就是一种认同。且不论这种局中人究竟"在场"还是"不在场"，有了局中人，接受心理的现实存在就有了可能。通常情况下，游戏的情形会是：无须有一个他者实际地参与游戏，但是至少在观念里始终有一个他者存在，游戏者正是与这个他者进行游戏。这表明，在语言运用的游戏中接受心理可以以继时态即时发挥作用。

---

① 朱光潜：《谈文学》，上海文艺出版社 2001 年版，第 110—111 页。

② ［德］伽达默尔：《真理与方法》（上卷），洪汉鼎译，上海译文出版社 1999 年版，第 215 页。

③ 王国维：《王国维文学论著三种》，商务印书馆 2001 年版，第 56 页。

④ ［英］L. C. 托马斯：《对策论及其应用》，靳敏 、王辉青译，解放军出版社 1988 年版，第 4—5 页。

再比如："东坡读《庄子》，叹曰：'吾昔有见，口未能言；今见是书，得吾心矣。'后人读东坡文，亦当有是语。盖其过人处在能说得出，不但见得到已也。"① 刘熙载引东坡所谓"得吾心矣"实际上是"心有戚戚焉"，但东坡生活的时代与《庄子》成书（修辞表达）时代可就相去甚远了，刘熙载还正确地指出"后人读东坡文，亦当有是语"，姑且不论"后人"究竟可以"后"到什么时候，就是刘熙载之于东坡已经历了宋、元、明、清这么几个朝代的更迭，历经好几百年。推而广之，真正有效的修辞话语并不会因为历时变迁而不再有接受者，不再有接受者去理解它，而是仍然能引发接受者的受话兴趣，仍然能够满足接受者的受话需要等。

可见，以继时态发挥即时作用是接受心理的存在的一种可能情形。这种可能情形在某种意义上可以说是作为一种游戏的言语博弈的要求。"所进行的游戏就是通过其表现与观赏者对话，并且因此，观赏者不管其与游戏者的一切间距而成为游戏的组成部分。"② 这里的"一切间距"是周延的，自然也就包括时间上的"间距"。当然，我们得指出，并不是所有的修辞话语都必定如此，这取决于接受者的受话能力和修辞话语本身的效果问题。我们这里说的只是其可能的情形。

（四）接受心理存在于接受者大脑及表达者的意识里

作为一个实际存在，接受心理存在于接受者的大脑里，但并不仅仅止于此。它还应该存在于表达者的意识里，即在表达者的"头脑"里接受心理还应该有一席之地。巴赫金认为：

---

① 刘熙载：《艺概》，上海古籍出版社 1978 年版，第 30 页。
② ［德］伽达默尔：《真理与方法》（上卷），洪汉鼎译，上海译文出版社1999 年版，第 150 页。

"每一个人的内心世界与思维都拥有自己稳定的社会听众，在这一听众的氛围中构造着其内在的论据，内在的动因评价及其他。"① 这里的"内心世界与思维"在某种意义上即为接受者的意识。拥有自己稳定的社会听众就势必要考虑到接受者的存在，即"说话者应该考虑到听话者和理解者的观点"②，听话者和理解者观点的形成有且只有诉诸接受心理并且最后表现为接受心理。

　　作家（熟练表达者）刘心武的修辞实践已表明，"下笔的时候，你要时时想着读者，读者不想看的，已经熟知的，能够猜出来的，你都要绕过去"③。"时时想着读者"实际上想得更多的应该是接受者的受话心理，受话心理的外延用刘心武的话来说就是"读者不想看的，已经熟知的，能够猜出来的"。诚如伽达默尔所言："在每一场真正的谈话中，我们都要考虑到对方……因此，我们并不是把对方的意见置回于他自身之中，而是置于我们自己的意见和猜测之中。如果我们真的把对方视为个性，比如在心理治疗的谈话或对被告的审问等情形中，那么达成相互了解的情况就绝不会出现。"④ 这里所说的"对方的意见"在我们看来即是某种意义上的接受心理，"置回于他自身之中"显然是置于其大脑中。"置于我们的意见和猜测之中"就是要放到表达者的意识里，并且是以博弈的方式置于

　　① ［苏］巴赫金：《马克思主义与语言哲学》，《巴赫金全集》（第二卷），河北教育出版社1998年版，第436页。

　　② ［苏］巴赫金：《马克思主义与语言哲学》，《巴赫金全集》（第二卷）李兆林等译，河北教育出版社1998年版，第414页。

　　③ 刘心武：《绕》，载《花溪》编辑部编、王蒙等著《文学创作笔谈》，重庆出版社1985年版，第8页。

　　④ ［德］伽达默尔：《真理与方法》（下卷），洪汉鼎译，上海译文出版社1999年版，第491—492页。

表达者的意识里。

最后，我们考察有关接受心理存在与修辞表达的先后问题。从表面上看这似乎是一个"先有鸡还是先有蛋"这样一个"剪不断理还乱"的问题。其实，在我们看来，我们这里的问题远没有那么复杂。我们以为，接受心理可能也可以先于或后于修辞表达而存在，但接受心理必定存在。其功能的发挥从时间上看，先于修辞话语建构又后于修辞话语建构。先于修辞话语建构的接受心理存在于表达者的"头脑里"，后于修辞话语建构的修辞心理存在于接受者的大脑里。我们前面已提及熟练表达者刘心武认为："下笔的时候，你要时时想着读者，读者不想看的，已经熟知的，能够猜出来的，你都要绕过去。"① 这里强调的是"时时"，既然是"时时"也就无所谓先后了。"当然，这倒不是说，连游戏者也不可能感受到他于其中起着表现性作用的整体的意义。观赏者只是具有一种方法论上的优先性：由于游戏是为观赏者而存在的……在此，游戏者和观赏者的区别就从根本上被取消了……"② 既然游戏者（某种意义上的表达者）与观赏者（某种意义上的接受者）的区别从根本上消失了，那么再去区分二者的"先后"问题似乎已经不再成问题了。

在此，我们还要说明的是接受心理的存在是一种较为普遍的现象。这一方面是因为接受心理是复杂的，另一方面，作为一种普遍现象存在的接受心理还与表达意图休戚相关。黑格尔似早已注意到了这个问题，"艺术作品之所以创作出来，不是

---

① 刘心武：《绕》，载《花溪》编辑部编、王蒙等著《文学创作笔谈》，重庆出版社1985年版，第8页。

② ［德］伽达默尔：《真理与方法》（上卷），洪汉鼎译，上海译文出版社1999年版，第142页。

为着一些渊博的学者，而是为一般听众，他们不用走寻找广博知识的弯路，就可以直接了解它，欣赏它。因为艺术不是为一小撮有文化修养的关在一个小圈子里的学者，而是为全国的人民大众"①。这里的"艺术作品"显然应该包括我们所说的修辞话语。"全国的人民大众"与"一般听众"并列，与"一些渊博的学者"对举，显然是极言接受者的普遍，既然接受者是普遍的，接受心理的存在也应该是普遍的。

接受心理的辩证存在理据是辩证法。如我们在《前言》所述及，"辩证法"这个词从词源上说来源于希腊语词 dialegσ，该词由两个部分构成，"一个部分是 dia，原义为'通过、贯彻'，另一部分是 legσ，原义为'关心、留意'；而 dialegσ 原义则为'选取、分辨、鉴别'等，后来引申为'谈话、讨论'等"②。既然是谈话和讨论，不妨说，这里的谈话和讨论其实就是一种主体之间的交互作用。由此看来，接受心理的辩证存在体现了修辞主体之间的主体交互性。

二　接受心理的外化及其存在的意义

我们前面已论及，接受心理即是人与人广义对话时人的受话心理。接受心理的存在有其必然性，是以辩证的方式存在的，接受心理可以诉诸话语和副语言特征及态势语等表征出来。接受心理的存在是有意义的。

接受心理终究是修辞过程中的接受心理，而如前所述，修辞是以语言为媒介的一种广义对话，其媒介是语言，而构成语

---

① ［德］黑格尔：《美学》（第一卷），朱光潜译，商务印书馆1979年版，第347页。

② 方朝晖：《"辩证法"一词考》，《哲学研究》2002年第1期，第31页。

言的语词是同人的心理密切相联系的。一般说来，"语词包含着语义成分和非语义成分。无论语义成分或非语义成分，都可以单独引起感情反应。单独的词的非语义成分，如声音、音调、急促程度、强调程度、停顿等，能成为引起感情反应的条件性刺激。单独语义成分也可以引起感情反应"①。这表明修辞话语能引起接受者相应的心理反应。修辞话语能引起接受者心理的变化或反应，即表明接受心理的存在是可能的，甚至在某种意义上也是必然的，接受心理也是可以外化的，这种现象古今中外不少论者已经注意到了。譬如，刘熙载《艺概》有多处论及：

> 尚礼法者好《左氏》，尚天机者好《庄子》，尚性情者好《离骚》，尚智计者好《国策》，尚意气者好《史记》。好各因人，书之本量初不以此加损焉。②
>
> 士衡乐府，金石之音，风云之气，能令读者惊心动魄。③
>
> 五言质，七言文，五言亲，七言尊。几见田家诗而多作七言者乎？几见骨肉间而多作七言者乎？④

黑格尔曾经指出："在心灵的科学即心理学里，人们很可以怀疑心灵或精神是否存在，是否确有一种不同于物质而独立自在的主观的东西。……我们知道在心灵中存在的只有心灵通

---

① 孟昭兰：《人类情绪》，上海人民出版社1989年版，第169页。
② 刘熙载：《艺概》，上海古籍出版社1978年版，第13页。
③ 同上书，第53页。
④ 刘熙载：《艺概·诗概》，上海古籍出版社1978年版，第69页。

过它的活动所产生的东西。"① 这表明：第一，作为一种不同于物质而独立自在的主观的东西是可以存在的，并且这种存在在某种意义上有其必然性；第二，存在于心灵中的东西可以通过它的活动所产生的东西表现或体现出来。接受心理即可以通过特定的话语这一心理活动的产物体现出来，还可以通过相应的态势语及副语言特征表现出来，这些可称为接受心理的外化。具体说来，接受心理的外化途径有二：话语；副语言及态势语。

话语（即能为接受者所接受的语言）是可以"标记"接受心理的。一方面，话语所具有的理性义可以明确表达出自己受话时的感受或想法，所谓"我怎么感觉怎么想就怎么说怎么写"，即我是怎么感觉的，怎么想的，就明明白白地写出来或说出来。比如，我们可以说"我很烦，你别说了！"，也可以说"这话我爱听！""你这话我听不懂！"等等。

除了明明白白地说出来，有时接受者的接受心理并不可以或不宜直接用语言表达出来。这时，就需要我们具体分析、揣摩自己所表达的话语和接受者反馈过来的话语。在书面上，话语往往表现为文字。"文字能用了，很有趣，你让它做什么，它就替你做什么。我们读到杜甫、李白、陆放翁们的诗，读到《兵车行》一类的文字，使你觉得很紧张，很振奋，读到垂钓一类的文字，使你很轻松，很安闲，不但字面不同，颜色不同，连声调也不同。雄壮的，字朗音强而较快，悲哀的、字淡音长而较缓，多念念就可明白这一点。再拿平剧来说，焦急时

---

① ［德］黑格尔：《美学》（第一卷），朱光潜译，商务印书馆1979年版，第30页。

总是唱快板多，皇帝出场差不多老是唱慢板，从没有人发怒，还慢吞吞地子曰，诗云。因之，我们可知道文字是有音乐性的。把握了重点，决定了情调，全由你自己调动文字，使高使低，使快使慢，我们时常又听到说'风格'两字，大致就是这个样子的。"① 这里讲的是语言文字如何刺激人的受话心理（如"很紧张，很振奋"，"很轻松，很安闲"）以及表达者如何通过语言文字表达特定的心理（如"悲哀"，"发怒"）。这在某种意义上可以说是话语与心理的"象似"。"象似"就是两种对应系统之间的一定的映射，其实也就是某种对应。"象似"的结果就是心理现实性的取得，有了心理现实性，"内容"的形成就有了可能性。

此外，接受心理还可以通过表达者所表达的话语与接受者反馈过来的话语二者综合体现出来。这一情形下，表达者的话语往往是试探性的，就其句类而言，可以是疑问句，尤其是疑问句中的是非问句、选择问句等。就具体的词语而言，可以是叹词、招呼语等。比如，可以发问"你觉得怎么样？""你的意思是……"，等等。

除了话语，副语言特征及态势语也可以作为接受心理的"标记"。如可以通过语言使用者的表情、手势、肢体动作等方面表现出来。虽然副语言特征及态势语同语言一样具有一定的民族性，比如，有的民族点头表示同意，而有的民族点头却并不表示同意，但其在功能上可以表征受话心理却是不同民族、不同文化背景的一种普遍现象。

进一步来说，话语和态势语及副语言特征是人所必然具

① 舒济：《老舍演讲集·怎样写文章》，生活·读书·新知三联书店1999年版，第59页。

有的，即话语和态势语及副语言特征对于人而言绝不是偶然的现象。就一般宽泛意义而言，是"人"就势必有"话语"，是"人"亦势必有其态势语及副语言特征。我们也就是从这些意义上说，接受心理的存在是必然的，而不是偶然的。

如上所述，接受心理是必然存在的，在我们看来，必然存在的接受心理是有意义的。首先，是修辞意义上的广义对话得以完成的不可或缺的条件。广义对话的前提即是接受心理的存在。接受心理的存在亦为接受心理和修辞话语互动的前提。"没有接受主体的参与和响应，任何艺术活动都是潜在的甚至是不完整的。"① 不难理解，这里所说的"任何艺术活动"是周延的，有效修辞话语的建构理应包括其中。再者，接受心理的存在是意义转化为内容的必要条件。"意义"只有为接受者所接受才可能具有心理现实性，才可能具有"内容"。"字典上有一切的字。但是，只抱着一本字典是写不出东西来的。"② 字典上的一切的字，都有自己的意义，即字义，但这些都没有内容，内容是在具体的使用中形成的，是为接受者所接受以后形成的。同样的字词或其他语言单位，经过特定接受者接受以后会有不尽相同的内容。意义与内容的关系对应于陈述与指称的关系。我们知道有关"意义"的意义一直是语言学界、哲学界十分关注的一个概念，同时也是最难界定的概念之一。仅徐烈炯《语义学》就提及"表情意义"、"感性意义"、"基本意义"、"典型意义"、"事实意义"、"附加意义"、"自然意

---

① 童庆炳、程正民：《文艺心理学教程》，高等教育出版社 2001 年版，第268 页。

② 舒济：《老舍演讲集·关于文学的语言问题》，生活·读书·新知三联书店 1999 年版，第 92 页。

义"、"非自然意义"、"理性意义"、"认知意义"等不下 10
种。对于"意义"的界定之所以如此众说纷纭，在某种意义
上是因为没有明确区分"意义"和"内容"导致的。应该说，
"内容"比"意义"相对复杂，"内容"之所以复杂主要是因
为接受心理是复杂的。这样，如果考虑到"意义"与"内容"
的区分，"意义"就绝没有那么复杂，我们可以将一个语辞的
"意义"大别为二：固有意义，临境意义。"固有意义"和
"临境意义"与"语言意义"和"言语意义"略相当。内容
即是具有心理现实性的言语意义。如果没有特定接受心理的存
在，也就无所谓言语意义，更无所谓"内容"。我们就是在这
个意义上说接受心理是意义转化为内容的必要条件。

　　接受心理是必然存在的，只是其存在可能有直接或间接之
分而已。巴赫金把后者（间接受话人）称作"超受话人"。
"表述作者在不同程度上自觉地预知存在着最高的'超受话
人'（第三者）；这第三者的绝对公正的应答性理解，预料应
在玄想莫测的远方，或者在遥远的历史时间中。（留有后路的
受话人。）在不同时代和不同世界观条件下，这个超受话人及
其绝对正确的应答性理解，会采取不同的具体的意识形态来加
以表现（如上帝、绝对真理、人类良心的公正审判、人民、
历史的裁判、科学等等）。"① 对巴赫金这里所提出的"超受话
人"的理解可谓见仁见智，莫衷一是，但有一点似乎是可以
肯定的，那就是，他应该存在。事实上，在我们看来，"超受
话人"不妨可以理解为我们前面论及之广义对话中的接受心
理，它是一种综合体，不是具体的，它是一种存在，更是一种

---

　　① ［苏］巴赫金：《1961 年笔记》，《巴赫金全集》（第四卷），李兆林等译，
河北教育出版社 1998 年版，第 335 页。

抽象的存在。"超受话人"之所以存在是因为接受心理是复杂的。这亦说明即使有时候我们看不见接受心理的具体存在，它也会有相对抽象的存在，——类似于巴赫金所说的"超受话人"那样存在。一言以蔽之，只要有修辞表达，就总会有相应的接受心理存在。

第二节　对接受心理的认知

我们在讨论接受心理的基本性质时，已经论及接受心理（人的受话心理）的可认知性，已述及其"隔"与"不隔"。这里，我们具体考察表达者对接受心理的认知。"在交际活动中，交际的每一方，都是为了对方而存在着的。这首先就要求我们在开口说话之前要了解对方。"①这里"了解对方"最为重要的是了解认知对方的接受心理。"当要用一两句话去打动人心的时候，必须很好地掌握对象的心理状态。"② 不难理解，这里的"掌握"也是认知。

另据我们的问卷调查，当问及"以您的经验，您觉得在您说话或写作时，接受者（即听读者）的心理是否可以感觉、揣摩、预测、推究、想象"时，四个备选项"（A）完全可以；（B）通常情况下可以；（C）多数情况下可以；（D）完全不可以"中选择"通常情况下可以"的 528 人次，占53.55%，选"多数情况下可以"的 361 人次，占 36.61%，选"完全不可以"的最少，仅 17 人次，占 1.72%。这在一定

---

　　① 王希杰：《话语交际中语言同心理的相互关系》，《王希杰修辞学论集》，浙江教育出版社 2000 年版，第 317 页。

　　② 秦牧：《鹩哥的一语》，《艺海拾贝》，上海文艺出版社 1978 年版，第 162页。

意义上表明接受心理是可认知的。

一　接受心理：一个"黑箱"

一般说来，接受心理可以视为一个"黑箱"。认知心理学的有关研究成果表明，大脑具有高度并行的机制（即数以万计的过程可以同时进行），但它做的多数工作我们是意识不到的。"人的大脑至今仍然是一个'黑箱'"①，而接受心理是实际存在于人的大脑中的。这些都为我们将接受心理抽象为一个"黑箱"提供了理据。

既然接受心理可抽象为一个黑箱，那么这个"黑箱"就势必像博弈双方的互相看待那样，是可以有信息交流的。既然是信息交流就势必有其输入与输出。这样，我们对接受心理这个"黑箱"的认知就可以主要着眼于其输出端及输入端。其输出端是接受者的反馈话语及相应的态势语、副语言特征。其输入端就是表达者的表达话语。有鉴于此，对接受心理的认知实际上就变成了对已表达出的修辞话语的认知，及对接受者所表达的话语以及相应的副语言特征、态势语的认知。毕竟，思想感情等可以用、某种意义上也最适宜用语言表达出来。诚如熟练表达者老舍所言："我们最好的思想，最深厚的感情，只能被最美妙的语言表达出来。若是表达不出，谁能知道那思想与感情怎样的好呢？这是无可分离的，统一的东西。"②

---

①　宗廷虎、赵毅：《弘扬陈望道修辞理论　开展言语接受研究》，《宗廷虎修辞论集》，吉林教育出版社 2003 年版，第 210 页。

②　舒济：《老舍演讲集·关于文学的语言问题》，生活·读书·新知三联书店 1999 年版，第 90 页。

二 认知途径：察言观色

从我们此前第一节的讨论已知，接受心理的存在是必然的，同时，接受心理也是可以外化的。它可以外化为特定的"言"与"色"。对"言"（话语与言语行为）与"色"（副语言特征）的观察即是认知接受心理的重要途径。在交际过程中，我们在某种意义上主要是"通过对方的话语来了解对方的。因为我们知道，人们的言语都是他自己心灵的一面镜子，灵魂的窗口"[①]。《论语》即十分注重察言而观色，以致《论语》认为，"未见颜色而言谓之瞽"（《论语·季氏》）。显然，它强调的是"颜色"之于"言"的重要性。《韩非子》也指出："规异事而当知者，揣之外而得之。"王先慎对这一句话的解释是："说者为君规谋异事，而智谋之士当知此者自外揣之，遂得其谋。"[②] 这些都表明以外在的"言"与"色"认知接受心理的可能性甚至必然性。

（一）对副语言特征及态势语的认知

副语言特征及"体态语"，一般应包括人的面部表情、手势等"肢体语言"，比如点头、摇头、微笑甚至得意、沮丧等神情。我们这里所说的"副语言特征"及"态势语"是狭义语言（即语辞）的补充与辅助，我们就是从其功能上的补充与辅助这些个意义上称其为"副"语言特征。我们这里不再严格区分"副语言特征"与"态势语"。副语言特征及态势语包含陈望道先生所说的"态势语"："再看聋哑和婴儿，又颇有用摇头、摆手、顿脚等装

① 王希杰：《话语交际中语言同心理的相互关系》，《王希杰修辞论集》，浙江教育出版社 2000 年版，第 317 页。

② 王先慎：《韩非子集解》，上海书店 1986 年版，第 61 页。

态作势的动作来传情达意的事实。我们谈话、演说，也还时时利用它来做补助的标记。故有时更加扩大范围，又往往连这种态势也算做语言，把它叫做'态势语'。"①　就其外延来说，"态势共有三种：就是表情的、指点的和描画的。如用微笑表示欢喜或许可，蹙额表示愤怒、厌恶或反对，便是表情的。表情的态势虽然似乎多是反射作用，未经反省的，但刺激旁人的功用却颇大。……态势能够做出这样三种来，表意的功能已可说是不小了"②。我们主要考察陈望道先生所说的表情的态势。"故在口说或记录口说的文辞中，态势实际也同修辞有相当的关系。它能指示说话时的情境，而本身也便是说话时的情境之一，修辞须得同它相应合。"③

　　副语言特征及态势语可以诉诸感知觉、视觉、触觉等认知。副语言特征及态势语在人与人广义对话中有其举足轻重的作用。"根据心理学家阿尔伯·马若宾的公式：信息传播总体效果 = 7%的用词 + 38%的口头表述 + 55%的面部表情。在这个公式中，关键的问题似乎不在于对话双方'说什么'，而是作用于对方感觉的'做什么'。"④对此，我国古人已有十分深刻的认识，《国语》指出，"夫貌，情之华也；言，貌之机也；身为情，成于中；言，身之文也……"（《国语·晋语十一》）"貌"的含义与我们所说的副语言特征及态势语的意思大体相当，这里以较为具体的比喻阐述了"貌"、"情"、"言"、"身"、"中"之间的密切关系。当下学界谭学纯先生也曾指出，"对话，可以用感觉诉说，用感觉倾听"⑤。这表明副语言

---

① 陈望道：《修辞学发凡》，上海教育出版社1997年版，第20页。
② 同上书，第22页。
③ 同上书，第23—24页。
④ 谭学纯：《人与人的对话》，安徽教育出版社2000年版，第186页。
⑤ 同上。

特征及态势语之于接受心理的某种"镜像"作用，即通过特定副语言特征及态势语可以在一定程度上反观出受话心理。

对态势语的认知具有直接诉诸感知觉、能直观其变、及时反馈等特点，有利于接受心理与修辞表达的有效互动。事实上，据我们的问卷调查，当问及"当朋友受挫（比如失恋等）而情绪低落时，您想劝劝她，通常您会首选下列方式中的哪一种"时，五个备选项"（A）写信（用笔和纸）；（B）写电子邮件；（C）发手机短消息；（D）打电话；（E）聊天（面对面）"中选A的263人次，占22.65%，选B的37人次，占3.20%，选C的110人次，占9.47%，选D的149人次，占12.83%，选E的602人次，占51.85%。即绝大多数人选择了"聊天（面对面）"这一项，我们知道，"面对面"聊天比写信、写邮件、发短信、打电话等更容易认知到对方的表情等副语言特征。绝大多数被调查者不约而同地选择此项，即表明对副语言特征及态势语的"观察"有利于我们的认知接受心理。

（二）对话语的认知

对副语言及态势语的认知有其局限性。在面对面的交谈中，它往往能借以认知接受心理。但人与人的广义对话事实上并不是仅仅局限于此。在非面对面的对话中，我们得诉诸话语认知特定接受心理。"世远莫见其面，觇文辄见其心"（《文心雕龙·知音》），即对年代久远的作者，固然不能见面，但读了他的作品，也就可以洞察作者的内心了。这里说的是对表达心理的认知，其实它仍然适用于引领我们对接受心理的认知，因为表达与接受是互动的，二者可以互为参照。

我们此前已经指出，话语是能够为接受者所接受的语言。既然如此，对话语的认知应该是可能的。这里所说的"话语"与孟子所言之"言"有一定的相似之处。"何谓知言？曰：诐辞知其所蔽，淫辞知其所陷，邪辞知其所离，遁辞知其所穷。"（《孟子·公孙丑上》）显然，孟子这里的"言"涵括了"诐辞"、"淫辞"、"邪辞"、"遁辞"等。

换言之，既然对话语的认知是可能的，那么如何有效认知话语呢？首先，在我们看来，对话语（含输入端与输出端及内部结构与外部功能）认知的前提是对语言的了解。"写诗的人应该充分理解语言的性能"[①]，之所以这么说，是因为"不理解语言的性能，不可能写出动人的诗"[②]。而这里的"动人"其实"动"的是接受者的"心理"，即特定的接受心理。写诗这种把"最精妙的观感表现于最精妙的语言"[③] 的活动如此，其他修辞表达时认识接受心理同样需要对话语的认知。

其次，还应格外关注"心理词"。我们这里所说的心理词主要是指：能够用以直接表白使用者的心理过程和个性结构的那些词。它可以是助动词。"助动词是真谓宾动词里的一类。包括：'能、能够、会、可以、可能、得、要、想、应该、该、愿意、乐意、肯、许、准、（不）配，值得"，等等。[④] 显然，助动词跟"意愿与认同"密切相关，借此可认知受话意愿与认同等。心理词还可以是叹词，比如"啊、欸"等，朱德熙先生管这类词叫语气词，"这一组语气词都是表示说话人的态度和感情的"[⑤]。叹词与情绪情感直接相关，借此可以认知接受者的情绪情感等。

再次，还要注意特定的语义格式。这里所说的语义格式主

---

① 艾青：《诗论》，人民文学出版社 1995 年版，第 144 页。
② 同上书，第 234 页。
③ 朱光潜：《诗论》，生活·读书·新知三联书店 1998 年版，第 308 页。
④ 朱德熙：《语法讲义》，商务印书馆 1982 年版，第 61 页。
⑤ 同上书，第 211 页。

要表现为特定的关联词语表征的语义关系。例如，"用'不但……而且'的复句，通常称之为递进关系的句子，意思是说后边分句比前边分句的意思更进一层。如果揣摩一下表达心理，通常把前一分句看作已知信息，后一分句表达未知信息。当然，表达的重点在后"①。

最后，对话语的认知的另一个十分重要的方面是对语义的理解。这可以通过语词本身可能具有的多义，即通过语词可能造成的歧解来认知接受心理。这里的语词显然是"接受心理"这只黑箱的输入端。例如，据报载："美国国家科学院院长艾伯茨等三位知名科学家，不久前在美国《科学》杂志上发表署名文章，建议废除'治疗性克隆'这一术语，改用'核移植'一词。"（毛磊《为避免概念混淆　美国科学家建议不说"治疗性克隆"改用"核移植"一词》，《文汇报》2002 年 2 月 26 日，第 5 版）三位知名科学家之所以"煞有介事"地为一小小的术语在权威杂志上撰文提出术语表达上的修改，主要是为了便于一般接受者（与科学家相对而言）的接受理解。文章指出，为了彼此间交流的方便，科学家们喜欢使用一些诸如"治疗性克隆"的速记式的表达法，借以准确地描述一些科学现象。这些词汇对科学家来说一般不会有理解上的困难，但一旦向一般大众传播，"其意义有可能丧失或者被曲解，一些术语可能会遭到不恰当的运用。艾伯茨认为，'克隆'就是一例。在科学上，'克隆'这个词主要用来指'获得某一生物体的复制品'，它的适用面很广……目前，在大众传播领域，'克隆'一词已经几乎和'体细胞核移植'同义，结果就引起了很多混乱。……'治疗性克隆'从概念上来说是'不准确

---

①　张斌：《汉语语法学》，上海教育出版社 1998 年版，第 119 页。

的和误导的'因而'应当被废除"。三位科学家认为,用'核移植'这个词来专指通过体细胞核移植技术获取干细胞的研究更为合适。'核移植'的'核',从概念上突出了细胞核基因材料从一个细胞转移至另一个细胞的过程;而'移植',则体现了这项技术在再生医疗上的用途"。上例中几位科学家的"咬文嚼字"说到底表明的是语义和接受心理(尤指接受理解)之间的某种对应关系。一般说来一种语义就有可能对应着一种相应的理解,因而对于那些多义词的使用得时时考虑到其可能具有的多种理解。

此外,语义内容与其能指形式之间还可以有"象似"关系,即话语能指形式所附带的给接受者的特定联想义。"例如有些修辞学家和语言学家所称述的:长音有宽裕、纡缓、沉静、困逸、广大、敬虔等情趣;短音有急促、激剧、烦扰、繁多、狭小、戏谑等情趣。清音可以引起(1)小(2)少(3)强(4)锐(5)快(6)明(7)壮(8)优(9)美(10)贤(11)善(12)静(13)虚(14)轻(15)易等特质的联想;浊音可以引起(1)大(2)多(3)弱(4)钝(5)慢(6)暗(7)老(8)劣(9)丑(10)愚(11)恶(12)动(13)实(14)重(15)难等特质的联想。虽不见得人人都有同感,却也不能全然加以否认。"[①] 以上所说的实际上是语音的"象似"功能,即语音与特定接受心理的某种对应关系,也就是语音可能给接受者带来的受话联想与回忆。

再有,话语的功能有时还诉诸词语的非理性意义表现出来,比如词语的色彩意义等。我们此前已述及,情绪情感在接受心理中具有举足轻重的地位和作用,在我们看来,在某种意

---

① 陈望道:《修辞学发凡》,上海教育出版社1997年版,第236页。

义上情绪情感可以作为受话心理的典型。这里我们即以人们对话语所裹挟或能够激起的情绪情感的认知为例来讨论对话语外部功能的认知过程。例如，人们一般都知道骂人的粗话、脏话会激起接受者的愤怒与不快，而一些热情洋溢的肯定、勉励、鼓励等话语则常常能够激起人们的信心、信念，给接受者以愉快的感受。例如，对忙碌了一整天的服务生一句真诚的"你的服务真不赖"会让接受者精神为之一振，困意顿消。再比如，有接受者（读者）针对"皇粮"一词，在《中国青年报》撰文指出"'皇粮'一词令人不快"，并直接将之作为文章的标题。文章径直说道，"新华社的一则中用了'皇粮'这个令人不舒服的词"（文志友《"皇粮"一词令人不快》，《中国青年报》2003 年 4 月 9 日，第 8 版）。该接受者之所以"煞有介事"地撰文对"皇粮"在"权威媒体"的使用提出批评，是基于其对特定语辞（"皇粮"）的外部功能的认知，正如该文所指出的"皇粮"一词令人不快、不舒服，这里的"不快"、"不舒服"即是对"皇粮"的接受心理。显然，这里激起接受者"不快"的接受心理的是"皇粮"这一特定语辞的外部功能，——"皇粮"的特定接受者（比如《"皇粮"一词令人不快》的作者）说得明白："'皇粮'只是一个比喻，但这个比喻的产生，却是封建意识潜移默化长期积淀的结果。"与"皇粮"一词类似的，具有引起接受者的某种不快的情绪情感的词还有"父母官"等。

事实上，通过语言适用者（包括作者本人和改编者等多主体）的"改笔"，我们可以较为清楚地看到对话语的认知对于有效修辞话语建构的重要意义。这里我们以有关原文与收入中学语文课本后所做的改动为对照。例如：

（1）原句：我们不愿放肆地悲痛，这还不是我们放

肆悲痛的时候。（阿累《一面》）

　　改句：我们不愿恣情地悲痛，这还不是我们恣情悲痛的时候。（阿累《一面》，中学语文课文）

原文中两处的"恣情"都作"放肆"。之所以做这样的替换，主要是因为涉及词语的感情色彩问题。相对而言"放肆"是含有较强的贬义的词语。又如：

　　（2）原句：直到我们不作声了，老人这才笑道："你们看错人了，我不是主人，也是过路人呢！"（彭荆风《驿路梨花》）

　　改句：直到我们不作声了，老人才笑道："我不是主人，也是过路人呢！"（彭荆风《驿路梨花》，中学语文课文）

在原文中，"才笑道"作"这才笑道"，"我不是"前面有"你们看错人了"6个字和1个逗号。"你们看错人了"这一话语有可能理解为带有一定的斥责的语气或带有不满的情绪，而这里"老人"的情绪情感状态显然不是这样的。再如：

　　（3）原句：我们集合在一块，铺成真实的路，让人们行走！（叶圣陶《古代英雄的石像》）

　　改句：我们集合在一块儿，铺成真实的路，让人们在上面高高兴兴地走！（叶圣陶《古代英雄的石像》，中学语文课文）

《古代英雄的石像》一书中本来没有"一块儿"的"儿"字，而"在上面高高兴兴地走"原作"行走"这里加上"儿"之后，更显轻松活泼的情绪色彩，赋予了原来的"一块"一定程度的非理性意义。将"行走"改为"在上面高高兴兴地走"更有利于接受者去想象人们走在路上的情态。入选中学课本后更贴近中学生的接受心理。

　　（4）原句：他们三个一群，五个一族，拖着短短的身

影，在狭窄的街道上走。嘴里还是咕噜着，复算刚才得到的代价，谩骂那黑良心的米行。（叶圣陶《多收了三五斗》）

改句：他们三个一群，五个一族，拖着短短的身影，在狭窄的街道上走。嘴里还是咕噜着，复算刚才得到的代价，咒骂那黑良心的米行。（叶圣陶《多收了三五斗》，中学语文课文）

改句中的"咒骂"，在《四三集》中原作"谩骂"。"谩骂"更多的是体现的"骂"的人（即"骂"的施动者）的素质低，而这里突出的不应该是这种色彩义。

（5）原句：山海关纵然是坚固险要，可也有被攻破的记载；而民族败类的开门揖盗引清入关，更是不攻自破。多尔衮的铁骑，不就是从这洞开的大门下面蜂拥而来席卷中原吗？（峻青《雄关赋》，见同名散文集《雄关赋》，花山文艺出版社1982年版）

改句：山海关纵然是坚固险要，可也有被攻破的记载；而吴三桂的引清入关，更是不攻自破。多尔衮的铁骑，不就是从这洞开的大门下面蜂拥而过席卷中原吗？（峻青《雄关赋》，中学语文课文）

改句中，之所以删除"开门揖盗"4个字，把"民族败类"易为"吴三桂"，恐怕主要是因为以满族为主体的"清人"也是今中华民族的一个组成部分，做如上的改动，是兼顾到相关少数民族接受者的接受情绪的结果。

（6）原句：她的情绪非常激动……铁匠黄老吉的勇猛强悍的血液，在她的周身泛滥起来了。这使她大大激奋起来，但是，很快地，她的脑幕上又闪现出老赵的那个神秘的暗示。（峻青《党员登记表》）

改句：她的情绪非常激动……铁匠黄老吉的勇猛强悍

的血液，在她的周身沸腾起来了。这使她大大激奋，但是，很快地，她的脑海里又闪现出老赵的那个神秘的暗示。（峻青《党员登记表》，中学语文课文）

将"泛滥"改作"沸腾"。这里"泛滥"是一个贬义词，将之用于正面人物身上自然影响接受者的接受情绪。把"脑幕上"改作"脑海里"，恐怕主要是因为："脑海"比"脑幕"更为常见，更便于特定接受者（中学生）认知，方位名词"里"比"上"用在此处更符合人们的认知习惯，用得更为准确，更有利于接受者理解。

以上诸例均是在成文后所作的一定的修改，大多数还是公开发表后所做的改动，这就是倪宝元先生所说的"改笔"。之所以要改笔，一个重要原因是表达者对已建构的修辞话语的认知更深入了，同时对接受者的受话心理也把握得更准确了。

三　认知策略

我们这里所说的认知策略是指有效认知接受心理的较为适宜的方式。略举数端如下。

1. 反复彼己

"反以知彼，复以知己"（《鬼谷子·反应第二》），这实际上是一种推己及人的策略，也是一种"类化"的处理办法。所谓"摩之以其类，焉有不相应者？乃摩之以其欲，焉有不听者？"（《鬼谷子·摩篇第八》）这里强调的是表达者的内省比照。"现代认知科学的一个基本观念是——认知是来自外部世界的信息与我们已有的认知结构的相互作用。"[1]对于"我们

---

① 刘大为：《比喻、近喻与自喻——辞格的认知性研究》，上海教育出版社2001年版，第268页。

已有的认知结构"，我们可以通过内省获悉。相对而言，存在于接受者大脑里的接受心理则是"外部世界的信息"。我们这里所说的"比照"即为二者"相互作用"的方式之一。

"反复彼己"的认知策略在某种意义上是角色意识的转换。"夫非必谓人言之不可凭也，而彼先不能得我心之是非而是非之，又安能知人言之是非而是非之也？"（叶燮《原诗》卷二《内篇下》），"反复彼己"也就是"彼"、"我"、"我心"、"人言"之反复，这其实在某种意义上也是一种内省比照。内省比照强调的是表达者站在接受者的立场上将心比心。就有论者所指出的，对于广告撰稿而言，在修辞表达（撰稿）时，"广告撰稿人必须有丰富的人情味。创意作品……也是以人为对象的，为人而进行的交流活动。撰稿人为信息接受者着想，必须撰写充满真心实感的文稿"[①]。此外，这还表明即使是充满商业色彩的广告撰稿（主要是商业广告）的表达，仍然"必须有丰富的人情味"、"为信息接受者着想"等，由此体现出一定的人本倾向。

再如现行公务员考试科目"申论"中的某些试题即在某种意义上是对"反复彼己"的认知策略的重视。"申论考试从下午两时开始，所给资料是关于安全生产的问题。材料中有万载烟花爆竹爆炸事件、深圳房屋倒塌、交通事故、山西小煤窑瓦斯爆炸事故的新闻报道和资料，要求考生以'减少事故，保障安全'为主题给领导写份材料，提出解决的对策和方案。另一个要求就是给出两个情境，第一是在万载爆炸事故三天后，作为当地政府派出的事故调查组面对职工、死伤人员家属

---

　　①　[日]植条则夫：《广告文稿策略——策划、创意与表现》，俞纯麟、俞振伟译，复旦大学出版社1999年版，第351页。

和有关干部发表讲话；第二个情境就是作为上一级的安全生产监督检察部门的领导在电视上发表讲话。"（杨婷《想当公务员不容易》，《中国青年报》2002 年 12 月 24 日，第 7 版）这里公务员考试考察的其实是言语使用者的角色转换能力，以及基于角色转换的修辞表达能力。这里言语使用者（参加该申论考试者）要把自己虚拟为"领导"的秘书或其他助手，此外，还要把自己虚拟为"当地政府派出的事故调查组"的成员。后者，还要求面对不同的接受者，实际上也就是针对不同的接受心理调整适用语辞。死伤人员家属和有关干部与广大电视观众的受话心理显然是不同的，甚至死伤人员家属与有关干部的受话心理也是不同的。这些都要求言语使用者能够反复斟酌，不断转换角色：假如我是死伤者家属，我听了这些话语会怎么想？假如我是当地有关干部呢？还有广大的电视观众收视了我发表的电视讲话后又会怎么想？

　　"反复彼己"实质上是一种博弈。舒比克（Shubik）曾对博弈下过如下的定义："在含有潜在冲突或合作因素的环境中（不论是实际的环境还是仿真的环境），由人或某种装置代表自身或扮演所**模拟的角色**而进行的一种演习。"① 显然，这里的角色模拟是内省比照的过程。不难理解，"反复彼己"的过程既有潜在冲突又有合作，合作的最佳状态是"若比目之鱼"。"故知之始己，自知而后知人也。其相知也，若比目之鱼……"（《鬼谷子·反应第二》）既然"反复彼己"在具体操作上亦为既冲突又合作条件下的角色模拟或转换，那么根据有关论者对"博弈"所做的界定，我们不难发现"反复彼己"

---

　　① ［英］托马斯：《对策论及其应用》，靳敏等译，解放军出版社 1988 年版，第 304 页。

这一认知策略的言语博弈色彩。

此外，"反复彼己"与博弈论中的"策略选择"密切相关。博弈论有关策略选择的观点是：你的选择必须考虑其他人的选择，而其他人的选择也考虑你的选择。这两种选择其实就是一种"互动"的选择。你选择的结果——博弈论称其为"支付"，不仅取决于你的行动选择——博弈论称其为**策略选择**，同时也取决于他人的策略选择。这样，你和这群人就构成了一个博弈（game）。显然，这里的策略选择是反复的角色转换的过程，而反复的角色转换正是"反复彼己"认知策略的要义。

反复彼己实际上是"将心比心"，也就是角色的互换。这种认知策略有其局限性，那就是往往会受到表达者的个性心理的局限。毕竟，"一般情形总是这样，每个人都按照他的见解和胸襟的深度与宽度，去了解人物行动和事件……"① 这里所说的"他的见解和胸襟"在一定意义上其实就是我们所说的个性心理要素，其局限性可以用"微排捭反"等策略来作为补充。

2. 微排捭反

"审定有无以其实虚，随其嗜欲以见其志意，微排其所言，而捭反之，以求其实"（《鬼谷子·捭合第一》），就是说，表达者与接受者广义对话时，先稍微排斥对方所说的话，而排斥对方的目的则是为了进一步获取对方的"心声"。等对方敞开自己的"心扉"后再加以反驳，这样来求得更为翔实的情况（尤指接受者的受话心理）。我们把这种对接受心理的认知策略称为"微排捭反"。

━━━━━━━━━

① ［德］黑格尔：《美学》（第一卷），朱光潜译，商务印书馆1979年版，第21页。

　　"微排捭反"作为一种对接受心理的认知策略是建立在这样的前提下的：可以通过"话语"（这里尤指接受者反馈给表达者的话语）认知接受者的受话心理。话语作为认知接受心理的途径我们此前已述及，这里不再赘述。

　　在我们看来，"微排捭反"是取得发话与受话双方有效合作的一个重要前提。这里突出强调的是"微排"，而不是以咄咄逼人之势，将对方的观点全盘否定，给对方以迎头痛击。如果那样，对方与自己合作的可能性势必大打折扣。认知接受心理的主要目的恐怕还是为了交流与合作，为了使修辞意义上的广义对话能够进行下去，并生成有效话语。即使是对对方话语的理解也不是为了理解而理解，事实上，"会话人面临的问题不是仅仅理解一段话语，更重要的是从互动中进行交流。要理解的内容需要从互动中创造出来。在理解之前，会话人必须赢得对方的合作，保持双方对对话的介入，这样才能够在互动中形成对语信的确切理解"①。

　　"微排"与"捭反"是互为前提、相互为用的，而且"微排"和"捭反"均不是目的，目的已如前所述，是对受话心理的认知，即让对方尽可能真实尽可能充分地传达自己的接受意向。"传达意向就是这样一种意向：通过使听话人认识到我有一种要他知道我的意义的意图，从而使听话人知道我的意义。"②

　　"微排捭反"同时也是一种言语诱导，强调的是诱导的方式方法问题，所谓要"循循善诱"，也就是一种启发。"子

————————

　　①　［美］约翰·甘柏兹：《会话策略》，徐大明、高海洋译，社会科学文献出版社 2001 年版，第 271 页。

　　②　［美］约翰·塞尔：《心灵、语言和社会》，李步楼译，上海译文出版社 2001 年版，第 139 页。

曰：不愤不启，不悱不发。举一隅不以三隅反，则不复也"
（《论语・述而》）， "排"是为了对方及时的"愤"和
"悱"。

最后， "微排掉反"也是有其局限性的。这主要表现为，
以这种策略认知接受心理的最佳适用范围是表达者能够有效认
知到经过"微排"后"掉反"的话语，设若无法直接获悉接
受者反馈回来的话语，或者表达者无力认知反馈回来的话语
时， "微排掉反"的认知策略就显得有些捉襟见肘了。换言
之，这种认知策略在面对面的"我—我对话"中具有较大的
可适用性，然而，对于那些在有限的条件下未必能获悉对方反
馈过来的修辞话语的情形下，就需要表达者的揣摩。"微摩之
以其所欲，测而探之，内符必应。"（《鬼谷子・摩篇第八》）

3. 测深揣情

"测深揣情"是带有情感的特定情境下的揣摩。具体说
来， "揣情者，必以其甚喜之时，往而极其欲也，其有欲也，
不能隐其情。必以其甚惧之时，往而极其恶也，其有恶也，不
能隐其情，情欲必失其变。感动而不知其变者，乃且错其人勿
与语，而更问其所亲，知其所安。夫情变于内者，形见于外。
故常必以其见者，而知其隐者。此所谓测深揣情"（《鬼谷
子・揣篇第七》），意即揣摩对方的实际想法，一定要在对方
非常高兴时，使对方情感达到极点，当对方欲望充溢、情绪饱
满时，就不大可能隐瞒实情；另一方面，一定要在他极为恐惧
时，使其情感达到极其厌恶的程度时再来认知其受话心理，因
为对方情感达到极其厌恶的程度，就不能隐瞒实际想法。其情
感会因为极喜极惧而失去变化。情感受到了触动却不能体现好
恶喜惧的变化，就暂且搁置不与他深谈，而另外问他所亲密的
人，了解他情感所依托的根据。那些情感在内心发生变化的，

就会有外在的表现，所以必定能从他经常表现出来的情感中，察知他的内心世界。也就是说，"我们通常都是从他人的行为来间接揣测别人想传递的意思或情意，然后根据揣测出的意思（而非行为的本身）来反应，对方也同样从这反应来揣测藏在后面的意思并回答"①。推至极致，可以用一俗语赅之：人之将死，其言也善。这里的"善"也就是一种心理上的真实情况。

"测深揣情"实际上可以从博弈论（又称"对策论"）得到解释。"利用对策论记述人在面临冲突局势时实际上会怎样做出反应，是又一新的进展，成绩很大。做这项工作的过程，是首先由心理学家和对策论专家共同设计一个特定的对策环境，然后测试在这样的环境中被测者会作什么决策，以及他们如何把自己的决策与根据对策论提出的预测作比较。"②"测深揣情"就是人为地去营造"测试环境"的一种策略。

"测深揣情"的过程须臾离不开想象，这里所说的想象类似于所谓"艺术家的想象"。黑格尔这样描述艺术家的想象："艺术作品既然是由心灵产生出来的，它就需要一种主体的创造活动，它就是这种创造活动的产品；作为这种产品，它是为旁人的，为听众的观照和感受的。这种创造活动就是艺术家的

---

① ［英］W. 宣伟伯：《传媒、信息与人：传学概论》，中国展望出版社 1985 年版，第 4 页，转引自沙莲香《传播学》，中国人民大学出版社 1990 年版，第 28 页。

② ［英］托马斯：《对策法及其应用》，靳敏等译，解放军出版社 1988 年版，第 9 页。

想象。"① 艺术家的想象是为"旁人的","为听众的观照和感受的",显然,这里所说的"听众的观照和感受"属于接受心理,艺术想象的目的在此无非是为了更确切地认知到特定接受者的接受心理。

进一步说,"测深揣情"终其究竟是想象、联想、揣测、情绪情感等多种心理活动的一种综合。"揣摩、揣想、揣测以至猜想等词有同义性,和体验、联想、想象等心理活动一样,是一种概念的内涵不很确定的思维活动。揣摩这一概念和邻近的概念——揣度、臆想、猜测、预计、假定以至推断,既有差别也有不可割裂的联系。……揣摩和体验一样有理性与感性或冷静与入神这两重性,只在具体活动里有着重方面程度的不同。"② 无疑,运用"测深揣情"这种本身是多种心理活动的综合的策略有助于有效认知特定接受心理。

第三节　接受心理与修辞表达的共变

人们对接受心理的认知常常蕴涵或预示着接受心理与修辞表达的共变,二者的共变包括两个方面,即接受心理与修辞表达的倚变和接受心理与修辞表达的函变。前者是指修辞表达与同一个接受者的接受心理的共变,而后者则是指修辞表达与不同接受者的接受心理的共同变化。后者交际主体的范围往往更大。

---

① ［德］黑格尔:《美学》(第一卷),朱光潜译,商务印书馆 1979 年版,第 356 页。

② 王朝闻:《审美心态》,中国青年出版社 1989 年版,第 441 页。

接受心理与修辞表达的共变的前提是二者的可变性。

一　接受心理与修辞表达的可变性

接受心理是可以变化的，也是可能变化的。首先，接受心理过程的变化是毋庸置疑的。我们前面关于接受认知、情绪情感、认同的讨论已证实这一点。一言以蔽之，接受心理过程作为心理活动即势必是动态的，是可变的。

譬如，跟接受情绪情感密切相关的审美即是可变的，甚至在某种意义上说，可变性恰好是其题中应有之义。虽然不能将修辞话语与艺术作品等量齐观，但有效修辞话语应该是艺术作品之一，因为如前所述，有效修辞话语是有其审美效果的。在这个意义上我们似可以说修辞接受是一种艺术欣赏。"在艺术欣赏上，喜新厌旧是普遍的规律，固然，由于读者和作者的学识境界、经验的不同，他们追求的新，可能是真正的创造和突破，也可能只是一些廉价的噱头。但不论学识高的还是学识浅的，不论境界高的或是境界低的，没有一个喜欢重复，喜欢模仿，套子，似曾相识，千人一面乃至雷同。"① 这里，"喜新厌旧"即是接受心理，"喜新厌旧是普遍的规律"凸显的是接受心理的变化及其可变性。

受话兴趣、能力、动机、需要等接受心理结构也是可以不断变化的，虽然它们相对稳定。一个人的兴趣可以转移，能力可以提高，原有的动机和需要得到实现和满足之后可能就会有新的动机和需要。这些都表明接受心理是可变的，都有其历时变化，是所谓"心路历程"。此外，接受心理的主体还可能是多元的，对于同一个话语片段不同的人可能会有不同的理解，

----

① 王蒙：《翻与变》，《文学创作笔谈》，重庆出版社 1985 年版，第 79 页。

从这个意义上看，接受心理在共时层面上也不可能是整齐划一的，亦是可变的。最后，如前所述，接受心理是一个系统，系统内的某一个要素发生变化，整个系统也要发生一定的变化，这也往往使作为一个复杂系统的接受心理发生变化。

就修辞表达而言，其可变性往往表现为修辞的媒介、方式、生成、效果等具有变化的可能性。修辞表达与受话之间的媒介语言是可变的，"因为语言是一种在其使用中自由而可变的人的能力。语言对人的可变性并不仅是指还存在着我们可以学习的其他的陌生语言。对于人说来，语言本身就是可变的，因为它对于同一件事为人准备了各种表述的可能性"①。伽达默尔这里所说的"语言是一种……的能力"，主要是就其适用或曰被使用而言的，强调的仍然是其在使用上的可变性。

此外，语言的可变性体现为言语的存在。至此，有必要说明，在我们看来言语的生成并不就是修辞话语的建构，不宜简单地把言语的生成与修辞话语的建构（修辞表达）等同起来。简言之，言语的生成可以不以有效话语建构为目的，而修辞话语建构则必将以所建构的话语有效为指归，或者可以说，修辞话语的建构在某种意义上类似于老舍所言之"语言的创造"。"语言的创造并不是另创一套话，烧饼就叫烧饼，不能叫'饼烧'。……怎么创造？话就是这些话，虽然是普通的话，但用得那么合适，能吓人一跳，让人记住，这就是创造。这要求我们狠狠地想，想了再想。"② 同样，"现在说'绘测'，听者不一定明白。与其继续使用'绘测'一语，不如使用比较明确

---

① ［德］伽达默尔：《真理与方法》（下卷），洪汉鼎译，上海译文出版社1999年版，第568页。

② 舒济：《老舍演讲集·文学创作和语言》，生活·读书·新知三联书店1999年版，第203—204页。

也合乎规范的'建筑师'（architect——引者注），以及代替'绘测师'，余可类推"①。但修辞话语的建构终究是一种言语的生成，虽然反之未必然。进一步说，我们这里所说的修辞话语的建构是对言语生成的一种扬弃。这种扬弃又是淘汰过程，淘汰的是接受者不宜接受、不能接受、不愿接受的话语。

修辞表达的可变性还表现为表达主体可以"改口"、"改笔"。前者可以包含两方面的意思，一是临时改变说话的主题、内容等，二是就称谓而言的，它指的是改变曾经使用过的称谓，即同一所指的称呼的历时变化等。例如，曹禺《雷雨》中周朴园对鲁大海的称呼及鲁大海对周朴园的称呼均有过这种历时变化：

（1）"对了，傻小子，没有经验，只会胡喊是不成的。"

（2）"不许多说话。（回头向大海）鲁大海，你现在没有资格跟我说话——矿上已经把你开除了。"

以上"傻小子"及"鲁大海"均为周朴园对鲁大海的称呼，由"傻小子"到改称"鲁大海"中间只隔四个话轮：那三个代表呢?（鲁大海语）——话轮一；昨天晚车就回去了。（周朴园语）——话轮二；（如梦初醒）他们三个就骗了我了! 这三个没有骨头的东西，他们就把矿上的工人们卖了。哼，你们这些不要脸的董事们，你们的钱这次又灵了。（鲁大海语）——话轮三；（怒）你混账!（周萍）——话轮四。此外，鲁大海对周朴园的称呼也有历时变化：

（3）"董事长当然知道我是为什么来的。"（鲁大海

①　林万菁：《语文研究论集》，泛太平洋出版私人有限公司、新加坡莱拂士书社2002年版，第9页。

语）

（4）"我就是要问问董事长，对于我们工人的条件，究竟是答应不答应。"（鲁大海语）

（5）"姓周的，你发的是断子绝孙的昧心财！你现在还——"（鲁大海语）

鲁大海对周朴园的称呼在同一幕（第二幕）中由"董事长"改为"姓周的"。

"改笔"则是指修改话语（尤指已为接受者接受了的话语，这里所修改的话语通常是指能够为接受者所接受的话语，关于什么是"能够"接受的"话语"，详见我们前面有关话语的讨论）的过程。除了"改口"和"改笔"之外，那些无法修改、不宜修改或无须修改的话语可以采用言语追加的途径从整体上对修辞话语进行调整适用。

以上说明，修辞话语是动态的、可变的，但这种"可变"又绝不是不受任何制约的。接受心理就是一个十分重要的制约因素，由此体现出二者的关联共变。作为熟练表达者的作家、诗人的有关看法自可为证。

"语言的独创，不是去杜撰一些'谁也不懂的形容词之类。'好的语言都是平平常常的，人人能懂，并且也可能说得出来的语言——只是他没有说出来。人人心中所有，笔下所无。"① 要使所建构的修辞话语"人人能懂"就得顾及接受能力等接受心理的存在。"经常改变自己的格调和形式，不要重复，避免自己曾经用过的比喻"②，这与其说是诗人艾青对于

---

① 汪曾祺：《"揉面"——谈语言与运用》，《文学创作笔谈》，重庆出版社1985年版，第30页。

② 艾青：《诗论》，人民文学出版社1995年版，第232页。

如何写好诗的经验和体会，不如说是对修辞表达尤其是文学语言表达的一般要求，毕竟，"诗是民族言语的结晶！它以民族最美的言语表现出真理，真理虽是一般的，言语却是特殊的……"①"不要重复"，要"经常改变自己的格调和形式"，强调的是修辞表达的"变"。怎么"变"的一个前提还是要别人能够理解、能够接受。"不能够把自己最简单的、最狭隘的一点感觉，认为就是大家都能理解的感觉；或者是属于个人苦思冥想所产生的东西，也要别人接受。什么东西是美的，什么东西是丑的，每个人选择不一样，自己认为美的写上去了，别人不一定认为美，所以要寻求自己和大家之间相通的东西，用语言表达出来。"② 这里"要寻求自己和大家之间相通的东西"其实就是表达与接受的某种关联。"要把语言写好，不只是'说什么'的问题，而也是'怎么说'的问题"③，"怎么说"的一个重要方面就是接受心理怎么制约修辞表达的问题。

以上作家关于修辞表达的切身感受不乏真知灼见，可以用方光焘先生的一段话来概括："假如一个作家，有他自己一套的语言工具，那么他就用不着去千锤百炼，镂刻推敲了。事实上，他所用的只是万人共有的，一般的语言工具，而他所努力要表现的，却是特殊的个别人物、个别事件，和他自己的独特风格。这期间显然存在着一大矛盾。为了解消这一矛盾，为了

---

① 舒济：《老舍演讲集·谈诗》，生活·读书·新知三联书店1999年版，第31页。

② 艾青：《诗论》，人民文学出版社1995年版，第206页。

③ 舒济：《老舍演讲集·关于文学的语言问题》，生活·读书·新知三联书店1999年版，第90页。

克服语言的一般倾向，作家必须掌握运用语言的伟大技巧。"①
矛盾的消解在某种意义上得诉诸语言的可变性与修辞表达的主
动求变。

二　接受心理与修辞表达的倚变

　　接受心理与修辞表达倚变才有可能建构出有效修辞话语。
在修辞过程中，为了能够对话，首先要求能够倾听对方，要顾
及对方的听读等接受实际尤其是接受心理。

　　受话心理与修辞表达的倚变首先是言语交际之"交际"
内涵的题中应有之义。"所谓交际活动，就是说写者的指令的
组合活动为手段，控制听读者的定向思维，使之达到预期目的
的一个系统工程，从修辞学的任务出发，我们也以说写者为中
心。"② 有了言语交际就有了信息交流。而信息交流一定是一
种双向活动，一方面是表达（包括说和写），一方面是理解
（包括听和读），双方达成某种互动，以互动的方式实现关联。
而互动显然强调的是一种变化。例如蒋子龙《乔厂长上任记》
有这么一例：

　　　（6）乔光朴从童贞的眼睛里看出她衰老的不光是外
　　表，还有她那棵正在壮年的心苗，她也害上了正在流行的
　　政治衰老症。……他几乎用小伙子般的热情抱住了童贞的
　　双肩，热烈地说："喂，工程师同志，你以前在我耳边说
　　个没完的那些计划，什么先搞……我们一定要揽过来，你
　　却忘了？"

---

　　① 方光焘：《作家与语言》，《方光焘语言学论文集》，商务印书馆 1997 年
版，第 649 页。
　　② 倪宝元：《大学修辞》，上海教育出版社 1994 年版，第 17 页。

童贞心房里那颗工程师的心热起来。（蒋子龙《乔厂长上任记》）

显然，这里的接受心理与修辞表达是倚变的，这里的修辞表达的"变"集中体现于本为丈夫的乔光朴对妻子童贞的称呼的某种反常，即将本应十分亲昵的称谓改为十分正式的"工程师同志"，而这种称呼相应的在接受者童贞的心理上发生了变化，即由"害上了正在流行的政治衰老症"到"童贞心里那颗工程师的心热起来"。这里侧重于接受情绪情感等接受心理过程。

再如，作为修辞表达的其他指示语有时也受接受情感情绪的制约。此时，可能的情形是：先有一定的修辞话语，接受者接受该修辞话语后，随即有了相应的接受心理，比如接受情绪情感，然后，这种实际接受心理可能与表达者所预期的接受心理不太一致，于是，接受者认知到相应接受心理，最后根据新获悉的接受心理调整适用语辞。例如，

（7）对弱势群体给予特殊的就业援助。[国务院《政府工作报告》（2002 年）]

这里所使用的"弱势群体"是指那些鳏、寡、孤、独、残等不具备一定劳动能力，生活来源受到客观条件的极大限制的那些社会群体，其中主要是指那些残疾人群。但就是这一指称引起了社会的强烈反响。人们注意到，这是官方重要文献《政府工作报告》中第一次明确使用"弱势群体"这个概念。应该说，这个概念的使用体现了政府对"弱势群体"的关怀，"但是也有人对'弱势群体'这个概念及其内涵表示了不同看法。一位上海代表就在'两会'发言中指出，把残疾人看作弱势群体，是对残疾人的歧视，会损伤残疾者的自尊心、自信心，并建议将残疾人排除在弱势群体之外。笔者近日在网上看

到的几篇网友文章也认为，'弱势群体'概念本身就有歧视意味，是将人分成了三六九等"（宴扬《"弱势群体"有歧视意味吗?》，《中国青年报》2002 年 3 月 20 日，第 8 版）。我们以为，"弱势群体"这个概念在表述上确实容易引起特定接受者的不快，因为有"弱势群体"就势必蕴涵了"强势群体"的存在，毕竟，没有"强"也就无所谓"弱"，但弱势群体却并不一定都是"弱者"，他们可能只是经济上不是很富裕，但他们可能有一般"强势群体"所不具备的坚韧不拔的毅力和意志，生活中身残志坚的个例应该说是屡见不鲜的，甚至可以说有些被划为"弱势群体"的人在精神上比一般人更"强"，是不折不扣的生活上的强者。事实上，官方带权威性的文件或谈话在其后的表述当中已经不再使用、至少是不再频繁使用"弱势群体"这个指称了，而改用"困难群众"来指称相应的社会人群。例如，

(8) 朱镕基听后很满意……他说："要扩大保障覆盖面，让每一户符合条件的**困难群众**都能得到最低生活保障，切实做到应保尽保。还要努力帮助下岗失业人员实现再就业。"（王雷鸣《朱镕基同首都群众共度新春　代表党中央国务院慰问坚守岗位的干部职工和困难群众》，《光明日报》2003 年 2 月 4 日，第 1 版）

"弱势群体"与"困难群众"二者的外延大致相近，但情感意义就迥然不同了，因为"困难"是包括"强势群体"的任何人都会遇到的。值得注意的是上述含有"弱势群体"表述的《政府工作报告》同样是总理朱镕基所作，正是其在后引谈话中以"困难群众"代替了"弱势群体"这一特定指称。再比如，《光明日报》的与上引材料同版的一篇报道也使用的是"困难群众"：

（9）"这时，夜色已深，温家宝又驱车近一小时来到煤矿塌陷区，摸黑察看了群众的住房情况，**看望困难群众**。"（贺劲松《温家宝到阜新看望群众》，《光明日报》2003 年 2 月 4 日，第 1 版）

再如，

（10）"中共中央政治局常务委员 12 月 12 日召开会议，专门听取有关部门关于解决**困难群众**生产生活问题的情况汇报，并对进一步做好这项工作进行了研究部署。会议强调，各级领导干部一定要牢记党的全心全意为人民服务的宗旨……切实帮助**困难群众**解决突出问题。（摘自《人民日报》2002 年 12 月 13 日，第 1 版；中国人民大学书报资料中心复印报刊资料 D2《中国共产党》2003 年第 1 期，第 1 页。类似的：《民政部发出紧急通知 多为困难群众"雪中送炭"》，《光明日报》2002 年 12 月 14 日 A4 版标题）

事实上，在使用"弱势群体"这一指称以前，有关权威文件的相关用语是"困难群众"、"困难群体"，例如：

（11）"关心群众首先要关心**困难群体**的疾苦；为最广大人民谋利益，首先要为**困难群体**谋好利益，因为他们眼前最困难，最需要帮助。"〔江泽民《在庆祝中国共产党成立八十周年大会上的讲话》（2001 年 7 月 1 日），江泽民《论"三个代表"》第 162—163 页〕

这里"弱势群体"这一指代之所以改为"困难群众"，主要是考虑到接受者的接受情感情绪的存在。

再比如白薇《打出幽灵塔》中的一段对话也说明修辞表达与接受心理之间存在着倚变关系。白薇《打出幽灵塔》中的男主角胡荣生和女主角萧森之间在经历了爱恨情仇之后的 20 年再次相遇（20 年前，采矿技师的女儿萧森被胡荣生强暴，生下一女，萧森愤而出国留学），在这次相遇过程中，起初，在未探明、未能认知对方的受话心理的情况下，胡荣生说道："你把她丢之于前，我把她丢之于后，大家不要怪吧！"这是在他和她再次见面时说的第八句话，起初显然是有些先发制人先声夺人。接受胡荣生的咄咄逼人之话语后，萧森的情绪由"生气"转至"悲愤极"，即怒斥："你黑了良心！我自蒙你的奇耻大辱，至今还是提都提不得的痛苦。暴雨一样的眼泪，送掉了我的青春；笞刑般的痛楚，天天加在身上……（呜咽的）想自杀……自杀不遂；想新生，又是……满身……挂……着……悲哀的……伤痕。（悲愤极，独语）哭诉天，天不还我的……清白；哭诉人，人不……还我……的处……女……身！（哀绝，间）（又变为强烈的态度）你破坏了我处女的娇丽，你破坏了我终身幸福，如今你还敢对我说昧良心的话么？"（白薇《打出幽灵塔》）不难获悉萧森的心理历经了"生气"、"悲愤极"、"哀绝"、"强烈的态度"，这从她的话语以及副语言特征均可认知到。此时，胡荣生的语气不得不有所改变，"哦哦，你不要发气！（忙赔礼，小丑似的）我看了你这副模样，心儿又在跳哩。……"显然，"你不要发气！"是请求的祈使语气。胡荣生的前倨后恭即表明了接受情绪情感与语气表达的倚变。

以上均可视为接受心理与修辞表达的倚变关系的具体体现。接受心理与修辞表达的倚变关系建立在"变"的基础之上，而且，这种变是一种"共变"，是一种主要基于受话心理过程的变化。譬如基于受话理解过程的倚变，"'理解'这个词是含混不清的，它最狭窄的意义是两个主体以同样方式理解一个语言学表达；而最宽泛的意义则是表示在与彼此认可的规范性背景相关的话语的正确性上，两个主体之间存在着某种协调；此外还表示两个交往过程的参与者能对世界上的某种东西达成理解，并且彼此能使自己的意向为对方所理解"①。不妨说，哈贝马斯这里所说的"协调"在某种意义上其实就是一种倚变。

修辞表达与接受心理的倚变通常以受话心理与修辞表达二者的矛盾表现出来。接受心理与修辞表达的矛盾实际上可上升到编码与解码之间的矛盾。具体表现为有时接受者理解的话语和表达者的表达意旨有一定的距离，有时还相去甚远。这样就形成了误解、歧解。有时增值理解，有时减值理解。之所以会发生误解、歧解、增值、减值，主要是因为修辞表达与受话心理之间的矛盾的存在。只是，这里所说的误解、歧解、增值、减值等对于对话来说有时是积极的，有时是消极的。无论是积极的还是消极的，说的都是接受者没有"全息"接受话语信息。话语理解也是一种接受心理过程。

修辞表达与受话心理的倚变还因为二者之间存在着语言这一媒介，语言既为媒介，就必须始终关联着介入的双方。否则，就不成为媒介。这可以说是我们与接受美学有关观点的重要区别之一，接受美学认为，一旦修辞表达得以形成、修辞文本得以确定以后，就没有表达方的事了，而我们以为，不宜将表达与接受截然分开，不仅如此，二者在整个修辞过程中可以有、应该有一定的比例，即始发心理与续发心理之间可以有所侧重。据我们的调查，当问及"如果您已经认知到了接受者（即听、读者）的接受心理，您觉得您的表达主旨和接受心理

---

① ［德］哈贝马斯：《交往与社会进化》，张博树译，重庆出版社 1989 年版，第 3 页。

（含接受动机、接受情绪情感等动态心理因素）之间的比例为多少最为合适"时，在以下几个备选项"（A）1∶1；（B）1∶0.618；（C）大于1∶0.618；（D）小于1∶1"中选A的有160人次，占16.92%，选B的390人次，占39.76%，选C的300人次，占30.58%，选D的125人次，占12.74%。"显然，选"1∶0.618"的居多，而"1∶0.618"说到底体现的是一种和谐。这说明受话心理与修辞表达之间是可以倚变的，是可以和谐共变的。

三　接受心理与修辞表达的函变

接受心理与修辞表达的关联互动还可以是一种函变。函变与倚变尽管都是接受心理与修辞表达的共变，但是二者是有所不同的。如前所述，倚变是表达者与特定接受者的一对一的情形，而函变则是修辞表达与多个接受者的接受心理的共变。函变的接受主体是有一定范围的，是多元的，而倚变的接受者则是简单的。因此，倚变是一种接受心理结构在起作用，而函变则往往是多种接受心理结构起作用。既如此，在函变过程中相对倚变而言，受话心理结构的作用更突出。函变过程中接受者的个性心理结构，比如性格、身份、能力、兴趣等需予以格外关注。或者可以说函变情形下，接受心理者的接受心理呈一定的"离散"性，而倚变时接受心理则往往是"连续"的。如果我们把接受心理看作变量的话，则函变时的变量是离散变量，倚变时的变量为连续变量。

函变是修辞表达与多元受话心理的动态协调。比如，"孔子于乡党，恂恂如也，似不能言者。其在宗庙、朝廷，便便言，唯谨尔。朝，与下大夫言，侃侃如也；与上大夫言，訚訚如也"①。"恂恂如"、"便便言"、"侃侃如"、"訚訚如"表明表达者的表达是变动的，之所以这样变，主要是因为接受者发生了改变，"乡党"、"下大夫"、"上大夫"等在接受修辞话语时的心理状态势必不会完全一样，因为他们的角色意识不同。如果要使对话或者说要使自己建构的修辞话语有效，就只有适时调整自己的修辞表达。这样，就有了表达上的"恂恂如"、"便便言"、"侃侃如"、"訚訚如"之不同。

关于接受心理与修辞表达二者之间的函变，这里我们以一些语辞在收入中学语文课本时作者或编者对原有语句的调整为例说明之。

（12）这时候最热闹的，要数树上的蝉声和水里的蛙声；但热闹是他们的，我什么也没有。（朱自清《荷塘月色》）

"此处的关于'蝉声'的文字，作者曾经打算把它删去，因为有一位名叫陈少白的读者对此种描写的真实性提出过疑问。他写信给作者说，深夜的蝉是不会叫的。作者接到信后问过不少人，他们都说陈少白的说法不会错。作者又写信请教昆虫学家刘崇乐，刘先生查阅了大量的资料，'好不容易'找到了一点记载深夜蝉鸣的文字，就把它抄寄给作者。作者当时认为既然一般人未曾在深夜听到蝉鸣，文字上的那一点记载很可能只是出于偶然，就准备修改自己的文章。可是，后来他又确实两次亲耳听到了月夜蝉鸣，证明了自己以前所作的描写真实可信，毫无问题，这才完全打消了要将描写蝉声的话删去的念头。"②

---

① 《论语·乡党》，见杨伯峻《论语译注》，中华书局1980年版，第97页。
② 季樟桂：《中学语文名篇改笔丛谈》，上海教育出版社1993年版，第183页。

作者之所以不厌其烦地"折腾"来"折腾"去，除了作者的认真严谨以外，还表明接受心理对修辞表达有其制约作用。这里的接受心理即是认知，整个来说是接受认知与语辞的常规组合的函变。

（13）原句：憎恶黑暗有如恶魔，把一生的时光完全交给了我们，越老越顽强的战士。（阿累《一面》）

改句：憎恶黑暗有如憎恶恶魔，把一生的时光完全交给了我们，越老越顽强的战士。（阿累《一面》，中学语文课文）

改句中的第二个"憎恶"，在原文中是没有的。没有这两个字，容易造成歧解。即有可能把"恶魔"理解为"憎恶黑暗"者。这里是接受理解与常规组合的函变。

（14）原句：像少妇拖着的裙幅，她轻轻的摆弄着，像跳动的初恋的处女的心。（朱自清《绿》）

改句：像少妇拖着的裙幅（朱自清《绿》，中学语文课文）

在选入中学语文课本时删去了其后的"她轻轻的摆弄着，像跳动的初恋的处女的心"。这大概是考虑到青少年学生的"早恋"问题，担心这段文字刺激情窦初开的青少年的"驿动的心"。

另外，中学语文课本将朱德发表于《解放日报》（1944年4月5日）的《母亲的回忆》改为《回忆我的母亲》。这里未调整语序时，"母亲"究竟是"回忆"的主体还是对象出现理解上的两可，即"母亲"究竟是施事还是受事不明确，改动后人们对"回忆我的母亲"意义的理解就很明确了。

（15）原句：有鸡蛋清那样软，那样嫩，令人想着所曾触过的最嫩的皮肤。（朱自清《绿》）

改句：有鸡蛋清那样软，那样嫩（朱自清《绿》，中学语文课文）

在选入中学语文课本时删去后面的"令人想着所曾触过的最嫩的皮肤"，这恐怕主要是考虑到正处于青春期的中学生好奇心很强，联想丰富，为了避免接受者的"想入非非"而为之。

（16）原句：你们一个饭缸子，也盛饭，也盛菜，也洗脸，也洗脚，也喝水，也尿泡，那是讲卫生吗？（孙犁《山地回忆》）

改句：你们一个饭缸子，也盛饭，也盛菜，也洗脸，也洗脚，也喝水，那是讲卫生吗？（孙犁《山地回忆》，中学语文课文）

改句中删去"也尿泡"这个分句，同样是考虑到作为教科书中的材料，接受者为青少年，为塑造他们形成言语文明的习惯而调整之。

不难看出，以上几例带有一定的避讳的性质。主要是"怕"特定接受者（中学生）对原有话语的语义的认知出现偏差，即考虑到中学生的审美鉴赏能力还在发展中。对于以上文字的所指的理解可能不会那么全面深刻，他们首先感兴趣的是、首先能理解的也许是该文字的表层意义，而对于作者（言语表达者）为什么要那么写他们，缺乏一定的分析能力，故编者在将原文选入课文时作了一定的调整。这种调整其实就是我们前面提及的多主体表达的继时表达。我们以为，这种多主体的历时表达正是人与人广义对话的一种表现形式。作为教材的编者既是接受者同时又是表达者，在选教科书的材料时，编者是以所选材料的接受者的身份出现的。但一旦选定课文的原文，对原文进行改动、调整时，编者就变成表达者了。这一修辞意义上的广义对话过程至少经历了

如下几步:

　　Ⅰ. 表达者$_1$(原文作者)——接受者$_1$(教材编者)

　　Ⅱ. 表达者$_2$(教材编者)——接受者$_2$(教材的使用者,主要是中学生)

　　以上调整还表明中学生的受话需要主要是认知需要,而审美需要在此时相对于认知需要而言暂时退居其次,在此显示受话需要的层级。这就是那些本身不乏审美性的话语被表达者$_2$(教材编者)在作历时表达时删去的一个原因。

　　(17) 原句:采莲是江南的旧俗,似乎很早就有,而六朝时为盛;从诗歌里可以约略知道。采莲的是少年的女子,她们是荡着小船,唱着艳歌去的。采莲的人不用说很多,还有看采莲的人。那是一个热闹的季节,也是一个风流的季节。梁元帝《采莲赋》里说得好:于是妖童媛女,荡舟心许;鹢鸟徐回,兼传羽杯;棹将移而藻挂,船欲动而萍开。尔其纤腰束素,迁延顾步;夏始春余,叶嫩花初,恐沾裳而浅笑,畏倾船而敛裾。可见当时嬉游的光景了。这真是有趣的事,可惜我们现在早已无福消受了。(朱自清《荷塘月色》)

　　改句:采莲是江南的旧俗,似乎很早就有,而六朝时为盛;从诗歌里可以约略知道。(朱自清《荷塘月色》,中学语文课文)

在选入中学语文课文时所做的删节,主要是考虑到中学生的接受能力,即是否能够鉴赏领悟。首先是对这段文字的能指,一般中学生未必能认知,其次,他们对这段文字的美未必能领略。如果仅仅以中学生的程度出发,他们主要关注的将可能是采莲时的嬉戏场面,而这种场面,在现代青少年的心理结构里面却又是基本上无法联想的,即使联想到了,也许会与表达初衷、表达意图相去甚远。尽管删去这段文字可能会使全篇逊色，但于中学生的接受能力已足矣。毕竟，这是在入选教科书时删去的。接受者的接受心理相对更明确了。

（18）原句：六月，并不是好时候，没有花，没有雪，没有春光，也没有秋意。（宗璞《西湖漫笔》）

改句：六月，并不是好时候，没有春光，没有雪，也没有秋意。（宗璞《西湖漫笔》，中学语文课文）

我们以为改句所做的修改是有必要的。首先，删去"没有花"是因为"花"一年四季都有可能有，它可以是"春光"、"秋意"的一个构成要素，因此，从逻辑上讲，将"花"与"春光"、"秋意"并列在逻辑上其外延有可能交叉，相应的，"雪"可就不是这般情形，因为在同一地理位置，"雪"不会与"春光"、"秋意"并行不悖。这样，删去"没有花"主要是从逻辑的角度着眼的，这样处理便于接受者认知，不致引起认识上的淆乱。既已删去"没有花"了，以前的能指也势必要做出一定的相应调整。之所以把"没有春光"放到"没有雪"的前面，主要是基于形式上的考虑，"春光"和"秋意"均为双音节词，而"雪"为单音节词，把两个双音节的词分别加上"没有"置于一个单音节词加上"没有"的两边，自然形成对称，便于接受者的审美。再者，"月"与"雪"是谐韵的，相对而言，如果着眼于前四句，自可将之作为一个相对独立的言语片段，因为，最后一个分句句首有一个"也"字。前面四句，在谐韵的意义上，将"没有雪"后移也是合理的，读起来也和谐上口。这里是接受感知与常规组合的一个具体体现。

四　接受心理与修辞表达共变的意义

共变有时表现为对修辞话语建构的限制甚至某种干扰。认知心理学告诉我们，感情发动、结束、干扰信息加工。修辞表达即可抽象地理解为一种信息加工。另一方面，语言在理论上是可以无限地生成的，但在实际交际活动中，是必然受到表达者和接受者的心理机能限制的。特定情形下，或者准确地说，在一个话轮中，人们说得出的、感知得了的、记得住的句子是有限的。这限度就是人的生理和心理尤其是心理的极限。以上所说的"感情"与"信息加工"以及对句子的感知与记忆等都凸显了接受心理与修辞表达的共变。

共变还可能表现为对特定修辞话语的修正。"事实上，'普遍的'话语要成为普遍就必须不断修正。……任何能够理智地用那种语言谈话的人都具有那一普遍性。"① 这里的"普遍"无非是指不能只局限于表达者自己，要注意广义对话过程中的主体交互性。之所以需要不断修正，恐怕主要是因为**"听众范围是个函数"**②。虽然米德在此并没有明确提出接受心理与修辞表达二者的函变关系，但这里所说的"听众范围是个函数"以及与之相关的"有效合作"等已经与我们所说的"函变"很接近了。

接受心理与修辞表达的共变必须取得特定的效果。诚如作家老舍所言，"文章应是一篇一样，要刺激读者的眼泪，使读

---

① ［美］乔治·H. 米德：《心灵、自我与社会》，赵月琴译，上海译文出版社 1992 年版，第 237 页。

② 同上书，第 236 页。

者读到必哭。要使读者高兴，读者读到必乐"①。文章一篇一样讲的就是不要千篇一律，也就是讲求修辞表达的"变"。读者的"哭"、"高兴"、"乐"等则是接受心理的"变"，这里的"变"同时也是修辞表达所预期的效果。

要之，在我们看来，只要存在着特定的"对话"（尤指以语言为媒介的人与人的广义的对话），接受心理与修辞表达的共变就有了可能。而另一方面，"没有任何的力量能够阻断人与人的对话。从人类的先祖在原始山林中的喊叫，到当代人在信息高速公路上的握手，人类的进化途程中，响彻着永无终结的绵长诉说。当意识形态中的是与非被悬搁，当存在与虚无的追问被超越，唯有心灵碰撞的相互启悟永远充满着诗意的灿烂"②。这样，接受心理与修辞表达的共变即是一种必然。

以上共变关系标明的是接受心理之于修辞表达的意义或功能。以函变关系出现的接受心理对修辞表达制约的充分描写有助于表征二者的相对关系。我们知道，在一个确定的函数式子中，函数值或曰因变量的取值总是确定的或者说是唯一的。类似的，受特定的接受心理制约的修辞表达至少从理论上讲也应该是确定的甚至是唯一的，熟练表达者老舍的创作经验验证了这一点："诗是文艺的精品，它表现真理，是创作的；它的语言，也是创作的，不能换的。"③这里的"不能换"说的就是一种最有效的修辞话语的建构，即修辞表达"取值"的唯一性。

正确认识接受心理与修辞表达的共变所形成的互动，有助

① 舒济：《老舍演讲集·怎样写文章》，生活·读书·新知三联书店1999年版，第59页。
② 谭学纯：《人与人的对话》，安徽教育出版社2000年版，第266页。
③ 老舍：《谈诗》，舒济编《老舍演讲集》，生活·读书·新知三联书店1999年版，第31页。

于凸显表达者与接受者之间的主体交互性，有助于二者的和谐对话。"因此理解的基本前提就是要在我和你之间产生真正的联结，要善待对方，把对方作为对方，视'它'（他或她）为'你'。为了能够谈话，首先必须能够倾听。一切对话都是相互理解，并把对方包括在内……理解和被理解双方处于一种主体间的关系中，应充分体现辩证法的精神，而辩证法从根本上讲不是坚执于两极的对立，而是二者的交融，因此，它在本质上是'对话'的，面不是'独自'。"① 这里所说的"善待对方"以及"二者的交融"即是一种在和谐上的要求，这是解释学对"理解"的要求，但我们以为，它同样可以放到整个接受心理和修辞表达的互动关系中去，即是说接受心理对修辞表达的这种制约应是和谐的，接受心理与修辞表达不能一个往东，一个朝西，二者要达成一种动态的平衡。

和谐是动态平衡，和谐是内容与形式关系的自然配置，和谐是结构形式的巧妙组合。和谐是表达与理解的良性互动，即原发心理过程（即最初的心理过程）与续发心理过程（调整后的心理过程）之间的良性扩散、渗透。譬如，就形式的较为典型的形式——声调——而言，"所谓谐和的声调，就是文章读起来很顺口，轻重缓急又与意义很相调和"②。显然，这里强调的是修辞表达之于感知上的和谐。

至此需要指出，我们所说的接受心理与修辞表达的共变（互动）强调的是表达与接受关联下的倚变和函变。这种情形与接受美学同中有异，接受美学十分重视接受，更关注接受者

---

① 何卫平：《通向解释学辩证法之途》，上海三联书店 2001 年版，第 248 页。

② 陈望道：《作文法讲义》，《陈望道文集》（第二卷），上海人民出版社 1980 年版，第 228 页。

的心理，而不一定强调接受心理。接受美学强调文本与接受者之间的关系，强调"本文"（text）的意义，接受美学一般不关注表达者的存在，在接受美学看来，一旦作品问世，作者就"死了"。接受美学的立足点与我们不同：接受美学主要立足于对"本文"的接受，而我们则主要着眼于修辞表达，我们是把接受心理作为影响制约修辞表达的众多因素的一种来看待，进而展开讨论的。

最后，还有必要指出，"函数"及"函变"是从数学中引进的一个概念，数学中的函数表征的是自变量与因变量之间一一对应的映射关系，这种映射关系是十分精确的，我们这里所说的接受心理与修辞表达之间的函变，在某种意义上也可视为一种"映射"关系，但显然这种"映射"不是数量上的一一对应，而是整体上的带有模糊性的一个量与另一个量之间的对应关系。我们这里对"函变"这一概念的引进方式多少有点类似于语法学界对"价"概念的引进从而形成"配价语法理论"，严格地说，"配价语法"中的"价"已经不是"化合价"意义上的"价"了。

综上，我们提出一种人本修辞观。我们所说的人本修辞观凸显的是"人"，有特定的受话心理的"人"，能根据特定受话心理适时、适度、有效调节修辞话语的"人"。人是语言的动物，更是修辞的动物。"我们说'人是语言的动物，更是修辞的动物'，是针对人如何更有效地通过语言证明自己、走近他人的一种描述。"①"用语言证明自己"在某种意义上主要诉

---

① 谭学纯：《人是语言的动物，更是修辞的动物》，《辽宁大学学报》2002年第5期，第18页。

诸修辞表达，而"走近他人"这里主要强调的是与他人的心理的沟通。显然，"用语言证明自己"和"走近他人"是修辞意义上人与人广义对话的结果，同时也是修辞表达与接受心理二者函变或倚变的必然要求。这种"结果"（或曰"效果"）与"必然要求"是任何一般意义上的动物所不可能具备的。由此，接受心理与修辞表达的主体交互性体现出人之所以为"人"的本质属性之一。

第 五 章
修辞话语的调节性建构

有关接受心理与修辞表达的主体交互性的探讨似已表明接受心理与修辞表达的互动是一种必然趋向。互动的过程形成修辞话语的调节性建构。修辞话语的调节性建构显示出修辞过程的言语博弈性，这正如我们在第一章问卷调查综述中所分析的那样。

这里所谓"调节"取意于陈望道《修辞学发凡》。《修辞学发凡》在谈到语言本身的形式和内容时指出，"人禽在语言上的分界，便在禽类不能用有调节的声音，而人类却不特用调节的声音，还将那调节的声音调节地随应意思的需要来使用"①。陈望道还接着指出，"人类，除了小孩把新学来的语言说着玩之外，大抵都是随应意思内容的需要调节地运用语言文字的形式"②。显然，这里的"调节"反映了"意思内容"同"运用语言文字的形式"之间的关联。而接受心理则在一定意义上是"意思内容"的题中应有之义，"运用语言文字的形

---

① 陈望道：《修辞学发凡》，上海教育出版社 1997 年版，第 39 页。
② 同上。

式"则实乃修辞表达。

　　修辞是一种以生成或建构有效话语为指归的广义对话，对话以语言为中介，又在一定意义上止于话语，这时的话语与巴赫金所谓"表述"的内涵大致相当。"'表述'（utterance），表达某个人的不可重复的思想。表述具有个人性、意向性、对话性、应答性。因此人文思想总是指向他人的思想、他人的意义、他人的涵义的；在这里，总是存在两个主体，即说话人与应答者，同时又显示他们之间的相互之间的评价、应答和反驳，两个平等的主体的交锋。"① 不妨说，主体"相互之间的评价、应答和反驳，两个平等的主体的交锋"是一种言语博弈。在我们看来，修辞话语的调节性建构在一定意义上是一种言语博弈过程。

第一节　修辞话语调节性建构的言语博弈性

　　言语博弈首先可看做是一种博弈。什么叫博弈？博弈的英文形式为 game，我们一般将它翻译成"游戏"。而在西方，game 的意义不同于汉语中的"游戏"，在英语中，game 即是人们在遵循一定规则下的活动，游戏者的目标是使自己"赢"。在英文中，game 有竞赛的意思，例如奥林匹克运动会叫 Olympic Games。进行 game 的人是很认真的，不同于汉语中的"游戏"概念。在汉语中，"游戏"有"儿戏"的味道，有"好玩儿"的意思。其实，在伽达默尔那里"游戏"的原本意义乃是一种被动式，而且含有主动性的意义（der mediale sinn）。

---

　　① 钱中文：《文学理论：走向交往与对话》，《中国社会科学》2001 年第 1 期，第 155 页。

一言以蔽之，"博弈是对两个或两个以上决策者参与的局势的一种处置，这种处置可以用对策模型来描述"①。这里的"对策模型"说到底即是一种策略、一种赢得。关于博弈的理论即为博弈论。博弈论是与人密切相关的一种理论。"博弈论对人的基本假定是：人是理性的（rational）。所谓理性的人是指他在具体策略选择时的目的是使自己的利益最大化，博弈论研究的是理性的人之间如何进行策略选择的。"② 博弈论之于社会科学的意义主要在于该理论中的某些方法可以运用到一些社会现象的预测等方面。从这个意义上讲，博弈论与系统论方法论有一定的种属关系。"系统论方法包括数学系统论、控制论、自动化理论、控制理论、信息论、集合论、图论、网络理论、关系数学、**博弈论与决策论**、电子计算机化、模拟等等。"③ 这即表明"博弈论与决策论"属于系统论方法。修辞话语的调节性建构可视为一个系统，可以有语音、词汇、语法等诸方面的调整适用，也可以有音段特征和超音段特征的调整适用，由此可见，修辞话语的调节性建构跟博弈的某种暗合。此外，修辞话语的调节性建构也往往有其预测：预测将会有什么样的接受者，对方接受修辞话语之后会有什么样的接受心理等。

修辞话语的调节性建构实乃信息加工的有效性处理，而博弈论在计算机方面的运用主要是就信息的加工处理而言的。故从信息加工处理的角度来看，修辞话语的调节性建构与博弈也

① ［英］托马斯：《对策论及其应用》，靳敏等译，解放军出版社1988年版，第304页。
② 潘天群：《博弈论能解释所有的社会现象吗》，《中华读书报》2002年8月29日。
③ 邹珊刚等：《系统科学》，上海人民出版社1987年版，第35页。

理应有着某种共通之处。在某种意义上，"我们说话便是一种战斗。因为人间信念欲望、意志等等，都还不能完全吻合，这人以为重大的未必旁人也以为重大，这人以为轻微的未必旁人也以为轻微，因此每有两人接触，便不能不开始所谓言辞的战斗，动用所谓言辞的战术。有时辛辣，有时纤婉，有时激越，有时和平，有时谦恭、怒诉，简直带有伪善的气息。必须如此，才能攻倒对方壁垒的森严，传达自己的意志到对方，引起对方的行动。而所以说话的目的，方才可以如愿达到"①。这里的"说话便是一种战斗"表明说话其实是一种言语博弈，是用语言说服对方，使对方认知，给对方以美感，赢得对方的认同。而此处所谈的"说话"无疑是包含修辞话语的调节性建构在内的。

似也可以说，博弈是对弈双方求取"赢得"的过程，或者说是此方力图征服彼方的过程。而修辞话语之所以要做调整（调节性建构），在很大程度上也是力图"赢得"对方：它或者是赢得对方的眼泪，——打动、感动对方；或者是赢得对方的"眼球"，即令对方赞美，吸引对方的注意，——愉悦对方；或者是赢得对方的"颔首"、首肯，令对方微笑，使对方心悦诚服，——说服对方。

博弈与修辞话语调节性建构之间的某种相似我们可以拿下棋和相声语言的使用（主要指创作）作为个例做类比。大家知道"下棋"是博弈的一种形式，而相声语言的创作也是一种修辞。"相声的语言非有精练、极生动不可。它的每一句都须起承前启后的作用，以使发生前后呼应的效果。……这就是

　　① 巴利：《语言活动和生活》，转引自《陈望道修辞论集》，安徽教育出版社1985年版，第150页。

说：我要求自己用字造句都眼观六路，耳听八方，不单纯地孤立地去用一字造一句，而力求前呼后应，血脉流通，字与字，句与句全挂上钩，**如下棋之布子**。"① 语言大师老舍的看法不乏真知灼见。另据我们的问卷调查，当问及"您会玩扑克牌或下象棋、围棋吗？如果您会其中的若干种，您觉得它和交谈（比如辩论）是否有些相似？"时，在我们给出的两个备选项"（A）是；（B）否"中，选择"是"的有710人次，占72.45%，选"否"的270人次，占27.55%。这在一定意义上为我们将修辞话语的调节性建构看作一言语博弈过程提供了一定的事实根据。

事实上，亦有论者将修辞的媒介工具（语言）与博弈的工具（棋子）作了类比。"打一个比喻来说，形态丰富的印欧语系的语言，例如俄语，就像是象棋，而汉语则是围棋式的语言。"② 这种类比在我们看来是有意义的。既然二者静态意义上的工具如此相似，那么在动态使用上的相似就有前提了。

我们这里提出的"言语博弈"概念的原型是维特根斯坦所提出的"语言博弈"。"维特根斯坦是在批评自己早期的语言图式论时提出'语言游戏（game）'概念的。"③ 维特根斯坦认为，"语言游戏表现为在语言的说和写中，即各种各样的语言活动中进行的游戏。语言与现实之间的基本联系正是通过各种各样的语言活动建立起来的"④。我们可以将维特根斯坦

---

① 舒济：《老舍演讲集·戏剧语言》，生活·读书·新知三联书店1999年版，第160—161页。

② 王希杰：《修辞学导论》，浙江教育出版社2000年版，第200页。

③ 唐晓嘉：《语言博弈论与科学博弈》，《哲学动态》2001年第5期，第28页。

④ 同上。

意义上的语言游戏理解为运用语言活动的总和。这些语言活动构成了一个语词的"环境"并使该语词从中获得意义。既然是活动，就必有活动规则，因此言语活动就像下棋一样，必须遵守特定的规则。辛提卡（Hintikka，又译作辛梯卡，美国波士顿大学科学哲学研究中心教授）在维特根斯坦语言博弈论的基础上明确规定了他所使用的语言博弈的概念。他指出，同一个语词相关的语言博弈就是围绕该语词发生的那些具有代表性的、使语词获得意义的活动。其实，在我们看来，这里的"并使该语词从中获得意义"的"意义"乃至"使语词获得意义"的"意义"应该是"内容"。"内容"是具有心理现实性的意义。辛提卡还指出，"大多数语言学家和语言哲学家似乎都认为语言游戏属于语言的语用学"[①]。显然这里是对"语言游戏"概念的学科定位。

　　我们对"言语博弈"的基本看法是：其一，言语博弈是一个过程，在这个过程中言语主体的心理活动（知、情、意）等贯穿始终。可以说，没有主体的心理活动就没有言语博弈的展开。其二，言语博弈过程是言语的"意义"转化为"内容"的过程，或者说在言语博弈过程中"语言"变成"话语"，并进而形成有内容的修辞性话语。其三，言语博弈的结果是生成或建构出言语主体（言语使用者）均能够接受的修辞话语。不难看出，我们所说的言语博弈比维特根斯坦及辛提卡等所说的"语言博弈"要具体一些，并且我们还特别强调主体的心理因素，不像维特根斯坦及辛提卡侧重于所谓"规则"。相应的，我们强调言语乃至话语与主体心理（尤指接受心理）之

---

　　① 　王路：《逻辑的创新与应用——辛梯卡教授访谈录》，《逻辑》，（中国人民大学书报复印资料）2003 年第 1 期。

间的倚变与函变，着眼于修辞话语的调节性建构。不像维特根斯坦及辛提卡那样注重语言与"世界"之间的关系。此外，我们还强调言语博弈双方角色的互换，即修辞话语的调节性建构过程中表达者与接受者的某种"换位思考"。

第二节　修辞话语调节性建构的基本类型

修辞话语的调节性建构是指通过表达主体对接受心理的获悉或认知，并以此为基础所形成修辞表达与接受心理二者互动过程中修辞表达一方的具体表现。甚至可以说，有对话就有对话语进行调节性建构的必要。"对话，有他性的激活，也有我性的坚守；对话在改造中吸纳，在吸纳中改造……"① 这里，"改造"与"吸纳"即为调节性建构的一些具体表现形式。

修辞话语的调节性建构可以从横向与纵向两个维度展开，横向上的是语辞与语辞的组合，纵向上的是语辞与语辞的聚合。按照人与人对话的介质不同，调节性建构又可分为改口与改笔两类。按照作为媒介的语言之诸要素可分为语音、词汇、语法的调节性建构等。

修辞话语的调节性建构常常止于言语博弈过程中的"赢得"，期待着接受心理与修辞表达的和谐互动。

一　改口与改笔

改口与改笔是存在着一定的区别的。改口往往"说过的话收不回"，准确地说，它不像改笔那样可以将原来写过的言语作品"涂抹"、"删节"，但可以通过语音的音同或音近等语

---

① 谭学纯：《人与人的对话》，安徽教育出版社 2000 年版，前言，第 2 页。

音处理以及言语追加等途径最终形成"改口"。例如：

（1）周萍　打他！

鲁大海　你！

［仆人一起打大海。大海流了血。］

周朴园（厉声）不要打人！

［仆人们住手，仍拉着大海。］

鲁大海　放开我，你们这一群强盗！

周萍　（向仆人们）把他拉下去。

鲁妈　（大哭）哦，这真是一群强盗！（走到萍面前）你是萍，——凭，——凭什么打我的儿子？

周萍　你是谁？

鲁妈　我是你的——你打的这个人的妈。（曹禺《雷雨》）

这里"鲁妈"有两处改口，一处是"你是萍，——凭，——凭"，这里利用的是"萍"、"凭"同音。另一处是紧接着的"你的——你打的"，此处是一种跳脱。之所以要做如上的改口，主要是受制于当时临境的接受心理。

改笔主要是对已成文的书面语的调节性建构，这种调节性建构也是必要的。进一步说，修辞话语的调节性建构同样乃接受心理使然。表达主体虽然较接受主体相对简单，但表达主体也可以多元化，只是这里的多员是继时的。比如，修改别人的文章即为著例，此时的"表达者"首先是接受者，然后又是表达者，表达与接受在此得到了统一。

改笔可包括作者自己修改和他人修改。作者自己修改可以是成文定稿前的改动也可以是定稿成文乃至公开发表后的修改。他人修改可以包括编者（编剧）改编、立法机关修改法律等。例如就改编而言，"如果要把情节生疏的剧本搬上舞台

表演，观众就有权利要求把它加以改编。就连最优美的作品在
上演时也需要改编。人们固然可以说，凡是真正优美的作品对
于一切时代都是优美的。但是艺术作品都有它的带时间性的可
朽的一方面，要改编的正是这一方面。因为美是显现给旁人看
的，它所要显现给他们的那些人对于显现的外在方面也必须感
到熟悉亲切才行"①。戏剧"情节"主要是以特定修辞话语为
底本的。而对剧本的改编并不见得就是原作者实施的，事实
上，很多改编工作要么是后人所为，要么是同一时代的另外一
些非原作者诸如导演、编剧等完成的。

二　语音、词汇、语法等语言要素的调节性建构

修辞话语的调节性建构还可以是对修辞意义上的广义对话
的媒介——语言——的语音、词汇、语法等要素的调节。

（一）语音调节

语音调节，即调节性地修改不便于接受者感知的语音片
段。这种调节尤见于对语音要求很高的修辞表达，比如诗歌。
"现在有时候也改诗……或者为了念起来顺口，合乎内在节
奏。"② 顺口不顺口是就接受感知而言的。"我写诗是服从自己
的构思，具有内在的节奏，念起来顺口，听起来和谐就完
了。"③ 语音的调节对于汉语来说，很重要的一点就是调节声
调，声调的平仄可显示或构成一定的韵律特征，便于接受者感
知，否则，"一句话都是平声或都是仄声，一顺边，是很难听
的。"例如："京剧《智取威虎山》里有一句唱词，原来是

① ［德］黑格尔：《美学》（第一卷），朱光潜译，商务印书馆1979年版，第351页。
② 艾青：《诗论》，人民文学出版社1995年版，第203页。
③ 同上书，第206页。

'迎来春天换人间'，毛主席给改了一个字，把'天'字改成'色'字。有一点旧诗词训练的人都会知道，除了'色'字更具体之外，全句声音上要好听得多，原来全句六个平声字，声音太飘，改一个声音沉重的'色'字，一下子就扳过来了。写小说不比写诗词，不能有那样严的格律，但不能不追求语言的声音美，要训练自己的耳朵。"①

　　除了声调，韵的谐和（即"谐韵"）也是语音调节的一个重要方面，同样有助于话语节奏的有效感知和审美。

　　"谐韵"不是为了"谐韵"而"谐韵"，它的主要功用就在于形成一定的节奏。简言之，"谐韵"直接与节奏相关联，顺口顺耳。我们这里所说的谐韵是指为了接受者感知、记忆等认知以及审美上的需要而刻意组合或改变原有言语片段的韵、韵脚的一种韵律配置。韵脚的协和运用，"就是自然押韵，上口易诵，流畅适耳"②。"上口易诵"显然是就受话感知而言的。

　　汉语的节奏如果调节适当是十分便于接受者感知的，这从汉语诗歌、戏曲（含套曲）等常常体现出来的鲜明节奏不难看出。由诗歌、套曲等的节奏进而可以管窥整个言语形式美，"言语形式美主要表现为语音配合和谐，诉诸人们的视觉、听觉（主要是听觉），使人们产生美感"③。例如："自别后遥山隐隐，更那堪远水粼粼。见杨柳飞绵滚滚，对桃花醉脸醺醺。透内阁香风阵阵，掩重门暮雨纷纷。怕黄昏忽地

---

① 汪曾祺：《揉面——谈语言与运用》，《文学创作笔谈》，重庆出版社1985年版，第23页。
② 陈望道：《修辞学发凡》，上海教育出版社1997年版，第236页。
③ 郑远汉：《言语的美》，载中国修辞学会编《修辞的理论与实践》，语文出版社1990年版，第20页。

有黄昏，不销魂怎地不销魂？新啼痕压旧啼痕，断肠人忆断肠人！今春，香肌瘦几分，搂（缕）带宽三寸。"（王实甫套曲《十二月过尧民歌·别情》，见巨才编《元曲三百首》，山西人民出版社 1995 年版，第 44 页）首先，整个套曲每句的句尾均谐韵，"隐、邻、滚、醺、阵、纷、昏、魂、痕、春、分、寸"等均属于近代音系（即根据元代周德清《中原音韵》为主要材料考订出来的一种音系）中的"真文"韵。此外，在音节上前面的每句句尾均以双音节叠音词收尾，便于接受者的感知、记忆，并且令人回味无穷。最后，在声调的处理上平仄和谐。这表明，"汉语的重音、停顿或延宕处理，对于区别语言单位、言语层次都有重要的作用，也是形成言语形式的重要条件"[1]。

谐韵通常谐的是韵脚，进而形成特定的节奏。之所以要谐韵脚，主要是因为，"韵脚的作用，除了使语言和谐，具有节奏感，也是为了帮助读者记忆"[2]。帮助读者记忆的目的是为了互相传诵，广为流传，能否广为流传则在某种意义上是修辞效果好坏的体现，而"读者记忆"则显然指的是一种接受认知。在此，又体现出接受心理与修辞表达的共变。说到底，谐韵主要是基于接受者的受话感知、记忆等受话认知与审美等方面的考虑而为之的。有时还硬性改换词语，以使韵脚在整体上相协。例如：

（2）母也天只，不谅人只。（《诗经·柏舟》，见余冠英注译《诗经选》，人民文学出版社 1995 年版）

---

① 郑远汉：《言语的美》，载中国修辞学会编《修辞的理论与实践》，语文出版社 1990 年版，第 20 页。

② 蔡其矫：《诗的韵法、句法、章法及其他》，载《花溪》编辑部编《文学创作笔谈》，重庆出版社 1985 年版，第 150 页。

"不言父言天，是改用词语；先母后天，是改变语序。变文与选词有关，又与语序相涉，目的在谐韵。"[1] 对于谐韵的作用，我们还可以换一个角度以归谬法从其否定形式来看，即如果不谐韵，则"不协调则歌必捩嗓，虽烂然辞藻无为矣"[2]。"捩嗓"和"无为"均是我们所不取的，而"捩嗓"和"无为"均是不谐韵的结果，由此可见，不谐韵是不可取的，即应该谐韵。谐韵的目的是为了接受者更好地感知与记忆。顾曲散人所谓"捩嗓"，主要着眼于接受者，指的是接受者（诵习者和创作者自己）的"捩嗓"，实际上就是不便于接受者的诵读感知。如果我们把"不协调则歌必捩嗓"视为一个命题，则它是一个表充分条件的假言命题。该命题相应的等价命题是"如果要使歌不捩嗓，则必须协调"，它是原命题的逆否命题。这表明接受感知上的"不捩嗓"是"协调"的充分条件，"协调"是"不捩嗓"的必要条件。由此显示出接受感知之于话语节奏的制约。如果"捩嗓"，就得调节，即改换原有的韵脚。例如：

（3）原句：有的人/把名字刻在石头上，想"不朽"；/有的人/情愿作野草，等着地下的火烧。（臧克家《有的人》）

改句：有的人/把名字刻入石头，想"不朽"；/有的人/情愿作野草，等着地下的火烧。（臧克家《有的人》，中学语文课文）

"作者自己说过，他之所以作如此修改，主要是为了诗的韵脚

---

① 张涤华、胡裕树、张斌、林祥楣：《汉语语法修辞词典》，安徽教育出版社 1988 年版，第 431 页。

② （明）顾曲散人：《太霞曲语》，见郑奠等《古汉语修辞学资料汇编》，商务印书馆 1980 年版，第 500 页。

的和谐。的确，改句的最后一个字'头'与下边最后一个字'朽'同韵，读起来就格外和谐了。"①

（4）原句：惯于长夜度春时，挈妇将雏鬓有丝。（鲁迅《为了忘却的纪念》）

改句：惯于长夜过春时，挈妇将雏鬓有丝。（鲁迅《为了忘却的纪念》，中学语文课文）

据许广平在《鲁迅先生怎样对待写作和编辑工作》一文中说，这里"过春时"的"过"字原来作"度"，"后来自觉不妥，就改成'过'字了"②。这表明，之所以要让文字格律化，在很大程度上确是为了接受者更好地感知、记忆乃至审美鉴赏。不仅作为语言的艺术典型形式的诗如此，事实上，我们可以将诗的这种韵律上的特点或要求推及散文，例如：

（5）临溪而渔，溪深而鱼肥，让泉为酒，泉香而酒洌，山野蔌，杂然而前陈者，太守宴也。（欧阳修《醉翁亭记》）

这一例取自唐宋八大家之一的欧阳修的散文。根据生当北宋和南宋之交的方勺在《泊宅编》中的记载，欧公作《醉翁亭记》后四十九年，东坡为大书重刻于滁州，改"泉洌而酒香"为"泉香而酒洌"，形成一个旋造。作为接受者的东坡之所以要不惜打破原来已有的至少从形式上更符合习惯的搭配而改"香"为"洌"，主要是为了音韵和谐，即为了韵脚押韵的需要，这种情形有些类似于拗救。可见，接受者的语音感知（主要是诵读）之于话语节奏的制约意义。

---

① 季樟桂：《中学语文名篇改笔丛谈》，上海教育出版社1993年版，第118页。

② 许广平：《鲁迅先生怎样对待写作和编辑工作》，《人民日报》1961年3月28日。

　　（6）原句：然而 D 医师的诊断却确是极准确的，后来我照了一张用 X 光透视的胸像，所见的景象，竟大抵和他的诊断相同。（鲁迅《死》，见《鲁迅手稿选集》）

　　改句：然而 D 医师的诊断却实在是极准确的，后来我照了一张用 X 光透视的胸像，所见的景象，竟大抵和他的诊断相同。（鲁迅《死》，见《且介亭杂文末编》，另见《鲁迅散文集》，人民文学出版社 1993 年版）

改句所做的改动是将直接紧邻的同音的两个音节"却确"改为不同音的三个音节"却实在"，就很顺口，也就是不"捩嗓"了，这样也就更显流畅，更有节奏感，更便于接受者感知。

　　书面韵文或口头韵语的韵脚的转换常常就是节奏旋律的变换。以形成特定节奏为能事的"谐韵"有其重要的语用修辞价值，以至于有论者指出："圣人知其然，因其言，经之以六义；缘其声，纬之以五音。音有韵，义有类。韵协则言顺，言顺则声易入；类举则情见，情见则感易交。于是乎孕大含深，贯微洞密，上下通而一气泰，忧乐合而百志熙。五帝三皇所以直道而行，垂拱而理者，揭此以为大柄，决此以为大宝也。"① 白居易在此做的是一个连锁推理，由"言"、"义"、"声"、"音"、"韵"进而至"情"、"感"、"理"，最后将之上升到治国安邦的高度。这里推理的理据仍然是修辞表达与接受心理之间的互动关系，即整个推理是建立在"音"与"情"的关系之上的。如果"情"、"感"与"音"、"言"之间没有共变关系，就不可能由"音"而及"情"。或者说，该推理得以成立的一个当然前

---

　　① 白居易：《与元九书》，见郑奠等《古汉语修辞学资料汇编》，商务印书馆 1980 年版，第 134 页。

提是"情、感"与"音、言"之间的倚变或函变关系。

除了上面所说的诗歌、散文对韵脚的问题格外关注以外，"宾白之学"戏剧也理应如此。"宾白之学，首务铿锵。一句聱耳，俾听者耳中生棘；数言清亮，使观者倦处生神。世人但以'音韵'二字，用之曲中，不知宾白之文，更宜调声协律"①。李渔甚至强调"宾白之文，更宜调声协律"。

最后，相对而言，小说在谐韵上的要求要松一些。为什么小说语言在韵律节奏上较诗歌、戏剧、散文在韵律上的要求要宽松一些？在我们看来，仍然主要是接受感知、接受记忆、接受审美以及接受动机使然。一般说来，读者接受小说是不要求按照原文背诵的，而诗歌等较为纯粹的语言的艺术则需要朗诵，必要的时候还需要背诵，要有效地接受，就得让接受者能高效率地识记背诵，无疑，音近至少是韵相近的言语片段较之没有特定韵律特征、没有一定节奏感的言语片段更容易上口，更易于感知、识记。这些说到底还是接受感知、接受记忆以及接受审美等对话语节奏的制约。这同时也表明接受者接受不同文体的受话需要与动机不尽相同。就小说而言，读者一般首先关注的是"内容"（即情节）。据我们的问卷调查，当问及"您在阅读小说时，首先关注的是……"时，在两个备选项"（A）内容（含该小说的主旨、价值评判等）；（B）形式（含遣词造句等）"中选A的896人次，占91.43%，选B的84人次，占8.57%（详见第一章）。可见，对于小说而言，接受者首先考虑的是"小说的主旨、价值评判"以及情节等。这里其实也显示出接受心理对修辞表达的制约是有一定的层次

①　李渔：《闲情偶寄·声务铿锵》，中国戏曲研究院编《中国古典戏曲论著集成》（第7卷），中国戏剧出版社1959年版，第52页。

的，呈一定的顺序，应该说，接受者接受话语时首先是受受话个性结构（诸如需要、动机、能力、兴趣等）的制约，然后再直接与受话心理过程关联。

谐韵不仅仅在古典诗词戏曲、谚语、格言、小说等文学语言中有着较为普遍的运用，在当下日常言语生活中也屡见不鲜。例如，东方广播电台有一音乐栏目"动感101"（FM101.7），主持人在播诵节目的"开篇语"时念的是"东广音乐动感［yao ling yao］"，而在该栏目的广告辞（同档同栏节目播出）"动感101，关不掉的收音机"中"101"则念为［yi ling yi］。之所以在同一个节目当中同一个语素有两个不同的读音，在我们看来，主要是因为韵律协和、节奏调整的需要。事实上"机"的韵为［i］，为了与"机"谐韵，可读［yao］亦可读［yi］的"1"就读为后者。此外，在节目开始语中念［yao］也是为了接受者（听者）更好地感知，因为［yao］中的韵"ao"是"洪音"，［yi］中的［i］为细音。首先主持人读起来要顺口些，即主持人作为第一接受者易于接受感知，主持人读起来上口，显然更便于一般听众收听；其次，就一般听众而言，洪音较之于细音更能引起听众的注意；再者，"1"念［yi］时还容易使听者在听时与另一跟［yi］读音相近（尤指韵母主要元音）的数字"7"［qi］发生混淆。

（二）词汇调节

词汇调节，主要是指对词语所做的修辞上的调节。比如可以根据接受者的接受能力、接受需要、接受兴趣等调节性地使用字母词、外来词、缩略词、新兴词等。此外，有些同义词、近义词等的换用，也是一种词汇上的调节性建构，是所谓"炼字"，其实准确地说应该是"炼词"。这里我们仍然以收入中学语文课本时编者对相关的原文的改动为例说明之。例如：

　　（7）原句：已经是旧历四月中旬了，上午四点多一刻，晓星才从慢慢地推移着的淡云里面消去，蜂房般的格子铺里的生物已经在蠕动了。（夏衍《包身工》，1936年6月10日《光明》创刊号）

　　改句：旧历四月中旬，清晨四点一刻，天还没亮，睡在拥挤的工房里的人们已经被人吆喝着起身了。（夏衍《包身工》，中学语文课文）

原句在《夏衍选集》中无"四点"之后的"多"字，"生物"被改为"人们"，其他各处修改都是选入课本时编者所作的处理。将"人"指称为"生物"无疑是不明确甚至是不礼貌的，因此编者将"生物"改为"人"。此外，教材编者将"上午"改为"清晨"更符合接受者的认知心理结构。

　　（8）原句：那流亡队伍中一个王子模样的人物，走下车来，尽量客气地向农民请求着："求你给我们弄点吃的东西吧！你总得要帮忙才好，我们已经好几天没有吃的了。"（秦牧《土地》）

　　改句：那流亡队伍中一个王子模样的人，走下车来，尽量客气地向农民请求："求你给我们弄点吃的东西吧！你总得帮忙才好，我们已经好几天没有吃的了。"（秦牧《土地》，中学语文课文）

将"人物"改作"人"，主要是因为"人物"用以指称时，偏向于褒义，常常带着崇敬、景仰之情，而文中不是刻意描绘这一点，于是改为比较中性的"人"较为恰当。删除时态助词"着"更符合认知语境，毕竟，原句所描述的事件已经过去，而"着"是表示正在进行的一个时态助词，故应删去"着"这一助词。"要"与"总得"直接组合无疑加重了祈使的语气。这和前面的"尽量客气"相抵牾。或者说，使用

"总得要帮忙"带有一定命令的口吻，有那么一些毋庸置疑的意味，而使用"总得帮忙"则更多的是请求、商量的口气。显然，相对而言，"农民"更乐于接受后者。

(9) 原句：特别是今日呼和浩特市北的蜈蚣坝，尤其是包头市北大青山与乌拉山之间的缺口，城堡和遗址更多。大概这两个峪口是古代游牧民族，而在汉代则是匈奴人侵袭的主要通路。(翦伯赞《内蒙访古》)

改句：特别是今日呼和浩特市北的蜈蚣坝，包头市北大青山与乌拉山之间的缺口，城堡和遗址更多。大概这两个峪口是古代游牧民族，特别是汉代匈奴人进入中原的主要通路。(翦伯赞《内蒙访古》，中学语文课文)

之所以将"而在汉代则是匈奴人侵袭"改作"特别是汉代匈奴人进入中原"，主要是因为"侵袭"有"侵略"之意，这当然有可能伤及相关民族的感情，而换以"进入"这一中性词，就显得客观一些，不带有感情色彩。

专有名词属于词汇范畴，改换专有名词，即改名也是词汇的调节性建构。

专有名词的调节性建构也是动机、过程与效果的统一。这里的效果可以体现为一定的效益。诚如"索尼公司创始人盛田昭夫说：'取一个响亮的名字，以便引起顾客的美好联想，提高产品知名度与竞争力。'美国新泽西标准石油局改名'埃克森'石油公司，曾历时 2 年，耗资几十亿美元，其间调研了世界上 70 多种文字，除了考虑产业特点、消费者特点，还要考虑同行品牌以及品牌名称多种文字的音、形、谐音、近义、歧义、联想等因素"①。另据报道，"日本现在给产品命名

---

① 陈令军：《好名字价值千金》，《中国商报》2002 年 9 月 3 日，第 23 版。

一般要在一千多个名称中选择，法国 SILK 啤酒更是于十万之中拔头筹"①。

又如专名"解放鞋"的生成即是基于受话心理不断调节改换的结果。据报道："'解放鞋'这一名称从何而来，笔者几经周折联系到了专门生产'解放鞋'的某军工厂档案室。据该档案室管理人员介绍，事情还得追溯到 20 世纪 50 年代初，我国橡胶工业开始起步，我军开始筹备生产橡胶鞋。1951年 2 月，橡胶鞋生产线正式投入生产。据说为了给该鞋取名曾引起了不少争议，有人提出就叫'胶鞋'。可有不少人反对，理由很简单，英雄的人民解放军穿的鞋取名'胶鞋'太俗，应该有一个代表特殊意义的名字。他们认为，为了纪念伟大的人民解放战争，庆祝全中国各族人民的大解放，叫'解放鞋'比较好。这一说法得到大多数人的认可，解放鞋被正式'命名'并叫响，从此成为我军'军鞋'，一穿就是 50 多年……"（杨勇《50 年军龄的解放鞋退役》，《中国青年报》2002 年 10月 15 日，第 4 版）由"胶鞋"而"解放鞋"是一种词汇上的调节。

至此，我们应该已注意到了命名这一修辞行为牵涉到接受感知、联想、记忆、注意、情感、意愿等方面。这些，我们还可以从一些名家改名（调节性建构）的心路历程得到一些启示。

作家茅盾原名沈雁冰，面对当时残酷而矛盾的现实，他在谋篇《幻灭》时，取笔名"矛盾"以"讽刺别人也嘲笑自己

---

① 陈令军：《好名字价值千金》，《中国商报》2002 年 9 月 3 日，第 23 版。

的文人积习"①。当时的《小说月报》编辑叶圣陶"窥透他的心态，因百家姓找不出矛姓，于是巧妙地添了个草头"②。这里叶圣陶首先是作为接受者，他通过"矛盾"这一修辞话语认知到了表达者沈雁冰的表达心理，随后，他又成了表达者，此即我们前面述及之多主体历时表达，对原有的修辞话语"矛盾"进行"改笔"。叶圣陶之所以在"矛"的上面加上一个"草头"，主要是考虑到其他接受者的接受理解。因为由于百家姓里面没有"矛"，很容易授那些特殊接受者以影射当局的把柄，并会因此格外引起注意，而加上草头以后就是"茅"，"茅"姓甚多，不大会引起特殊接受者（国民党当局有关方面）的注意。这里叶圣陶身兼接受者与表达者，体现了表达与接受的互动，同时也说明了接受心理存在于接受者的大脑里和表达者的意识里。

　　著名画家徐悲鸿，原名徐熟康。徐悲鸿幼时由于家境贫寒，想入学堂读书而家庭经济状况不允许，他向别人借，遭冷遇未果。窘迫的现实"使他深感前途渺茫，世态炎凉，不禁悲从中来，有如鸿雁哀鸣，遂改名'悲鸿'"③。显然，这里取名"悲鸿"是以之自况，富于情绪情感色彩。

　　不难看出，"茅盾"、"悲鸿"这两个名字（某种意义上的修辞话语）的生成始终受到接受情绪情感的制约。此外，"艾青"这一名字的生成也是与接受情绪情感的制约分不开的。

---

　　①　朱金顺：《也说几位现代作家的笔名》，《语文建设》2002年第5期，第27页。
　　②　杨欣：《名人改名趣闻》，《中国人事报》（副刊）2003年2月11日，第4版，"知识窗"栏目。
　　③　同上。

　　著名诗人艾青原名蒋海澄，之所以改名为"艾青"也在一定意义上是接受心理制导的结果。1931 年，"九一八"事变后，一次，正在法国留学的艾青到一家旅馆投宿，对方一听是"蒋海澄"，"误以为是'蒋介石'，马上嚷嚷开来。他一气之下，就在'蒋'字的草头之下打了一个'×'，恰好变成了'艾'字，便索性以'艾'为姓，而'海澄'正好为青色。于是，他在登记住宿时，填上了'艾青'。从那时起，'艾青'便成了他的笔名"①。这里，艾青投宿的旅馆的登记人员是"蒋海澄"的接受者。由"蒋海澄"误为"蒋介石"其实就是一种受话认知，这里的受话心理通过建构的话语（即"嚷嚷开来"的话语）反馈到表达者艾青那里，又引起表达者心理上的反应，这样的心理反应随即成为艾青更名的动机（新的表达动机）。此外，艾青的更名在话语结构上带有一定的"析字"性质。

　　"巴金"笔名的产生亦是接受情绪情感以及接受联想与记忆等制约的结果。据巴金回忆说："在法国小城沙多—吉里时，'我认识了几个中国朋友，有一个姓巴的北方同学（巴恩波）跟我相处不到一个月，就到巴黎去了。第二年听说他在项热投水自杀。我和他不熟，但是他自杀的消息使我痛苦。我的笔名中的'巴'字就是因为他而联想起来的。从他那里我才知道'百家姓'中有一个'巴'字。'金'字是学哲学的安徽朋友替我起的，那时候我译完克鲁泡特金的《伦理学》前半部不久，这本书的英译本还放在我的书桌上，他听见我说要找个容易记住的字，便半开玩笑地说出了

---

　　① 杨欣：《名人改名趣闻》，《中国人事报》（副刊）2003 年 2 月 11 日，第 4 版，"知识窗"栏目。

'金'字。"① 显然，由姓"巴"的朋友的遭遇甚至"巴黎"而联想到"姓"巴，而"金"则一方面由巴金其时正在翻译的"克鲁泡特金"联想而来，另一方面还考虑到"金"好记。这样，我们可以说"巴金"的得名受制于接受联想与接受记忆等接受心理。

以上表明，改名（重新命名）是较为典型的以词汇形式表现出来的修辞话语的调节性建构，集中体现了接受心理对修辞表达的制约。

（三）语法调节

除了语音、词汇上的调节外，通常还有语法调节，语法上的调节包括助词、代词、语气词、跳脱句、疑问句以及时态等的适用。例如，中学语文课本中收有刘白羽《长江三峡》的一段话：

> 船如离弦之箭，稍差分厘，便撞得个粉碎。

收入课本后改为：

> 船如离弦之箭，稍差分厘，便会撞得粉碎。

所作的调节性改动有两处：将"得"之后的"个"删去，在"撞得"之前添加"会"。加上"个"字之后在感情色彩上似给人有一点"幸灾乐祸"之感，我们平常可以说"他把歹徒打了个'嘴啃泥'"，"战士们把敌人打得个人仰马翻"，等等。此外，加上"会"以后原句在语气上就变成了一种虚拟语气，在时态上表"将来"。这样，就很容易使人理解为作者想说的是一种可能的情况，并不是作者希望那样的事情发生。

---

① 引自张晓云、唐金海《巴金笔名考》，《巴金年谱》，四川文艺出版社1989年，第1431—1432页。

　　离合词或曰韵律词即是在双音节"词"这个言语片段中间添加一定的音节，从而在整体上裹挟一定的韵律"气息"，形成特定语气。① 有时候，为了便于接受者更好地接受，常常要使用离合词的离合形式，并以此取得一定的效果。例如：

　　（10）原句：母亲叫闰土坐，他迟疑了一回，终于就坐了，将长烟管靠在桌旁……

　　　改句：母亲叫闰土坐，他迟疑了一回，终于就了坐，将长烟管靠在桌旁……（鲁迅《故乡》）

最初发表时"就了坐"作"就坐了"。《呐喊》改为"就了坐"。如果这里使用"就坐了"就只是相对纯粹的表示动作"坐"已经结束的叙述，而改用离合词"就了坐"则更凸显的是"坐"的人的情态，富于传神效果。

　　（11）原句：孔乙己喝过半碗酒，涨红的脸色，渐渐复原……

　　　改句：孔乙己喝过半碗酒，涨红的脸色渐渐复了原……（鲁迅《孔乙己》）

改句的后一分句，在小说最初发表时原作"涨红的脸色，渐渐复原"。《呐喊》中删去一个逗号并增添一个"了"。增加一个"了"字，就使原来的"复原"变为具有韵律特征的离合词。含有一定语气的韵律词与紧接其前的"涨红的脸色"十分和谐，便于接受者的感知与联想。

　　除了离合词，这种具有离合性质的调整还可以是大于词的单位。例如吴士文先生曾就"水落石出"举例说，"孤立地看，它（指'水落石出'——引者注）本来已经合乎汉语中

————————

　　① 这里关于"离合词"和"韵律词"的界定见冯胜利《汉语韵律句法学》，上海教育出版社 2000 年版，第 89—90 页。

词与词的结合特点，无须再予以调整了。可是当它前一句出现
'事实胜于雄辩'六个音节时，后面如仍用'水落石出'，那
就既拗口，又刺耳。为了使人感到顺口、悦耳，'水落石出'
非调整不可。试比较：事实胜于雄辩，水落石出。/事实胜于
雄辩，水落自然石出。哪个顺口、悦耳，哪个不顺口、不悦
耳，是不难觉察的。"① 显然，调整后的"水落自然石出"要
比原来的"完整"的未"离合"的"水落石出"更顺口、悦
耳，更有节奏感。而"顺口、悦耳"则主要是针对接受感知
而言的。

　　考察表明，还可以增添特定的语词尤其是虚词，通过对这
些语词的调整适用来凸显裹挟语气。这些语词常见的有"的"、
"哩"、"呢"、"就"等。这里所说的"凸显或裹挟"包含特
定语气的强化与舒缓，并不单指加强强化。语气的强化与舒缓
常常受到接受注意以及接受情绪情感的制约。例如：

　　（12）原句：老余打着电筒过去，发现门是从外扣
着。（彭荆风《驿路梨花》）

　　改句：老余打着电筒走过去，发现门是从外扣着的。
（彭荆风《驿路梨花》，中学语文课文）
改句加上"的"字以后，语气更加肯定。

　　（13）原句：快些送我们下山去吧，莫要让我们等老
了，祖国社会主义建设多需要我们！（袁鹰《井冈翠竹》）

　　改句：快些送我们下山去吧，莫要让我们等老了，祖
国社会主义建设多需要我们啊！（袁鹰《井冈翠竹》，中学语
文课文）
改句末尾加上"啊"字有利于凸显感叹语气。

---

① 吴士文：《修辞讲话》，甘肃人民出版社1982年版，第11页。

（14）原句：你爹一会儿就回来。走，先到我家和面去。喜儿。（贺敬之、丁毅《白毛女》）

改句：你爹一会儿就回来啦。走，先到大婶家和面去吧！（贺敬之、丁毅《白毛女》，中学语文课文）

改句中增加"啦"、"吧"等表示语气的助词，较原句更为上口，更符合接受者的语感，更具表现力。

（15）原句：谈起自己的经历来，他说他后来没有了学费，不能再留学，便回来了。（鲁迅《范爱农》）

改句：谈起自己的经历来，他说他后来没有了学费，不能再留学，便回来了。（鲁迅《范爱农》，中学语文课文）

最初发表时，"回来"后面没有"了"字。作者在《朝花夕拾》中加上这个"了"字。加上"了"后，可与前面的"没有了"对称，形成对称美，在某种意义上可以满足接受者的审美需要。

以上均添加了助词，它们的出现调节了话语的语气，从而大大增强了话语的"余味"。所谓"余味"通常应该是留给接受者去玩味揣摩的。这就给接受者的理解、揣摩等提供了可能性。助词的适用之于接受者的关系，陈骙《文则》已注意到了："《左氏》曰：'美哉泱泱乎，大风也哉，表东海者，其太公乎，国未可量也。'此文每句终用助，读之殊无龃龉艰辛之态。"①"读之殊无龃龉艰辛之态"是对读者对"每句终用助"的话语接受的情景的描述，主要是就接受感知而言的，即感知上的顺口和谐、不拗嗓。接受心理之于语调的倚变和谐于此可见一斑。

再比如，老舍曾指出："语言要准确、生动、鲜明，即使

---

① 陈骙：《文则·乙一》，人民文学出版社 1998 年版，第 10 页。

像'的、了、吗、呢……'这些词的运用也不能忽视。日本朋友已拟用我的《宝船》作为汉语课本，要求我在语法上做一些注解。其中摘出'开船喽！'这句话，问我为什么不用'啦'，而用'喽'。我写的时间只是觉得要用'喽'，道理却说不清，这就整得我够受。我朗读的时候，发现大概'喽'字是对大伙说的，如一个人喊'开船喽！'是表示招呼大家。如果说'开船啦'便只是对一个人说的，没有许多人在场。区别也许就在这里。"① 老舍先生的分析不无道理，但还可以有进一步的补充。也许大家还记得，2002 年 12 月 3 日，当上海申博成功的消息传来时，整个上海欢呼雀跃，随即上海电视台、东方电视台、香港凤凰卫视等传媒均现场直播了一场大型联欢晚会，晚会的主题是"我们成功啦"，而不是"我们成功喽"。我们在此特别强调的是"喽"的唤情功能和"啦"的渲情功能。即"喽"重在引起接受者的注意，激起接受者的情绪，是为"唤情"；而"啦"则重在抒发表达者自己的某种情绪。上面所说的晚会主题确定为"我们成功啦！"似更有利于凸显市民的自豪感和主人翁精神。在某种意义上亦是对广大国民尤其是上海市民积极参与申办世博会的肯定，并且能更好地与第一人称代词复数形式"我们"组合。事实上，曹可凡（曹为当晚电视直播总控室主持人）于 2002 年 12 月 5 日在《文汇报》上就相关内容撰文时所用的标题即为《"把世博会带回家喽！"》，不难发现，"把世博会带回家喽！"没有第一人称的代词与之组合。

除了可以诉诸虚词调节语调以外，还可以以特定句式、句

---

　　① 老舍：《语言、人物、戏剧》，载舒济《老舍演讲集》，生活·读书·新知三联书店 1999 年版，第 189 页。

类的变换调节语气口气等语调。这里所说的句式包括肯定句、否定句，单句、复句等句型，句类则是指陈述句、疑问句、祈使句、感叹句等。变换主要是指不同型不同类语句之间的变换。调节则包括加强与舒缓等。为了使接受者更好地感知、理解一定的语气，使用特定的有标记的句式、句类较那些没有标记或形式标记不明显的句式、句类更适宜。

比如，有时用较为典型的判断句式的格式以凸显加强语气口气，例如：

　　(16) 原句：中外美术史上有些事情，可以说常常相映成趣。(秦牧《画蛋 练功》)

　　改句：中外美术史上有些事情，可以说是相映成趣的。(秦牧《画蛋 练功》，中学语文课文)

《艺海拾贝》一书中的原句，"是相映成趣的"作"常常相映成趣"。改句使用"是……的"这样的较为明显的表判断的句式，肯定口气十分明确。

有时还可用双重否定句去替换肯定句，这也是凸显裹挟语气的较为常见的典型形式，之所以凸显裹挟语气实乃受话心理之所需。例如：

　　(17) 原句："这样恐怕大家都赞成吧，"队副静静地笑了……(沙汀《闯关》，新群出版社 1946 年版)

　　改句："恐怕不会有不同的意见吧，"庞得山静静地笑了……(沙汀《闯关》，见《沙汀选集》，第一卷，四川人民出版社 1982 年版)

这里，改句将原句的肯定形式改为双重否定"不……不……"，在语气上就不是那么"生硬"，更有利于接受者的接受。此外，还可以将感叹语气换为反诘的语气，以加强语气。这种情形更是直接将发话与受话双方关联起来。例如：

（18）原句：李子俊……一个朋友也没有，任国忠，一个小学教员，这时却向他伸出了手，他将是如何被感动啊！（丁玲《太阳照在桑干河上》，北京新华书店 1949 年版）

改句：李子俊……一个朋友也没有，他正需要友情，而这时，任国忠，一个小学教员，却向他伸出了手，他能不感动吗！（丁玲《太阳照在桑干河上》，人民文学出版社 1979 年版）

显然，以上对于语气口气的凸显裹挟、对于语调的调整，都在一定程度上有利于接受者对特定话语的接受。由改笔亦可窥见修辞表达的"别有用心"与"良苦用心"。表达者之所以这样煞费苦心地"改"（调节性建构），无非是为了受话心理与修辞表达的和谐，是为了接受者更好地理解接受特定修辞话语，从而使特定修辞话语更有效。

与之相类，指示语（含名词、代词等）用作指称时有时也因接受心理的存在和变化而"不得不"有所改动，形成修辞话语的调节性建构。这里以定指与不定指的转换为例讨论之。

作为一种指示语，"定指"有时也因接受者受话理解而被调节，这种调节也可看作是诉诸词法或句法手段的修辞话语调节。例如，彭荆风《驿路梨花》中有这么一句：

原来她还不是梨花。我问："你姐姐呢？"

后来收入中学语文课本时改为：

原来她还不是梨花。我问："梨花呢？"

所作的改动是将"你姐姐"改为"梨花"①。显然，这里的

---

① 季樟桂：《中学语文名篇改笔丛谈》，上海教育出版社 1993 年版，第 17 页。

"你姐姐"和"梨花"均应该指代的是同一个人。但改句与前面的"原来她还不是梨花"连用，表明"我"此前并不认识梨花，这表明"你姐姐"在"我"这里还不具心理现实性，属不定指。

又如：

（19）原句：她几乎不认识她了，她是那样的可怕：全身的衣服都碎成了一片片破条条，沾满着变黑了的血液。（峻青《党员登记表》）

改句：她几乎不认识妈妈了。妈妈是那样的可怕：全身的衣服都碎成了一片片破条条，沾满着变黑了的血液。

（峻青《党员登记表》，中学语文课文）

改句将原句中两处的"她"都改作"妈妈"，实为在受话理解的制约下不定指改为定指的过程。本来，"词典中的词，无所谓定指与不定指。词用在句子当中必有所指。有所指才能区分定指与不定指"①。显然，这里的"妈妈"与"她"均是有所指的，但是，都用"她"，尤其是第二个"她"很容易与该句句首的"她"在所指上令接受者理解时出现偏差。我们就是在这个意义上说不定指转换为定指是有价值的。其具体价值体现为二者的对立性差别的存在，"简单地说，定指是说话人预料受话人能够确定某一词语所指对象。反过来说，说话人认为对方不能确定所指对象，属不定指"②。

定指与不定指的差别既已存在，那么对其作出区分就显得尤为必要了。而要作出区分，首先是区分的标准的确定。"定指与不定指是以说话人的想法为准，还是以听话人的想法为

① 张斌：《汉语语法学》，上海教育出版社1998年版，第84页。
② 同上。

准？答案是与两方面都有关。"① 换言之，定指亦是表达与接受双方共轭关联的一种具体形式。相应的，不定指则是指表达与理解双方在名词性成分的所指的理解上未能达成一致的情形。

二者有差别却不意味着它们不可以转化，事实上，不定指是可以转化为定指的。比如，避免使用指代不明确的代词等。"避去前名（antecedent）不明的代词——譬如说'他从北京到南京去，在那里买了许多土产'。'那里'两字底前名，究竟还是'北京'呢，还是'南京'，就暧昧不明，不如设法避去。"② 之所以设法避去是为了不至于引起接受者理解上的淆乱。有时"前名"是明确的，但为了强调也可以用反身代词回指。例如：

（20）原句：一定要用我们这一代人的双手，搬掉落后和穷困这两座最后的大山！（秦牧《土地》）

改句：我们这一代人一定要用自己的双手，搬掉落后和穷困这两座大山！（秦牧《土地》，中学语文课文）

改句加上反身代词"自己"，就使指代更加明确，便于读者的理解与注意。

不定指改为定指的情形在话语结构上可以有如下典型形式。

其一，添加名词性成分。

这里所说的名词性成分，具体包括代词、时间词、处所词等。这些名词性成分往往有一定的指代作用。所添加的指代名

---

① 张斌：《汉语语法学》，上海教育出版社1998年版，第84页。

② 陈望道：《陈望道文集》（第二卷），上海人民出版社1980年版，第213页。

词性成分，使原来较宽泛的范围缩小。例如：

（21）原句：此后回到中国来，我看见那些闲看枪毙犯人的人们，也何尝不酒醉似的喝彩，——呜呼，无法可想！（鲁迅《藤野先生》）

改句：此后回到中国来，我看见那些闲看枪毙犯人的人们，他们也何尝不酒醉似的喝彩，——呜呼，无法可想！（鲁迅《藤野先生》）

改句中的"他们"两个字，在本文最初发表时是没有的，作者在《朝花夕拾》里增添了代词"他们"。在指称上就更为明确，便于接受者理解。

（22）原句：怎么？来过一回！说什么来着？（贺敬之、丁毅《白毛女》）

改句：怎么？来过一回！他说什么来着？（贺敬之、丁毅《白毛女》）

此处的"他"字，是1949年1月的版本所没有的。这里如果不加"他"确定所指的话，在理解上就有可能出现偏差，即有可能将"说什么来着"的"说"的执行者理解为"白毛女"（喜儿），"说什么来着"给接受者的感觉或者是杨白劳对喜儿的回答很烦，或者是杨白劳对女儿的话没有听明白，要求重复等。事实上，这里添加"他"在指称上就十分明确了，即"说什么来着"的"说"是"穆仁智"所说的。

（23）原句："何必推举呢？自然是主张发电的人罗……"（鲁迅《范爱农》）

改句："何必推举呢？自然是主张发电的人罗……"他说。（鲁迅《范爱农》）

当本篇最初在1926年10月25日《莽原》半月刊第24期发表时，原句没有"他说"两个字及其后的句号。1927年7月把本篇编入《朝花夕拾》一书时增添"他说"两字和句号。这里的"他"是指范爱农。紧接着的下一句是"我觉得他的话又是在针对我",如果前文不加上"他说",则单独成一自然段的"何必推举呢?自然是主张发电的人罗……"势必让接受者颇费踌躇,甚至不知所云。

(24) 原句:已过夜半,又是大风雨,他醉着,却偏要到船舷上去小解。大家劝阻他,也不听,说不会掉下去的。但他掉下去了,虽然能浮水,却从此不起来。(鲁迅《范爱农》)

改句:已过夜半,又是大风雨,他醉着,却偏要到船舷上去小解。大家劝阻他,也不听,自己说是不会掉下去的。但他掉下去了,虽然能浮水,却从此不起来。(鲁迅《范爱农》)

最初发表时原句没有"自己说是"的"自己"和"是"。改句是原文收入《朝花夕拾》时作的改笔。这里加上反身代词使指代更加明确。强调"不会掉下去的"是范爱农说的,而不是别人说的。

(25) 原句:他和他的爱人许叔彬住在北京饭店四楼。推开西窗,便是金光灿灿的天安门城楼。绵延的燕山褶皱带作了首都的苍翠的屏障。南窗之外,可以望见正阳门、崇文门的城楼和古老城墙上升起的天坛圆顶。(徐迟《地质之光》)

改句:他和他的爱人许叔彬住在北京饭店四楼。推开西窗,眼前便是金光灿灿的天安门城楼。远处绵延的燕山褶皱带作了首都的苍翠的屏障。南窗之外,可以望见正阳门、崇文门的城楼和仿佛是在古老城墙上升起的天坛圆顶。(徐迟《地质之光》,中学语文课本)

作者在文章被节选编入课本时增添了"眼前"和"远处",具体点明了景物的层次,可以给予读者更加清晰的印象,显然,这里表处所的名词性成分"眼前"、"远处"起认知提示的作用。

(26)原句:二十年代以来,中国共产党领导全国人民进行了革命斗争,打垮了反动统治者……劳动人民才真正成了土地的主人。(秦牧《土地》)

改句:本世纪二十年代以来,中国共产党领导全国人民进行了革命斗争,打垮了反动统治者……劳动人民才真正成了土地的主人。(秦牧《土地》)

改句所添加的表时间的名词性成分"本世纪"实际上是一种限定。如果不加限定,此处即有可能成为后人理解上的障碍。毕竟,任何一个世纪都有"二十年代"。

其二,人称代词改为专有名词。

将人称代词改为专有名词,我们不妨称为由"通指"改为"专指"。这里所说的"通指"与我们通常所说的通名(含一些代词及通用名词等)略当,"专指"则与专名(专有名词)大体相当。人称代词改为专有名词的实质是将概括性相对更强的代词转换为概括程度相对较低的"专有名词"。例如:

(27)原句:只见他合起党证,双手捧起了它像擎着一只贮满水的碗一样,小心地放到卢进勇的手里,紧紧地把它连手握在一起,两眼直直地盯着他的脸。(王愿坚《七根火柴》)

改句:那同志合拢了夹着火柴的党证,双手捧起像擎着一只贮满水的碗一样,小心地放到卢进勇的手里,紧紧地把它连手握在一起,两眼直直地盯着卢进勇的脸。(王

愿坚《七根火柴》）

改句将 1978 年出版的《普通劳动者》一书中"他的脸"改作
"卢进勇的脸"。这里即是将相对抽象笼统的人称代词"他"
改为相对具体明确的专有名词"卢进勇"。

　　（28）原句：这样想着，她迅速地蹲下身去，把手伸
进炕洞里一阵摸索，草灰里面，一个软绵绵的东西触着了
她的手，她的心跳得更厉害了，她的手颤抖着掏出来一
看，果然就是从棉被上撕下来的那块蓝布包着一个什么东
西……（峻青《党员登记表》）

　　改句：这样想着，淑英迅速地蹲下身去，把手伸进炕
洞里一阵摸索，在草灰里面，触着了一个软绵绵的东西，
她的心跳得更厉害了，手也颤抖着，把那东西掏出来一
看，果然就是用棉被上撕下来的那块蓝布包着的……（峻
青《党员登记表》）

改句中将原句中的"她"改作"淑英"。人称代词"她"改
为专有名词"淑英"显然是更明确了，有助于接受者准确理
解该话语。

　　（29）我们瞧不起前一种人，说他们是"空想家"，
可是往往赞美后一种人，说他们能够"埋头苦干"，能够
苦干固然是好的，但是只顾埋着头，不肯动脑筋来想想自
己做的事情，其实并不值得赞美。（胡绳《想和做》，中学语
文课文）

课本在 1988 年 6 月第九次印刷时，"我们"曾被改为"他
们"，至次年第十次印刷时又恢复为"我们"。为什么这样
"改来改去"呢？实际上是为了接受者受话理解的方便。当
"我们"改为"他们"时，"他们……说他们……"容易引起
理解上的混乱。而改用"我们"之后前后区分开来，较为清

晰，便于理解。

三　音段特征和超音段特征的调节

以上语音、词汇、语法等方面主要是诉诸音段特征的调节，此外，还有大量诉诸超音段特征而形成的修辞话语的调节性建构。作家改笔或编者改编过程中，当受话心理可能或已经有所改变时，话语停顿的时间和位置、语调都有可能或有必要做相应的调节整合。

（一）停顿的调节

停顿指的是特定语言的线性组合（或曰语流）在时间上的一种切分。停顿与停顿之间形成一定的言语片段。言语片段之间在时间上的间隔有长短久暂之别。最基本的应该是音节的形成，"音节的调协，譬如句调的抑扬顿挫，紧慢疏密等等，在诗歌的朗诵和戏剧的话白上当然是很考究的；而一般文辞也须注意音节的谐和、语气的畅达"①。显然，我们这里所说的停顿的存在并不影响语言线性组合的流畅。相反，正是因为有了一定的停顿，停顿与停顿之间的言语片段才有流畅的可能。流畅其实说到底是为了接受者感知上的需要，也是接受者语感形成的一条重要途径。流畅同时对停顿的位置及时间的长短提出了要求。

考察表明，在影响制约话语停顿的诸因素中受话心理具有举足轻重的地位。停顿的调节即是对停顿的位置以及停顿时间的久暂的安排和调控。

停顿在书面上常常诉诸标点符号表现出来。标点符号虽然不是严格意义上的语言符号，但是它对于书面语中句与句

---

① 陈望道：《修辞学发凡》，上海教育出版社 1997 年版，第 237 页。

（含分句、单句、复句、句群等）之间关系（大致相当于古汉语中的"读"、"点读"）的描写与刻画则具有举足轻重和不可替代的作用，在一定意义上完全可以用之来标志句与句之间、句子的结尾、句子内部的停顿甚至某些语义关系。"标点符号是为标记句法单位的界限而发明的，这些界限是口语的一部分，常常通过停顿表现出来。"① 标点常常表明特定话语的读法，陈望道先生也极其重视标点符号的作用，他曾正确地指出，标点和文章的明晰、遒劲与流畅三方面都有关系，并强调修辞表达（比如作文）时极须审慎使用。"往往几句不流畅的文章，换了标点便可成为流畅……标点一换，读起来便觉得语调有顺口不顺口底不同。"② 这里的顺口不顺口显然是就接受感知而言的。之所以对标点符号要慎重使用，主要是因为接受感知等接受心理的存在。

有鉴于此，我们首先讨论以标点符号的改变来标明、调节停顿的情形。诉诸标点的停顿有时可以调整音节、凸显情态。显然这里的"情态"是修辞表达者的情态。调整音节和凸显情态的停顿常常可以超越"意义"的需要。例如：

（30）学不可以已。青，取之于蓝，而青于蓝；冰，水为之，而寒于水。（《荀子·劝学》，张觉《荀子译注》，上海古籍出版社 1995 年版，第 1 页）

"照意义，'青'和'冰'字下都不应有标点；而实际上教书的人差不多都如上文，在'青'和'冰'字下加上标点。这就为了便于读时的呼吸，读起来较为顺溜又较为有力的缘故。

① ［美］Ilse Lehiste：《诗律、显著性和韵律感知——口语艺术和科学的交叉》，［法］葛妮译，《国外语言学》1995 年第 1 期，第 42 页。

② 陈望道：《陈望道文集》（第二卷），上海人民出版社 1980 年版，第 230 页。

我们如果称别种标点为'文法上的标点'，便不妨称这一种标点为'修辞上的标点'；倘若称别种标点为'意义的标点'，又不妨称这一种标点为'音节上的标点'。"① 陈望道先生还举例说明了"标点这一用法，就在现代文艺中也不乏其例。文艺作品中这类修辞上的标点往往在用来调和音节的同时，还用来刻画有关人物的语调神情；有时甚至主要不是用以调整音节，而是用以表现和显示人物的腔调情态的……"② 无论是调整音节，还是表现和显示人物的腔调情态，都是与接受心理密切相关的，甚至都是接受心理制约的结果。调整音节是为了接受者能更好地感知，表现和显示人物的腔调情态是为了接受者更好地联想回忆。

以标点符号的调整配置标明停顿主要是就书面语而言的，这里的调整还可以以同一内容不同版本（含转载或收编）的书面语在书面上所做的修改为例。例如：

（31）原句：我很惊异的望着他：黄里带白的脸，瘦得教人担心。头上直竖着寸把长的头发。牙黄羽纱的长衫。隶体"一"字似的胡须。左手里捏着一枝黄色烟嘴，安烟的一头已经熏黑了。（阿累《一面》）

改句：我很惊异的望着他：黄里带白的脸，瘦得教人担心；头上直竖着寸把长的头发；牙黄羽纱的长衫；隶体"一"字似的胡须；左手里捏着一枝黄色烟嘴，安烟的一头已经熏黑了。（阿累《一面》，中学语文课文）

原句中的句号在改句中均换为分号，这是收入中学课本时所作的调整。一般说来，句号的停顿比分号要长。将该言语片段的

---

① 陈望道：《修辞学发凡》，上海教育出版社1997年版，第237页。
② 同上。

四个句号分别改为分号，一方面与前面的冒号对应起来了，便于读者尤其是中学生理解，另一方面中间停顿的时间相对变短，更有利于在一个相对连贯紧凑的言语片段（这段描写正是"一面"的素描）里接受者的感知尤其是知觉。

　　（32）原句：他们思虑着，哪些溪涧在山洪到来时不好通过，就架起一座座石桥和板桥。哪些人家离河太远，就在散居的村舍边，挖下一口口水井，哪些水井靠近大路，又在水井上加了井盖。（魏巍《依依惜别的深情》）

　　改句：他们思虑着：哪些溪涧在山洪到来时不好通过，就架起一座座石桥和板桥；哪些人家离河太远，就在散居的村舍边，挖下一口口水井；哪些水井靠近大路，又在水井上加了井盖。（魏巍《依依惜别的深情》，中学语文课文）

最初发表的原文中冒号作逗号，而两处的分号分别作句号和逗号。作者后来改动这三个标点符号，把原来的两句话合并为一句，对这里的标点符号作了相应的配套调整。之所以这样调整，显然是为了更清楚地表示出说话的层次。这样，层次分明了，接受者感知和理解起来就势必更有效了。

　　（33）原句："哦！您，您就是？……"（阿累《一面》）

　　改句："哦！您，您就是——"（阿累《一面》，中学语文课文）

原文中破折号作问号，其后还有一个省略号。课文中改用一个破折号，破折号既可以表示话语的中断，也可以延长停顿。以"破折号"来表示说话的中断与延时，将初次见到鲁迅先生的激动心情外化，其时鲁迅先生的"名字在我心里乱蹦"，然而当时特定的社会情景语境，不容"我"暴露先生的身份，于是"我向四周望了一望，可没有蹦出来"。这里以标点符号所表明的停顿时间长短的改变来摹态，便于接受者的联想想象，即联想想象当时的社会情景语境。

（34）原句：像这样的教师，我们怎么会不喜欢她并且愿意和她亲近呢？（魏巍《我的老师》）

改句：像这样的教师，我们怎么会不喜欢她，怎么会不愿意和她亲近呢？（魏巍《我的老师》，中学语文课文）

原文中没有"喜欢她"后面的逗号，后一处"怎么会不"作"并且"。经过修改以后，增加了一处停顿，反复出现"怎么会不"，停顿位置的改变就使原语言片段更显得对称，更便于接受者的感知与审美。

（35）原句：深情的人民呵，他们要东阳里的男女老幼，抬起头就能望见蔡定琪的坟墓。也让蔡定琪能够望见他所献身的九龙江桥。（魏巍《依依惜别的深情》）

改句：深情的人民呵，他们要东阳里的男女老幼，抬起头就能望见蔡定琪的坟墓。也让蔡定琪，能够望见他所献身的九龙江桥。（魏巍《依依惜别的深情》，中学语文课文）

原文中"也让蔡定琪"之后没有用逗号点开。改句在此处加逗号而停顿，实乃接受注意之所需，更有利于提请接受者的受话注意。

（36）原句：它的干呢，通常是丈把高，像是加以人工似的，一丈以内，绝无旁枝……（茅盾《白杨礼赞》）

改句：它的干通常是丈把高，像加过人工似的，一丈以内绝无旁枝。（茅盾《白杨礼赞》，中学语文课文）

原文中"干"字后面有"呢"字和逗号，"像加过"作"像是加以"，"一丈以内"后面有逗号，最后的句号作分号。课文中把这里与下面描写枝和叶的文字之末的分句都改作句号，分原来的一句为四句，"看起来可以醒目一些，也便于读者对内容的理解"①。这里的"醒目"即为接受注意计。一般说来，前面已提及，分号停顿的时间比句号要短一些。这里实际上是接受注意对停顿时间长短的制约。

最后，停顿在口头上则更多地使用特定的语词（尤指虚词）以及语速加以调节。就使用特定的语词而言，例如，一些类似戏剧中"衬字"的词语，像"这个"、"这个这个"、"嗯"等，这些特定的语词表示停顿一方面与表达者的心理有关，比如有的是表达者的习惯，有的是表达者的思维敏捷或迟缓的反映。但另一方面它也是接受者的接受心理制约的结果，是为了接受者更好的听读（尤其是感知、理解等认知）。例如，"你这个人啊"，"就说小张吧，他人品倒是不错的"，"嗯，这个问题，让我想想"，"噢，哦……"以上诸例中的"啊"、"吧"、"嗯"、"噢，哦"等可以延长停顿的时间。口语中以特定的虚词作为句内停顿有时还可以制造一些悬念，让接受者去作些揣摩，调动或激发接受者的受话兴趣。

（二）语调的调节

受话心理是语调调节的基本动因之一，受话心理常常制约语调调节，并以此形成话语表达与接受的互动（interaction），受话心理与语调表达的和谐，形成基于受话心理的语调调节。基于受话心理的语调调节的基本途径有二：诉诸词语；诉诸句子。我们这里拟将动机、过程与效果结合起来探讨基于受话心理的语调调节。

句子的整体语用功能常常诉诸语气、口气表现出来。"句子的语气（modality）分为陈述、疑问、祈使、感叹四种。根

---

① 季樟桂：《中学语文名篇改笔丛谈》，上海教育出版社 1993 年版，第 85 页。

据什么标准划分的？……根据语调（intonation）。同样的语调可以有不同的用途，区别的关键在于口气（tone）。"[1] 什么是"口气"呢？"口气是利用语音的轻重缓急、高低变化表达的感情色彩，如委婉、强调、期望、迟疑、坚定、活泼、否定等等。每种语气的句子有其主要用途，掺入某种口气，用途可以改变。"[2] 既然，如张斌先生所言，语气区分的关键是口气，我们这里一般不再把语气与口气作严格的区分。不难看出，语气与口气事实上统一于作为语气划分之依据的语调。我们管这种互动过程中受制于受话心理的语调调节称为基于受话心理的语调调节。

这种基于受话心理的语调调节可以通过一定的词语和句子的调整适用表现出来，尤其是可以通过作家改笔、编者改编等以动态的方式体现出来。

第三节　修辞话语调节性建构的主要方式

以上是修辞话语的调节性建构在语言的语音、词汇、语法等语言要素上的反应。此外，按调节话语建构的方式的不同，修辞话语的调节性建构可以有添加、替换、位移、删减等四种方式。

一　添加

我们这里所说的"添加"是指在已有的言语作品上添加"能指"的一种话语调节方式。之所以添加，接受能力、接受

---

① 张斌：《汉语语法学》，上海教育出版社1998年版，第75页。
② 同上书，第76页。

情绪情感、接受认知等接受心理使然。

添加可以由不同的表达主体完成。比如"改编"、"改笔"等。如前所述，在这个过程中，添加者既是表达者又是接受者，且常常先是接受者，后为表达者。例如：

（1）原句："有过这样的事么？"他惊异地笑着说，像旁听别人的新闻一样。（鲁迅《风筝》）

改句："有过这样的事么？"他惊异地笑着说，就像旁听着别人的故事一样。（鲁迅《风筝》）

编入《野草》时，改句通过添加"就"和"着"凸显肯定的口气。再比如：

（2）原句：但段政府有令，说她们是"暴徒"！（鲁迅《纪念刘和珍君》）

改句：但段政府就有令，说她们是"暴徒"！（鲁迅《纪念刘和珍君》）

该文最初发表时，此处没有"就"字。作者在《华盖集续编》中添一"就"字。以"就"这一副词加强语气。

除了特定的虚词可以凸显语气，有些实词也可以裹挟凸显语气。或者虚词与实词"联袂出场"，均能使所建构的修辞话语更为有效。例如：

（3）原句：小D也将辫子盘在头顶上了，而且也用一支竹筷。阿Q万料不到他也敢这样做，自己也决不准他这样做！（鲁迅《阿Q正传》）

改句：小D也将辫子盘在头顶上了，而且也居然用一支竹筷。阿Q万料不到他也敢这样做，自己也决不准他这样做！（鲁迅《阿Q正传》）

当该文最初发表时，此处没有"居然"两个字。作者在《呐喊》中添加这两个字。"居然"既是强调，同时也是语义关系上的一种"提示"。

（4）原句：不道国民党政府却在十八日的通电各地军政当局文里，又加上他们"捣毁机关，阻断交通，殴伤中委，拦劫汽车，攒击路人及公务人员，私逮刑讯，社会秩序，悉被破坏"，而且指出结果，说是"友邦人士，莫名惊诧，长此以往，国将不国"了！（鲁迅《"友邦惊诧"论》）

改句：不道国民党政府却在十二月十八日的通电各地军政当局文里，又加上他们"捣毁机关，阻断交通，殴伤中委，拦劫汽车，攒击路人及公务人员，私逮刑讯，社会秩序，悉被破坏"的罪名，而且指出结果，说是"友邦人士，莫名惊诧，长此以往，国将不国"了！（鲁迅《"友邦惊诧"论》）

当这篇著名杂文最初在 1931 年 12 月 25 日《十字街头》第二期发表时，此处所论正是当时舆论热点，事件发生的月份是不言而喻的。但是以后的读者却就不容易弄得清楚了——所以，作者在把本文编入《二心集》（1932 年 4 月编讫）时就增加了"十二月"三个字。"的罪名"也是那时加的。加上"十二月"使这里的时间在指代是相对更明确，毕竟每个月都有"十八日"。

（5）原句：只有其中的一本《路谷虹儿画选》，是为了扫荡上海滩上的"艺术家"而印的。（鲁迅《为了忘却的纪念》）

改句：只有其中的一本《路谷虹儿画选》，是为了扫荡上海滩上的"艺术家"，即戳穿叶灵凤这纸老虎而印的。（鲁迅《为了忘却的纪念》）

本文最初在 1933 年 4 月 1 日《现代》第二卷第二期发表时，

没有"即戳穿叶灵凤这纸老虎"10个字及其前面的逗号。作者在《南腔北调集》中作了这样的增添，增添后的语义更有利于接受者对整个话语的有效理解。

再比如，在海外华人社会曾具有一定影响的"巴黎辱华案"的结案也在某种意义上是基于受话心理的言语添加的显例。"巴黎辱华案"起因于一部以《华人与狗，不得入内》为书名的书的问世。《华人与狗，不得入内》是齐博于1997年创作的一部叙述童年情感历程的自传体小说，内容与中国或者华人毫无关系。但以此作为书名却严重伤害了"华人"的感情。"11月26日，海内外华人极为关注的'巴黎街头辱华案'以庭外和解告终。原告方法国华侨华人会主席杨明、法国潮州会会馆副会长许葵、法国北京协会执行会长庄丹泽等，代表全法41个华侨华人社团与被告小说《华人与狗，不得入内》的作者弗朗索瓦·齐博达成庭外和解协议，协议内容如下：'一、作者同意自2000年11月28日起，把话剧广告及小说封面上的题目插入引号（""）内，并加上副标题'——引自租界时期的一块令人愤慨的牌子'。上述字样必须以同样醒目的方式并采用与作者姓名同样大的字体在广告上以及下次印刷的小说封面上出现。二、作者同意在目前出售的小说中附加一页说明，内容为'本书标题出自租界时期的一块令人愤慨的牌子'。三、作者将与该小说出版商联系，尽全力促成上述修改，但作者无权代表出版商作出承诺。四、应作者的要求，在本和解协议上签字的各华人华侨社团同意终止一切司法起诉，包括2000年11月21日在巴黎大事法庭采取的紧急司法行动。五、作者将全力配合华人华侨社团及时修改已在地铁车站张贴的广告。"（李永群《"巴黎辱华案"给华人的启示》，《中国青年报》2000年11月29日，第6版）这里的"对簿公堂"

整个是围绕"华人与狗，不得人内"这一话语的有无必要"添加"解释性话语、怎样追加"解释"等进行的。之所以要求添加（追加），是接受者（"华人"）的接受情绪情感使然。

二　替换

语词替换是调整适用语辞以适应题旨情境的一种重要表现形式，具体语用过程中的语词替换不是任意的，有其心理理据。这里所说的语词替换是在语言的线性序列的聚合环节上进行的，我们传统所言之"炼字"即属此列。只是"炼字"更显狭隘，"并且和近来文法学以词为单位的见解不合"[1]，所以不如称为"选词"。"词是文章中的根本成分，所以我们作文，最该注意选词"[2]，口头表达亦然。选词本来是一个动态的过程，怎么选，或者说语词怎么替换，有其动因（motivation，或曰"理据"）。现有的有关研究往往忽略了这种深层次理据的考察，常常只是停留在较浅层次的描写和赏析上，并且在研究方法上不太注重动态考辨和对比。其实，大量的作家改笔和编者改编等动态言语事实表明，替换主要是受制于接受心理而为之的。

所谓接受心理是言语接受者接受特定言语作品时相应的心理过程和相应的心理结构，主要包括受话感知、注意、理解、联想、情绪情感、动机、需要、兴趣、能力、意愿等。根据话语接受心理的层次，我们把接受心理概括为接受认知、接受审美、接受认同三类。这样，按照特定心理理据，可以将聚合关

---

[1]　陈望道：《陈望道文集》（第二卷），上海人民出版社1980年版，第170页。

[2]　同上。

系中语词的替换分为三类：基于接受认知的替换，基于接受审美的替换，基于接受认同的替换。兹分述如下。

1. 基于认知的替换

为了接受者认知上的需要改换原有的词，使得接受者更容易理解，我们称为基于认知的替换。这里的认知包括接受话语时的感知、记忆、理解、联想等。

比如很多言语作品收入中学课文以后因为接受对象变得相对明确而作了一些不同程度的调整，即是基于认知上的考虑的。例如：

（6）原句：熟练的纺手趁着一豆灯光或者朦胧的月光也能摇车、抽线、上线，一切都作得悠游自如。（吴伯箫《记一辆纺车》）

改句：熟练的纺手趁着一线灯光或者朦胧的月色也能摇车，抽线，上线，一切都作得从容自如。（吴伯箫《记一辆纺车》，中学语文课文）

改句中的"一线"在原文中作"一豆"，"一豆"指的是本有的灯光，而"一线"则是指从别处传过来的。此处改笔更有助于接受者想象。

（7）原句：不知道你曾否为土地涌现过许许多多的遐想？想起它的过去，它的未来，想起世世代代的劳动人民为要成为土地的主人，怎样斗争和流血，想起在绵长的历史中，我们每一块土地上面曾经出现过的人物和事迹，他们的苦难，忿恨，希望，期待的心情？（秦牧《土地》）

改句：你是否为土地涌现过许许多多的遐想——想起它的过去，它的未来，想起世世代代的劳动人民为要成为土地的主人，怎样斗争和流血，想起在绵长的历史中，我们每一块土地上面曾经出现过的人物和事迹，他们的痛苦，

忿恨，希望，期待的心情？（秦牧《土地》，中学语文课文）
原句中"苦难"在改句中改作"痛苦"。"痛苦"与"忿恨"、
"希望"、"期待"等同属一个逻辑层面，都表心情。而原词
"苦难"则不是的。显然改动后的话语更便于接受者理解其语
义关系。

（8）原句：赵司晨脑后空荡荡的走来，看见的人大
抵说，"嗄，革命党来了！"（鲁迅《阿Q正传》）

改句：赵司晨脑后空荡荡的走来，看见的人大嚷说，
"嗄，革命党来了！"（鲁迅《阿Q正传》，中学语文课文）

改句中的"大嚷"，最初发表时作"大抵"。《呐喊》中改为
"大嚷"。"大抵"是比较抽象的副词，而"大嚷"则是较为
具体的状中结构的动词短语。"嚷"字富于传神。这样改动，
变抽象为具体，便于接受者认知。

（9）原句：谁知竟等了那么久，可见那上行的船只
是如何小心翼翼了。（刘白羽《长江三峡》）

改句：谁知竟等了好久，可见那上行的船是如何小心
翼翼了。（刘白羽《长江三峡》）

原文中"好久"作"那么久"，"船"作"船只"。"好久"比
"那么久"相对客观。"那么久"所裹挟的主观情绪色彩较浓。
"'那么久'只能用于事后的追述，不适合此处的语言环
境"[1]，而我们此前已经讨论过，语境（即与季樟桂先生所说
的"语言环境"略当）的主导因素是接受心理。这样，由
"那么久"在聚合轴上改为"好久"实乃接受心理使然。此
外，由"船只"改为"船"更为准确，更便于接受者理解。

---

[1] 季樟桂：《中学语文名篇改笔丛谈》，上海教育出版社1993年版，第174页。

"船"是普通名词，可以特指，但普通名词加上相应的量词则常常表示一个整体，从而形成一个集合名词，一般不可再特指，这里"船只"即属此列。我们可以说"这只船"，但一般不说"这艘船只"，这里"船"与"船只"的关系就像"人"之于"人口"，我们通常可以说"这个人"，但不能说"这个人口"。概言之，由"船只"改为"船"是指称上的需要，也是"意义"转换为"内容"的需要。这里使用"船只"没有心理现实性。类似的，中学教科书所选的课文秦牧的《土地》中有这么一句话："看来很平凡的一块块田地，实际上都有极不平凡的经历。"是由原文经过改动而形成现在的样子的。原文中"看来"之前有"在我们"三个字，"一块块田地"作"一块块田野"。其中由"田野"改为"田地"也是接受理解制约的结果。

作为一种认知，作为一种修辞心理意义上的话语理解，还包括交际双方的一种"心领神会"，有时候，言语表达者用特定的词去替换聚合关系中相对惯用的语辞，实乃为了对方更好地领会、认知自己的表达意图。例如，《水浒传》第六十一回写卢俊义入狱之后，他家的主管李固要害死他，特地关照狱吏说："今晚夜间，只要光前绝后。"对此，金圣叹批道："只将'绝'字换过'耀'字，而'光'字亦都换却矣。"换字之妙，至此方出神入化。正如胡奇光先生所分析的："'光前绝后'也许脱胎于'光前耀后'，后者实与'空前绝后'的意思相当。但在李固那里'光前绝后'即成了'结果人命'的暗代称。"① 不难看出，这里的"耀"改为"绝"之后，"光"的意义也就相应地要做"别解"了，这种别解使得狱吏更为

---

① 胡奇光：《文笔鸣凤》，语文出版社1990年版，第211—212页。

"方便"地领会了李固的意图。

　　与上例相对应，对于接受者可能会产生歧解或误解的语辞，更应该慎重选用。陈望道先生曾指出，"酌量少用宽泛语——譬如说'我想编出一本文法书'，这'想'字就太宽泛。因为'想'字范围太大，也可以解为决定，也可以解为计算筹备，如果是决定的，我们便说'我决定编出一本文法书'，那就周到，也就没有肤泛的毛病了。……"① 显然，"肤泛的毛病"是我们所不取的，我们要的是"周到"，这些说到底是为了接受者对相关修辞表达的准确理解、有效认知。

　　2. 基于审美的替换

　　聚合关系中的语词替换终究是一种修辞行为，这种修辞行为作为一类行为是受特定的心理支配的。心理学家马斯洛的心理需要层次结构论告诉我们，人的认知需要得到满足之后，还需要进一步得到审美上的满足。这样，聚合关系中的词语替换就又有了较为深层次的动因，即审美。

　　我们知道，聚合关系中的语词替换是一种动态的修辞行为，而人的行为终将受制于人的感性和理性。一般而言，在我们看来，人的理性与具体语词的理性意义的联系更为紧密，而人的感性则与审美的联系更为密切。如果说基于认知的替换主要是针对语词的理性意义所做的调整适用，则基于人的审美而对语词所做的调整适用则主要是针对语词的非理性意义而做的改动。我们以为，审美说到底是情绪情感的流动，即所谓动人，它直接与接受情绪情感相关。

　　这里我们仍然以动态的"改笔"为例探讨基于审美的替

----

　　① 陈望道：《陈望道文集》（第二卷），上海人民出版社1980年版，第213页。

换这种修辞话语的调节性建构方式。例如：

（10）原句：眼看朋辈成新鬼，怒向刀边觅小诗。（鲁迅《为了忘却的纪念》）

改句：忍看朋辈成新鬼，怒向刀丛觅小诗。（鲁迅《为了忘却的纪念》，中学语文课文）

据《鲁迅日记》1932 年 7 月 11 日所记"午后为山本初枝女士"书此诗，"忍看"原作"眼看"，"刀丛"原作"刀边"。这种改笔显然是基于接受者的接受审美而完成的。在这里，表达者（作者）的情绪情感在改笔前后应该说是变化不大的，即使有，也可以忽略不计。而接受者的接受需要则可能是动态的，可以由认知层面向审美层面提升。事实上，根据心理学家马斯洛的"人的需要层次说"，人的审美需要是高于人的认知需要的。这里，"眼看"提供给读者的只是感官上的认知信息。而"忍看"则可以使读者领略到那份悲壮美（"忍看"实为不忍看！）。

（11）原句：两面都已埋到层层迭迭，宛然富翁家里祝寿时候的馒头。（鲁迅《药》）

改句：两面都已埋到层层迭迭，宛然阔人家里祝寿时候的馒头。（鲁迅《药》）

最初发表时，改句中的"阔人"作"富翁"。收入《呐喊》时改为"阔人"。"富翁"在感情色彩上偏向于中性，而"阔人"则偏向于"贬"的方面。这样改动，更能打动读者，激发读者对于"阔人"的"为富不仁"和诸如华大妈等穷人的同情。而这种对读者情感的打动，实乃表达者与接受者的情感交流，我们前面已讨论到，情感交流其实就是一种审美。

（12）原句：我是正在这一夜经过我的故乡鲁镇的。（鲁迅《祝福》）

　　改句：我是正在这一夜回到我的故乡鲁镇的。（鲁迅
《祝福》）

本篇最初在 1924 年 3 月 25 日出版的《东方杂志》半月刊第二
十一卷第六号发表时，改句中的"回到"原作"经过"。作者
在把本篇编入他的第二本小说集《彷徨》（1926 年 8 月出版）
时改"经过"为"回到"。这种炼词，亲切自然，便于读者接
受，并且会使人觉得这里面的情（同情心，"哀其不幸，怒其
不争"的"哀"与"怒"就更显真实）更动人、更能感染
人，效果更佳。

　　我们前面已提及，在修辞接受过程中，"审美"是比"认
知"高出一个心理层面。在具体的修辞表达过程中，许多
"选词"（传统所谓"炼字"）之所以要将具有聚合关系的词
语选来选去，一个重要的动因恐怕是因为接受心理的存在。不
妨说这种接受心理包括作者改笔时自己的接受心理和作者头脑
中读者或听者的接受心理。修辞史上，炼字的例子可谓不胜枚
举，王安石的名句"春风又绿江南岸"中的"绿"即是"炼
字"的著例。我们以为，表达者使用"绿"之前，使用"到"
等主要是基于认知上的考虑，最终改为"绿"主要是基于审
美上的考虑，而且主要是为接受者接受时的审美需要考虑。我
们知道，"绿"是表颜色的词语，它需要诉诸接受者的视觉去
感知，而"到"等则主要是靠人的触觉去感知，而且，相对
于"到"等词语而言，"绿"更具体一些，更具形象感。这
样，"绿"比"到"更能激发接受者的联想和想象，更有利于
审美意境的营造，更有利于审美意象在接受者头脑中成型，更
动人，更有利于移觉、怡情，更具审美意味，更能满足接受者
的审美需要。所以，我们说"春风又绿江南岸"中"绿"的
生成有其心理动因或理据，即接受者审美需要的存在，而且人

的审美需要是高于认知需要的一个心理需要层次。

3. 基于认同的替换

如果粗略地看，在语词替换的诸心理动因中，不妨可以说认知主要是针对理性而言的，审美主要是针对感性而言的，而兼具感性与理性特征，建立在认知和审美基础上的一种心理动因则是我们所说的"认同"。从一定意义上说，认同约略带有一点知性的意蕴。认同主要是与接受意愿以及接受评判密切相关的。在修辞话语的调节性建构中，有时通过替换原有的语辞而使接受者更愿意接受。我们管这种调节性建构称为基于认同的替换，这种替换在修辞过程中仍然表现为选词。受话认同即是这种意义上的选词的心理理据。

这里我们仍然主要以作家改笔为例。例如：

（13）原句：那是在抗日战争最艰苦的时候，国民党反动派发动反共高潮，配合日寇重重封锁陕甘宁边区，想困死抗日的领导力量。（吴伯箫《记一辆纺车》）

改句：那是在抗日战争最艰苦的年月，国民党反动派发动反共高潮，配合日寇重重封锁陕甘宁边区，想困死我们。（吴伯箫《记一辆纺车》）

原文中"年月"作"时候"，"我们"作"抗日的领导力量"。这里特别值得注意的是将"抗日的领导力量"改为"我们"。之所以如是改，主要是因为："抗日的领导力量"凸显的是"领导力量"，一般而言，这是一个相对抽象的概念，会在特定接受者那里产生一定的距离感，不易为广大接受者所认同。而"我们"是第一人称复数形式，具有较强的代入性与情境性，容易给特定接受者以"身临其境"之感，便于接受者的认同。

（14）原句：有些不是科班出身的演员，成为著名

演员之后，必须大练基本功，道理也正在这里。（秦牧《画蛋·练功》）

　　改句：有些不是科班出身的演员，成为著名演员之后，仍然坚持练基本功，道理也正在这里。（秦牧《画蛋·练功》）

该句中"坚持练基本功"在原句中作"必须大练基本功"。"必须大练基本功"中的"必须"具有强制性，是一种无可分辨、毋庸置疑的口气。显然，这种口气是居高临下发布命令式的，接受者肯定是不乐意接受的，故改为口气相对平和的"坚持练基本功"。尤其是在谈话语体、公文事务语体、学术科技语体中做类似的替换有利于表达者的观点、看法的被认同。

　　以上修辞事实表明，具有聚合关系的词群在具体的语用过程中的"替换"有其心理动因。此外，值得注意的是，"认知"、"审美"和"认同"均为人的心理需要，如前所述，据马斯洛的需要层次理论，人的心理需要之间是具有一定层次性的，相对而言，认知是基础，审美和认同逐层递升。还要注意的是，这些心理需要在发挥作用时，并不是截然分开的，而往往是以一个整体的形式出现的，我们之所以将之条分缕析，实乃为了考辨和叙述的便利。

　　一言以蔽之，研究聚合关系中语词"替换"背后的心理动因显然有助于成功交际和有效表达，有助于表达和接受的良性互动。

三　位移

　　位移指的是话语顺序的改变，位置的移动。我们也可以说它是话序的调整。只是这里的"话序"和语法学中的句法术语"语序"不可等量齐观。简单地说，句法上的语序管的是能不能说的问题，而我们这里所说的"话序（话语顺序）"管的是接受者能不能更好地认知、审美、认同的问题。语序是相对固定的，而话序则是临境超常规组合。例如：

（15）原句：在延安的人，在所有抗日根据地的人，不但吃得饱，而且穿得暖，坚持了抗战，争取到了抗战的最后胜利。（吴伯箫《记一辆纺车》）

改句：在延安的人，在所有抗日根据地的人，不但吃得饱，穿得暖，而且坚持了抗战，取得了抗战的最后胜利。（吴伯箫《记一辆纺车》，中学语文课文）

改句之所以要将"而且"的位置改换到"坚持了抗战"的前面、"穿得暖"的后面，主要是为了强调后者，并且使递进的语义关系更加显豁。

（16）原句：人手少，贵客们太久等了吧，对不住得很。（郭沫若《棠棣之花》，北新书局1938年版）

改句：贵客们太等久了吧，人手少，对不住得很！
（郭沫若《棠棣之花》，见《沫若文集》，第三卷，人民文学出版社1957年版）

改句中"人手少"的位移，是将表示原因的"人手少"放到了句子的后面，这样处理突出结果"贵客们太等久了吧"，作为道歉语更有利于接受者的心理平衡，因为道歉主要是认错，而不是辩白式地陈述自己之所以错的原因。此外，"太久等"改为"太等久"，更符合接受者的语感。

在我们看来，修辞话语的调节性建构是一种对话，这种对话在某种意义上也是言语博弈，即作为局中人的表达者和接受者争取"赢得"（说服别人接受自己的看法）、争取认同的一种"游戏"。一些作为熟练表达者的诗人作家已经注意到了这个问题。如艾青曾指出："构思也包括章节与段落的安排。哪一段放在前面，哪一段放在后面，有时候故意把前后两段调换一下。这样安排，是为了使人更感动，印象更深刻，以达到更多的艺术效果。"① "我常常避免用生涩的字眼和语句。我在诗里所花的努力之一，是在调整字与字之间的关系，调整句与语句之间的关系。"②

话序与读者的注意密切相关。"可以引起读者底注意。所以这种出乎读者意料之外的奇突的处所，在句中也是一个重要的处所。凡是句中重要的词，即主位的词，都该摆在这等重要的处所。"③ 之所以要将"重要的词"摆在"奇突的处所"是接受意识与注意制约的结果。

我们这里所说的话序是指具体话语的线性组合顺序。话序的调整实际上是话语中的有关部分在线性组合上位置的移动，通常也是作家改笔的一项重要内容。我们以为，话序的调整是接受注意等受话心理制约修辞表达的又一典型形式。

话语顺序（以下简称"话序"）包括句子内部结构顺序（以下简称"句子顺序"）和篇章内部结构中句子等构成单位的顺序（以下简称"篇章顺序"）。话语顺序不同于"语序"。如前所述，在我们看来，语序是相对固定的，而"话序"则不是固定配置的，它有其临境性。或者可以说"语序"是抽象的、一般的，而"话序"则是具体的、特殊的。在人们的言语交际实践中话序是有可能、有必要调整的。

话序调整有其动因，大量的作家改笔、编者改编和法典修

---

① 艾青：《诗论》，人民文学出版社 1995 年版，第 134 页。

② 同上书，第 112 页。

③ 陈望道：《陈望道文集》（第二卷），上海人民出版社 1980 年版，第 180 页。

改等言语事实表明，话序调整不能不考虑到接受心理（或曰受话心理）的存在及其变化。接受心理的存在及其变化使话序调整有了可能和必要。

句子顺序的调节性建构过程主要体现为表达焦点的调整。表达焦点是特定言语片段所传递的新信息的核心、重点，"是指句法结构中由于表达需要而着重说明的成分"①。问卷调查和有关实验表明，受话注意往往对句子的表达焦点具有一定的制约作用。有关表达意图与焦点的关系的讨论，国内外有不少论者已论及。但受话注意对焦点的制约问题迄今还鲜有人讨论。我们这里主要以表达者的改笔或改口为例，试图解释接受者受话注意的存在对表达者改笔或改口的影响。

例如，在《孟子》的《梁惠王》篇《齐桓晋文之事》章有这样三段话：

（17）王坐于堂上，有牵牛而过堂下者，王见之曰："牛何之？"对曰："将以衅钟。"王曰："舍之！吾不忍其觳觫，若无罪而就死地。"对曰："然则废衅钟与？"曰："何可废也？以羊易之！"

（18）即不忍起觳觫，若无罪而就死地，故以羊易之也。

（19）我非爱其财而易之以羊也。

对于"易之以羊"和"以羊易之"的语序（我们以为，准确地说是"话序"，即话语顺序）问题，鲁国尧先生的看法是，"动词（或带宾语）如果加上了个'以……'，这'以……'

---

①　范晓：《三个平面的语法观》，北京语言文化大学出版社 1996 年版，第 25 页。

无论做状语还是做补语，都是**侧重之点**。"① 鲁先生这里所说的"侧重之点"在某种意义上就是我们所说的焦点。

但对于之所以会在同一篇中出现这样的话序上的置换，我们更强调接受者受话注意的存在及其变化。在第一句话中，应该凸显的是"易之"，而不是"以羊"，我们注意到该言语片段中"以羊易之"的前面是"何可废也？"这样一个反诘问句，显然强调的是"不可废"，"废"是行为，——"易"也是行为。这样，"易"就是对"废"的补充，梁惠王在此强调的也正是这点，而恰恰这一点授"孟子"以柄，孟子接下来的劝谏即以此逐层展开。第二句也着重强调的是"易之"。第三句强调的是"以羊"，这里"爱其财"与"易之以羊"中的"财"与"羊"正好对应。就话序而言，在这样的言语片段中应该常常是"后重"，即其焦点在后，而不在前。《孟子》以上"易之以羊"与"以羊易之"话语顺序建构的调整实乃主要因了接受认知之存在。

同样的基于接受认知而改变话序建构的情形可见于启功先生曾举过的一个例子"相传清代有一个武将，打了败仗以后准备向皇帝启奏说：'臣屡战屡败'。可是手下的人看了以后给他对调了两个字，作：'臣屡败屡战'。于是还得到了皇帝的嘉奖。"② 之所以如此，"因为原先'屡败'在重音位置上，重音标识焦点，因此'屡败'成了全句的焦点，于是只有败；而'屡战'居后的话，焦点就是'屡战'，意思就是还要再

---

　　① 鲁国尧：《〈孟子〉"以羊易之"、"易之以羊"两种结构类型的对比研究》，程湘清主编《先秦汉语研究》，山东教育出版社1992年版，第290页。
　　② 鲁国尧：《〈孟子〉"以羊易之"、"易之以羊"两种结构类型的对比研究》，程湘清主编《先秦汉语研究》，山东教育出版社1992年版，第290页。

战。由此可见句尾重音对句子焦点的实现的至关重要”①。而句子焦点的实现之所以至关重要，在我们看来，是因为焦点往往是接受注意之所在，是新信息之所在。刘熙载也曾有言，“多句之中必有一句为主，多字之中必有一字为主。炼字句者，尤须致意于此”（刘熙载《艺概·经义概》）。例如：“‘红杏枝头春意闹’，著一‘闹’字，而境界全出。‘云破月来花弄影’，著一‘弄’字，而境界全出矣。”② 显然，境界全出的“闹”和“弄”均在句尾，均为我们所说的焦点。

　　接受者的注意往往是焦点之所在。“两个以上的词所成的句，句中各词一定可以分出轻重宾主底差等。我们造句，必须将彼各各位置在适当的处所。词在主位的，该摆在重要的处所；在宾位的，该摆在不重要的处所。”③ 句中重要的处所，陈望道认为约有下列三种：第一，起首，第二，结末，第三，“奇突的处所——将词摆在出乎读者意料之外的处所，也很可以引起读者的注意。所以，这种出乎读者意料之外的奇突的处所，在句中也是一个重要的处所”④。这种“奇突的处所”常常更需要接受者的注意。反过来，如果接受者注意到了这些“奇突的处所”，势必有助于其对该修辞话语的认知。“辞反正为奇。效奇之法，必颠倒文句，上字而抑下，中辞而出外，回互不常，则新生色耳。……正文明白，而常务反言者，适俗故也。”（《文心雕龙·定势》）这里的“颠倒文句”在一定意义上即为我们所说的话序的调节性建构。

---

① 冯胜利：《汉语韵律句法学》，上海教育出版社 2000 年版，第 57 页。

② 王国维：《王国维文学论著三种》，商务印书馆 2001 年版，第 31 页。

③ 陈望道：《陈望道文集》（第二卷），上海人民出版社 1980 年版，第 180 页。

④ 同上。

　　我们同样以作家或编者的改笔为例来说明这种基于接受注意的话语顺序的调节性建构。例如：

　　（20）原句：毛主席下山去了，红军北上抗日去了，井冈山的人，井冈山的茅竹，同样地坚贞不屈。（袁鹰《井冈翠竹》）

　　改句：毛主席下山去了，红军北上抗日去了，井冈山的毛竹，同井冈山人一样坚贞不屈。（袁鹰《井冈翠竹》，中学语文课文）①

这里作者想重点强调的是"井冈山的人"，故改句中将"井冈山的毛竹"（原文"茅"系"毛"之误）与"井冈山的人"作了对调，使得"井冈山的人"后置，成为表达重点，从而取得了预期的效果。

　　（21）原句：人手少，贵客们太久等了吧，对不住得很。（郭沫若《棠棣之花》，北新书局1938年版）

　　改句：贵客们太等久了吧，人手少，对不住得很！（郭沫若《棠棣之花》，见《沫若文集》，第三卷，人民文学出版社1957年版）

这里，将"贵客们太等久了吧"置于"人手少"之前。实质上是将"结果"置于"原因"之前，作为致歉语这样处理有利于直接接受者的心理平衡和注意的分配。如果不作这样的处理，像原句那样，受话者首先注意的将是表原因的"人手少"，这样给人的感觉是，直接表达者努力寻找原因而替自己"令贵客们等久了"开脱。显然，改动的话语顺序更便于接受者的接受。

---

　　①　季樟桂：《中学语文名篇改笔丛谈》，上海教育出版社1993年版，第89页。

（22）原句：据袁菘《宜都山川记》载：秭归是屈原的故乡，是楚王子熊绎建国之地。（刘白羽《长江三峡》）

改句：秭归是楚先王熊绎始封之地，也是屈原的故乡。（刘白羽《长江三峡》，中学语文课文）

改句对原句话序作了调整。之所以要对话序作出调整，除了因为屈原是熊绎的后裔之外，很重要的一点是相对于熊绎而言，屈原更值得秭归人民骄傲，更值得引起接受者的注意，这表明在这二者中间，"屈原"更需要强调。而上文已述及，句子中的表达重点一般在句子的后面，原文在收入中学课本所作的话序上的调整恰到好处。

（23）原句：直到下半天……看见剌柴上挂着他的一只小鞋。（鲁迅《祝福》）

改句：直到下半天……看见剌柴上挂着一只他的小鞋。（鲁迅《祝福》，中学语文课文）

改句将原句中"他的一只"改作"一只他的"。通常情况下，接受者在此首先注意的是"小鞋"是谁的，是其归属，而不是其数量，故应该把接受者尤为关注的表领属的"他的"调整到焦点位置，以便于接受者接受。

以上主要考察的言语片段是句子，在篇章中也存在着话序问题，我们以为篇章中的话序亦常常受特定接受心理的制约，并最终形成修辞话语的调节性建构。

例如："关于公民基本权利和义务一章，有人主张调到国家机构一章前面，因人民的国家，应先有人民的权利，才产生代表机关和其他国家机关，再次，中国公民文化、政治水平尚不太高，对自己的权利义务特别关心，把它放在前面，一看就明白自己的权利义务，但起草小组同志认为，章节次序不是原则问题，把公民权利放在后面，不会贬低人民的地位。"① 不难理解，这里实际上也是一个话序问题，虽然"章节次序不是原则问题，把公民权利放在后面，不会贬低人民的地位"，但是话序可以影响接受者的接受，影响受话者注意的分配、注意的方向和重点的选择。诚如起草时有人所认为的，"因人民的国家，应先有人民的权利，才产生代表机关和其他国家机关"，公民的基本权利和义务问题究竟是放在国家机构一章的前面还是后面，到制定 1982 年《宪法》时仍然是修改宪法过程中的"主要问题"之一。《中国宪法精释》将包含该问题的"关于宪法的结构"作为当时修改宪法过程中讨论的主要问题的第一个问题。"宪法由哪些部分组成，怎么组合，是修宪首先遇到的问题。"② 我们注意到这里说的是"首先遇到的问题"，而"怎么组合"在这里主要表现为孰先孰后的问题，也就是一个话序问题，只是这里是有关"章节"的安排，是比一般句子大的一级话语单位。"章节的排列顺序，主要争论是公民的基本权利和义务一章是放在国家机构一章前面还是后面，主张放在前面是突出国家权利属于人民，先有公民的权利，才有国家的权利。这种写法符合近年世界宪法的发展趋势，宪法修改委员会采纳了此种意见。"③

　　一般说来，在一个句子当中，其侧重点往往是句子的后面部分。而在一定篇章（大于句子的一级话语单位）中，其侧重点往往在前面。这种现象本身又可以从接受心理上找到一定

---

　　① 全国人大常委会办公厅研究室法制组编著：《中国宪法精释》，中国民主法制出版社 1996 年版，第 23 页。

　　② 同上书，第 50 页。

　　③ 同上书，第 51 页。

的解释：首先，篇章往往由句子组成，接受者接受理解和注意的前提应该是接受感知，而人的接受感知（诉诸听觉的听或者诉诸视觉的读）是有一定的范围的，比如我们前面谈到的"文列"由竖而横即是受制于接受者的"视野"等感知范围制约的著例。再比如，易普劳简历写作策略的第二条即云：做好的简历"最好只用一页"①。之所以最好只用一页，仍然是为了接受者能一目了然，是使之处于接受者视野所及范围之内的要求。类似的，并列结构篇章（比如上文例举之主要以条文出现的宪法文本）的前面部分比后面部分的位置更有利于对相关内容的凸显。当然，分总结构的篇章不在此列。

总之，基于受话注意的话语建构是一种调节性建构，这种调节性建构体现了接受注意对话语顺序的制约，反映了接受心理与修辞表达的互动。同时亦在较深层次上体现了话语的心理现实性和交际性。

四　删减

这里的删减即由于接受者受话心理的存在与变化而相应的删除部分已有话语的一种修辞话语的调节性建构。例如：

（24）原句：竺可桢走北海公园，单是为了观赏景物吗？不是。他是来观察物候，作科学研究的。（白夜、柏生《卓越的科学家竺可桢》）

改句：竺可桢走北海公园，是为了观赏景物吗？不是。他是来观察物候，作科学研究的。（白夜、柏生《卓越的科学家竺可桢》，中学语文课文）

---

①　万兴亚：《做简历　到什么山唱什么歌》，《中国青年报》2003年2月26日，第12版。

原句在"是为了……"前面多一个"单"字，改句删去"单"字，在逻辑上由"单称"改为"全称"。然后再进行否定，否定得更为彻底。之所以这样改，是基于语义理解上的考虑。

有时，删除冗余的成分（比如代词）可以使原有的指称更为明确。吴士文先生在谈到"明确身份"时曾指出："说或写时，如果所提的第三者不止一个人，代词用得不是地方，也会产生歧义，使人搞不清所指是谁。"① 显然，这里所说的"使人搞不清所指是谁"的"人"主要是就接受者而言的，由此可见有关指称（这里尤指一般指代）与修辞表达之间的制约关系。吴士文还进一步举例作了说明：

（25）他（诗人）顺口唱出了歌颂友情的诗篇表示对我们的欢迎之后，又突然发现有一位同志和他的爱人在一起，于是这又成了他作诗的好材料。

这里不妨看看吴先生的分析："这个句子中'他的爱人'中的'他'的前头有两个语词可看作先行词——诗人、一位同志。这样，代词与前词的关系就无法确定了，猜不透这个'爱人'究竟是谁的。从字面看，显然是'他'的，不是那位同志的。而这正好跟本意相反。把'他的'去掉，就不会闹误会了。"② 这里的"猜不透"的"猜"其实就是接受理解与揣摩。之所以需要将"他的"去掉，显然是接受理解与揣摩对修辞表达制约的结果。

（26）原句：主席也举起手来，但是举起他那顶深灰色的盔式帽。举得很慢很慢，像是在举起一件十分沉重的

---

① 吴士文：《修辞讲话》，甘肃人民出版社1982年版，第49页。
② 同上书，第50页。

东西，一点一点的，一点一点的，举起来，举起来，等到举过了头顶，忽然用力一挥，便停止在空中，一动不动了。(方纪《挥手之间》)

　　改句：主席也举起手来，举起他那顶深灰色的盔式帽。举得很慢很慢，像是在举一件十分沉重的东西，一点一点的，一点一点的，等到举过头顶，忽然用力一挥，便停在空中，一动不动了。(方纪《挥手之间》，中学语文课文)
改句中删去了原句中的"但是"，上下文之间由转折关系变为承接关系，使该话语更好地适应了当时的情景语境。

　　删减的目的显然是为了接受者更好地接受。对于修辞表达中的可有可无的字句宜删，以使能指更简洁。鲁迅曾指出："写完后至少看两遍，竭力将可有可无的字，句，段删去毫不可惜。"[1]

　　修辞话语的调节性建构是有价值的。不少论者尤其是那些熟练表达者已经注意到了这点。修辞话语的调节性建构的重要性主要是通过接受心理凸显的。这可以以有关教材的设置及相应的教学理念为例得到一定的说明。一方面，"当今西方写作理论和教学实践中，处于主流地位的认识和指导原则，是把写作当成一个复杂的、反复的认知和社会过程。在这个过程中，'修改'占据一个很重要的地位。在他们看来，修改是一个重新认识、重新发现、重新创造的过程，是作者基于对题目、读者和目的等方面的'修辞环境'的清醒体认，运用批判性思维来对内容和形式重新认识、发现和创造，包括对文体、样式

---

　　① 鲁迅：《二心集·答北斗杂志社问》，《鲁迅全集》（第4卷），人民文学出版社1981年版，第364—365页。

以及遣词造句的熟练把握"①。另一方面，我们知道，中学语文教学过程中，学生是接受者，其接受过程主要是认知。对写作上的反复修改的要求以及要求与同伴一起修改，听取同伴意见的要求均是基于接受心理上的考虑的。

修辞话语的调节性建构是一种言语博弈（特定意义上的"游戏"）过程。游戏是建立在特定规则的基础之上的。而对话同样需要规则。游戏和对话均需要主体的参与，同时都涉及主体的心理。难怪，"在伽达默尔眼里，游戏与对话是异质同构的，对话无疑包含着游戏，人们之间的对话在许多方面都暗示出和游戏的共通性，而我们的一切理解和解释都发生在语言的游戏之中。因此，伽达默尔所推崇的对话从本质方面着眼可以用'游戏'来加以表象"②。

在某种意义上我们可以径直认为，与他人的对话本身就是一种游戏。通常情况下，两个正常的人只要在一起交流，他们就会使用语言，并会遵守特定的语言规则，否则他们听不懂对方的语言，尽管有时他们自己往往并不知道，他们说话时是在用语言作"游戏"，在对话的过程中，尤其是在修辞意义上的人与人的广义对话中，"我"参与了"他"，"他"也参与了"我"。换言之，"语言在本质上就是对话，而进行对话就像游戏，意义的理解就存在于一个起作用的语言游戏框架内，它总是以参与语言游戏为前提的。因此，任何一种对话的进行方式都可以用游戏概念来加以描述和表征"③。

---

① 美国宾夕法尼亚州：《阅读与写作学术标准》，载教育部基础教育司《基础教育课程改革资料选编》2000年版，第421页。

② 何卫平：《通向解释学辩证法之途》，上海三联书店2001年版，第285页。

③ 同上。

另据我们初步统计，索绪尔《普通语言学教程》里面就有三处用下棋和语言系统作比较。它们分别是："语言是一个系统，它只知道自己固有的秩序。把它跟国际象棋相比，将更可以使人感觉到这一点。在这里，要区别什么是外部的，什么是内部的，是比较容易的：国际象棋由波斯传到欧洲，这是外部的事实，反之，一切与系统和规则有关的都是内部的。例如我把木头的棋子换成象牙的棋子，这种改变对于系统是无关紧要的；但是假如我减少或增加了棋子的数目，那么，这种改变就会深深影响到'棋法'。"① 索绪尔还指出，语言和下棋"只有一点是没法比拟的：下棋的人有意移动棋子，使它对整个系统发生影响，而语言却不会有什么预谋，它的棋子是自发地和偶然地移动的——或者毋宁说，起变化的"②。在这一点上，语言和下棋的确没法比拟，因为语言在索绪尔那里主要是内部的，即符号系统内部的。索氏接下来所举的一些印欧系语言的狭义形态变化的例子也说明了这点。但，这恰好表明下棋是可以在这一点上和"言语"相比较的。即着眼于动态的修辞话语的调节性建构与"博弈"更具可比性。"再拿下棋来比较，就可以使我们明白这一点。比方一枚卒子，本身是不是下棋的要素呢？当然不是。因为只凭它的纯物质性，离开了在棋盘上的位置和其他下棋的条件，它对下棋的人来说是毫无意义的。只有当它披上自己的价值，并与这价值结为一体，才成为现实的和具体的要素。"③ 其实，这里的"价值"说到底是要在接受者那里具有心理现实性才成其为"价值"的，而不是

---

① ［瑞士］索绪尔：《普通语言学教程》，高名凯译，商务印书馆1980年版，第46页。

② 同上书，第129页。

③ 同上书，第155页。

"只凭它的物质性"。

　　饶有意味的是在索绪尔《普通语言学教程》所附录的"索引"中即有"下棋和语言系统相比较"条。该"索引"所收条目总共也就是三四百余条，而这当中就特别列出了该条，以上我们不惮其烦地列举结构主义鼻祖的"语言博弈观"似已表明即使在尤其注重语言的静态研究的"结构主义"经典著作那里也可以找到语言的"用"的可能性，就像"博弈"那样。这些在某种意义上为我们所提出的修辞话语的调节性建构是一种言语博弈过程提供了理据。

第 六 章
基于受话心理的典型修辞话语

接受心理与修辞表达在互动过程中形成修辞话语。在宽泛意义上可以说，所有在对话过程中形成的、适应了题旨情境的话语均为修辞话语。修辞话语可以是一个词，还可以是一个短语、句子，也可以是篇章。这里，例举若干基于受话心理的较为典型的修辞话语。

这里所说的典型修辞话语与非典型修辞话语之分野，大致与陈望道《修辞学发凡》所提出的积极修辞和消极修辞的外延相当。陈望道指出，"大概消极修辞是抽象的，概念的"①，而"积极修辞方面，事实上也有为了表达情感起见，故意说得不明不白的，如所谓婉转、避讳之类的修辞都是"②。这表明消极修辞与认知密切相关，而积极修辞则与情感的关系尤为紧密。

陈望道更为明确地指出："积极的修辞和消极的修辞不同。消极的修辞只在使人'理会'。使人理会只须将意思的轮

---

① 陈望道：《修辞学发凡》，上海教育出版社1997年版，第47页。
② 同上书，第46页。

廓，平实装成语言的定形，便可了事。积极的修辞，却要使人
'感受'。使人感受，却不是这样便可了事，必须使听读者经
过了语言文字而有种种的感触。"①"使人'理会'"在一定意
义上即为在接受者那里形成特定的接受心理，尤其是受话认
知，而"使人'感受'"、"使听读者经过了语言文字而有种种
的感触"或许可以说即是接受情绪情感。在这些意义上不妨
说，消极修辞与受话认知、认同的关系更紧密，而积极修辞则
与接受情绪情感、受话审美等接受心理更为密切。

限于篇幅和我们的识见，以下将主要例举基于受话心理的
典型修辞话语，兼及若干非典型修辞话语。

第一节　避讳辞格的适用

在我们看来，避讳是基于接受心理的又一典型修辞话语形
式。"说话时遇有犯忌触讳的事物，便不直说该事该物，却用
旁的话来回避掩盖或者装饰美化的，叫做避讳辞格。"②

一　避讳：一种言语禁忌

避讳首先是一种禁忌。"禁忌是人类普遍具有的文化现
象，国际学术界把这种文化现象统称之为'塔怖'(Taboo)。"③
避讳是一种禁忌，更是一种言语禁忌。《礼记·曲礼》云：
"入境而问禁，入国而问俗，入门而问讳。"之所以要"入门
而问讳"，是为了更好地交际，即首先明确自己不可以说什

---

① 陈望道：《修辞学发凡》，上海教育出版社1997年版，第70页。
② 同上书，第137页。
③ 任骋：《中国民间禁忌》，作家出版社1991年版，第1页。

么，然后，自己才不至于触忌犯讳。Taboo 心理其实就是一种畏惧心理，"民间有'说凶是凶，说祸是祸'的畏惧心理，因而禁忌提到凶祸一类的字眼，惟恐因此招致凶祸的真正来临"①，它同时也是人们趋吉避凶的心理倾向的表现。

言语禁忌更多的时候表现为委婉语的适用。例如，"世人士庶阶层也极力想要摆脱、避开'死'字的不吉阴影，士大夫阶级又称'死'为，'疾终'、'溘逝'、'物故'、'厌世'、'弃养'、'捐馆舍'、'弃堂帐'、'启手足'、'迁神'、'迁化'等等；庶民百姓也把'死'称作'卒'、'没'、'下世'、'谢世'、'逝世'、'升天'、'老了'、'不在了'、'丢了'、'走了'等等。如今在战场上为国家和民族而战死的人，也被称作是'捐躯'、'牺牲'、'光荣了'等等。以这些满含褒义的赞词来讳避开那个'死'字。鄂温克族老人死了，不许说'死了'，而要说'成佛'了。小孩死了，也不许说'死了'，而要说'少活了'。回族忌说'死'字，要用'无常''殁'等代替。"②"死"是祸莫大焉的一种"祸"，是人们不愿意的，相应的，与之相关的语辞也因容易激起相应的联想，所以也是人们常常不愿意接受的。也就是说，言语禁忌是接受意愿对修辞表达的某种否定。

以上言语禁忌受制于接受者的接受心理体现出言语的替换，形成委婉语，它蕴涵了势必有那么一些语辞不能用，有些话不能说。比如"子不语怪、力、乱、神"（《论语·述而》）。之所以不语"怪、力、乱、神"，人们可以有种种解释，但就《论语》解释《论语》而言，子"敬鬼神而远之"

① 任骋：《中国民间禁忌》，作家出版社 1991 年版，第 303 页。

② 同上。

（《论语 · 雍也》）应该是一个不可忽略的原因。不难理解，这里的"敬"可视为是我们前面所述及的接受情绪。

作为言语禁忌的一种极端形式就是"文字狱"。排除"文字狱"的政治色彩，在我们看来，"文字狱"仍然可视为一种修辞现象，是一种极端形式的避讳，是与接受心理密切相关的一种现象，常常需要联想、想象的参与。例如，"清风不识字"一案，只是因为这里的"清"与"清朝"的"清"同形、同音，而被当时的统治者联想为是对自己的嘲讽，于是，作者因此获罪。

二 避讳的类型及其修辞功用

相对于"文字狱"而言更为常见的一种言语禁忌是普通所谓避讳。如前所述，陈望道先生是把"避讳"作为一种辞格来看待的。由此看来，"避讳"是一种积极的修辞方式，它是具体的，可感的，体验的，是一种较为典型的修辞话语。"避讳辞有公用的，有独用的"①，公用的避讳应该就是历史上的避帝王宫室以及圣贤等名号、庙号之类的讳，这大致相当于陈垣所谓"史讳"，而"独用的避讳，大概没有一定，尽随主旨情境而定"②。

我们这里首先考察独用的避讳。"一样的讳言死，却把自己的死说做'填沟壑'，太后的死说做'山陵崩'，便又是为应付情境，顾念对方的情感而讳的。这也反映了剥削阶级的上下尊卑的观念。"③"顾念对方的情感而讳"实际体现了接受情

---

① 陈望道：《修辞学发凡》，上海教育出版社1997年版，第137页。
② 同上。
③ 同上书，第138页。

绪情感与修辞表达之间的函变。相应的，"避讳的作用大都就在顾念对话者乃至关涉者的情感，竭力避免犯忌触讳的话头，省得别人听了不快"①。"口头上的避讳多半是用浑漠的词语代替原有的词语，同前面所引'阿堵'的用法相仿。"②避讳可以表现为称谓禁忌。称谓禁忌是接受心理的存在之于修辞表达的制约的一种形式。例如："近年一些文件或有关协会的公文，以'体障人士'（the physically disabled）代替了'残障人士'的称法。究竟这几种用语［即'残障人士'（台湾），'残疾'（中国大陆），'残缺'（新加坡过去），'伤残'、'残疾'（香港）等——引者注］，何者为优，一时不易下定论。不过，为了避开'残'字的不愉悦意味，改用'体障'的确是值得深思的一种词汇选择。只是，'体障'的涵盖范围也许比较狭小一些。"③类似的，亦有论者指出，"据报载，关于杭州市聋哑学校想改名的报道引起了社会的广泛关注，'复聪学校、启聪学校、启智学校……'读者的建议一个接着一个，这确实是个不错的点子。"（王阳《聋哑学校　更名如何》，《光明日报》2003年3月6日，C1版）"聋哑学校"的更名是为接受者的受话需要里的被尊重的需要所制约的结果。"笔者以为聋哑学校更名，是对聋哑孩子人格的一种尊重。因为生理上的缺陷给聋哑孩子带来了很大的困难和痛苦……他们迫切需要社会的尊重和关爱。况且聋哑学校更名也是社会发展的趋势。据悉国家教育部也有这个思路，杭州市聋哑学校校长蒋春英说："2000年，我去北京师范大学参加培训。当时，教育部特教处

---

① 陈望道：《修辞学发凡》，上海教育出版社1997年版，第138页。
② 同上书，第139页。
③ 林万菁：《论华语教学中处理语言变异的一些实际问题》，《语文研究论集》，泛太平洋出版私人有限公司，新加坡：莱拂士书社2002年版，第7页。

处长就问我们：'你们这些学校中，有名字里不带'哑'字的请举手。'很显然，教育部的态度是让我们改掉这个'哑'字。此种想法，也得到了残联工作人士的认同。浙江省残联残疾人康复中心的陈强主任，切身体会到了这种称呼的嬗变：'原先，我们习惯叫'残废人'，从'残废人'到'残疾人'的转变用了 10 年。近几年，一些地方开始叫'残疾人士'，并开始被业内接受。而在国外，对身体有残疾的人称为'残障人士'，我们在观念上还需要更新。"（王阳《聋哑学校 更名如何》，《光明日报》2003 年 3 月 6 日，C1 版）这种称谓上的转变是基于接受者（聋哑人等生理上有缺陷的人）及其关涉者（某种意义上的间接接受者）的接受情感和被尊重的需要的存在。

称谓禁忌还可以表现在范围更广的日常言语生活当中。譬如"不但晚辈忌呼长辈名字，即使是同辈人之间，称呼时也有所忌讳。在人际交往中，往往出于对对方的尊敬，也不直呼其名。一般常以兄、弟、姐、妹、先生、女士、同志、师傅等等相称"①。

以上情形的极端形式便是"史讳"，即陈望道先生所说的"公讳"。"民国以前，凡文字上不得直书当代君主或所尊之名，必须用其他方法以避之，是之谓避讳。"② 避讳古已有之，早在春秋战国时期就出现了，据《史记·秦始皇本纪》："二十三年，秦王复召王翦……使将击荆。"《正义》曰："秦号楚为荆者，以庄襄王名子楚，讳之，故言荆也。"又《秦楚之际

---

① 任骋：《中国民间禁忌》，作家出版社 1991 年版，第 299 页。
② 陈垣：《史讳举例·序》，《中国现代学术经典·陈垣卷》，河北教育出版社 1996 年版。

月表》端月注，《索隐》曰："秦讳正，谓之端。"《琅邪台刻石》曰"端平法度"，"端直敦忠"，皆以端代正也①。庄襄王乃秦始皇之父。到了魏晋南北朝尤甚。"当时避讳甚严，有闻讳而哭者，闻讳而避匿者。颜之推对这种情况并不赞同，他总结了当时如何用讳的规律。"② 颜之推认为"凡避讳者，皆须得其同训以代换之"（颜之推《颜氏家训·风操》）。此后，避讳之用，愈演愈烈，以至于赵宋王朝时，"嫌名皆避，有因一字而避至数十字者，此末世之失也"。这样就走向了极端，避不胜避，"对方理解时也更困难，卢文弨指出这是'末世之失'是正确的"③。到了唐代，我国最早的史学理论著作刘知几《史通》（唐中宗景龙四年）主张史书中"应注意帝王姓名的避讳，不能直书其名"④，他批评道"近代文章，实同儿戏。有天子而称讳者"（刘知几《史通·称谓》）。值得注意的是刘知几曾于《史通·惑经》中指出史书"以实录直书为贵"。

有关公讳现象，陈垣先生有十分细致精到的研究。"避讳常用之法有三：曰改字，曰空字，曰缺笔。"⑤ 显然，陈垣之所谓"避讳"较陈望道所言之"避讳格"的所指范围要狭小一些。后者主要着眼于书面语，尤指书面语中的称呼。就称呼而言，主要涉及"背称"，而往往不是面称。我们这里取其宽泛义，即陈望道意义上的"避讳"兼及陈垣所谓之史讳。之

---

① 陈垣：《史讳举例》，《中国现代学术经典·陈垣卷》，河北教育出版社1996年版，第193页。

② 易蒲、李金苓：《汉语修辞学史纲》，吉林教育出版社1989年版，第131页。

③ 同上书，第132页。

④ 同上书，第259页。

⑤ 陈垣：《史讳举例》，《中国现代学术经典·陈垣卷》，河北教育出版社1996年版，第193页。

所以避讳，在根本意义上是因为对话者乃至关涉者的情感、尊严、联想、意愿等受话心理的存在。

第二节　"语用词"的适用

我们在此提出"语用词"这一概念。关于词类划分问题一直是语言学界的一个热点问题。各家依不同的分类标准，对于词类的划分见仁见智。如何具体划分词类不是笔者在此讨论的重点，只是想在此说明我们所说的"语用词"无论着眼于哪类标准均不太好确定其类属。

似可以说，在当下学界词类划分问题上常常将"语用词"归于"另类"。但这并不表明其没有语用修辞价值。事实上，着眼于语用修辞，"语用词"的适用有助于凸显裹挟语调（含口气、语气），有时还可以使修辞表达更为生动。语用词的适用有助于接受者对特定修辞话语的感知，有助于引起接受者（听读者）的注意，有时，语用词的适用还可以在一定程度上调动接受者的受话兴趣，从而达到修辞表达与修辞接受的互动。

一　"语用词"的界定

我们所说的"语用词"是与实词、虚词并立的一类词。实词和虚词的分类采用的是二分法，其实还应该有介于二者之间的词，即不实不虚的词——语用词。我们似不可囿于二分法而使词类的划分失之于不完整。

在我们看来，语用词主要包括明喻词、叹词、拟声词、语气词等。其实，当下学界有关这几类词的处理一直是有争议的，尤其是叹词和拟声词。胡裕树《现代汉语》将叹词和象声词（即我们所说的拟声词）作为虚词，而黄伯荣、廖序东《现代汉语》则将这两类词划归实词类，朱德熙《语法讲义》则将拟声词打入"另类"：既不属于实词也不属于虚词，并且没有"名分"。

语用词与语境的关系十分密切。例如明喻词只有当其前后所联系的成分为本体和喻体时才成其为明喻词，否则即是一般动词。叹词和语气词在特定的上下文语音环境中可形成语流音变，例如"啊"在特定语境中可分别读为"啊"、"呀"、"哇"、"哪"等。

有的语用词可以单独成句，比如有些叹词。有的语用词虽然不能单独成句，但是在句子里起"话语标记"的作用，比如明喻词。进一步说，我们所说的"语用词"几乎都有话语标记的作用。因此，语用词的修辞语用价值十分独特，是较为典型的修辞话语。

二　明喻词的适用

这里所说的明喻词是明喻辞格的标记。比如"像（象）"、"仿佛"、"如"等。人们一般把它们看作是动词，划归动词类，例如吕叔湘《现代汉语八百词》标注最为典型的比喻词"象"是动词，指出其中的一个义项是"'象'有时用于比拟"[①]。该书给出的例子是：他象［是］一只好斗的公鸡。显然，这一用例是一个比喻，"象"在此作为一个明喻词。即在《现代汉语八百词》那里，作为明喻词的"象"仍然属于动词。

我们以为，不宜将明喻词看作是动词，它属于"语用

---

① 吕叔湘：《现代汉语八百词》，商务印书馆1980年版，第507页。

词"，它不具备动词的某些基本特征。就动词的基本特征而言，当前学界比较有代表性的几家看法均认为动词前面可以加副词"不"或"没有（没）"，形成否定，这一点似乎没有太多争议。譬如胡裕树《现代汉语》在说明动词的语法特点时，指出其特点的第一条即是：能用副词"不"或"没有（没）"修饰。① 黄伯荣、廖序东《现代汉语》在谈"动词的语法特征"时也明确指出，"动词能够前加副词'不'"②。邵敬敏《现代汉语通论》也明确指出："动词和形容词具有共同的语法特点：都经常作谓语，都可以受副词'不'修饰，所以合称'谓词'。"③ 但是事实上"有时用于比拟"的"像"等明喻词却不可以在其前加否定词"不"或"没有"进行限制或修饰。"人不像人，鬼不像鬼"这类表达除外，因为它不是我们所说的明喻，至少不是典型的明喻，这种情形下的"像"是一个一般动词。因为：第一，它往往是"人不像人"和"鬼不像鬼"配套组合使用，不宜分开单说；第二，"人不像人，鬼不像鬼"还可以直接说成："人不人，鬼不鬼。"这种情形下，"像"就无甚意义。除了不能用"不"等否定词修饰，"像"等明喻词还不可重叠，不能形成相应的拷贝式结构，即我们不能说"……像像……"。

此外，所谓"反喻"中的"不像"、"不是"也都不是喻词"像"和"是"的否定形式。首先，"不像"、"不是"在反喻中是以一个整体作为"喻词"的，即此种情形下的"喻词常用'不是'或'不像'"。④ 其次，所谓"反喻"不是典

① 胡裕树：《现代汉语》（重订本），上海教育出版社1995年版，第286页。
② 黄伯荣、廖序东：《现代汉语》，高等教育出版社2002年版，第14页。
③ 邵敬敏主编：《现代汉语通论》，上海教育出版社2001年版，第187页。
④ 黄伯荣、廖序东：《现代汉语》，高等教育出版社2002年版，第244页。

型的比喻辞格，是比喻的一种活用形式，黄伯荣、廖序东《现代汉语》将其放到"比喻的灵活用法"里面即为明证，既然"反喻"不是典型的比喻，则不宜将"不像"看作典型的明喻词，更不能将其中的"不像"看作明喻词"像"的否定形式。再次，在我们看来，所谓"反喻"似乎与比况更为接近，它强调的是两种事物的对照，从这个意义上讲，所谓"反喻"也不是典型的比喻辞格，相应的，其中的"像"也不是典型的明喻词。

事实上，据我们对北京大学语料库几千万字文本的大规模检索，没有发现一例明喻有相应的否定形式。即我们暂时还没有发现有诸如"不像……"、"不仿佛……（或仿佛不是……）"、"不如……一般"等。当然，这里要强调的是，我们的具体检索是明喻，至于"他说这话，简直不像人"等非比喻句自然不在此范围之内。我们知道，明喻通常是带有比喻词的比喻。在明喻中很难见到否定形式，这在某种意义上表明比喻词与肯定口气之间的关联。而这说到底仍然是接受心理对修辞话语制约的结果。一般说来，比喻（尤指明喻）的使用常常是"以其所知谕其所不知而使人知之"（刘向《说苑·善说》）。这就是说，接受者接受明喻时更多是受认知或审美动机的支配，而认知或审美愉悦一般不宜以"否定"的形式获得。这就好比你要告诉一个一年级小学生"1＋1＝?"宜直接用肯定的形式告诉接受者"1＋1＝2"，而不宜在整数范围内列举出其所有相应的否定形式"1＋1≠3、1＋1≠1、1＋1≠0……"。这表明，明喻词对口气具有选择性，或曰它"先天"地要求其所出现的句子是肯定的，无疑，这就便于接受者"感受"，从而激发更多的"感触"。

明喻词可增强修辞表达的肯定口气。在句法形式上，含有比喻词的句子往往是用肯定句。明喻词作为一种较为特殊的话语"标记"，或者可以提请接受者注意，或者可以提请接受者联想，从而使其所在的整个句子更具心理现实性。

三　感叹词、拟声词和语气词的适用

除了明喻词以外，感叹词、拟声词和语气词等语用词也颇具修辞价值，并有其接受心理动因。感叹词、拟声词和语气词等语用词的适当使用，一方面可以使句子有相对的停顿，另一方面，可大大增强口语色彩，使修辞话语更传神。例如，侯宝林相声中运用的表特定语气、口气的语用词就比较丰富，"在《醉酒》中，135 句话中有这类感叹词和语气词 40 个，平均约 3 句运用一个；《橡皮膏》一共约 64 句话，却用了 29 个感叹词和语气词，几乎二句用上一个，这个频率不算低。有了这些词儿，听起来更觉得传神、有味儿"①。显然，"传神"的"神"是传给接受者的，"有味"的"味"也主要是靠接受者来品味的。无疑，这些语用词的适用有助于调动接受者的受话兴趣。简言之，相声等口语色彩较浓的表演性修辞话语有其接受审美动因。

再以相声《扒马褂》［刘宝瑞、侯宝林、孙玉奎合说，并由刘宝瑞、侯宝林、孙玉奎整理，中华相声网（www.xiangsheng.org）网上发表时间：2004 年 4 月 28 日 8 时 54 分 00 秒］、《白事会》（马三立、王凤山演出本，相声仓库管理员根据天津泰达版《马三立相声全集》录音打字整理，中华相声网网上发表时间：2002 年 11 月 5 日 12 时 57 分 00

---

① 潘晓东：《侯宝林相声语言略论》，《修辞学习》1987 年第 3 期，第 21 页。

秒）、《大保镖》（马志明、黄族民合说，中华相声网网上发表时间：2002 年 11 月 29 日 7 时 46 分 00 秒）为例说明基于受话心理的相声语言中语用词的运用。前两个相声的表演者侯宝林、马三立等已属家喻户晓的艺术家，后面第三个相声，据2005 年 9 月 22 日 18 点 32 分的考察，"中华相声网"上的浏览次数为 173129 次，居 2005 年 9 月 22 日 18 点 32 分以来"热门排行"的首位。因此，这些相声具有一定的典型性。

相声语言中大量使用语用词，这从《扒马褂》、《白事会》、《大保镖》中的叹词、拟声词和语气词等语用词的使用总用例情况可以看出。其总体数据统计如下：

《扒马褂》的用例情况：

啊，54 例；哎，10 例；唉，4 例；嗳，8 例；吧，24 例；呗，0 例；嗒，1 例；哈，0 例；嗨，0 例；嗐，4 例；呵，0 例；嗬，4 例；嘿，0 例；啦，40 例；喽，2 例；吗，44 例；嘛，0 例；哪，26 例；呢，1 例；嗯，0 例；噢，15 例；噻，1 例；哇，0 例；喔，0 例；呀，51 例；哟，4 例。

《白事会》的用例情况：

啊，45 例；哎，18 例；唉，17 例；嗳，0 例；吧，14 例；呗，0 例；哈，0 例；嗨，1 例；呵，0 例；嗬，5 例；嘿，8 例；啦，11 例；喽，0 例；吗，16 例；嘛，18 例；哪，2 例；呐，8 例；呢，14 例；嗯，10 例；噢，1 例；哇，18 例；喔，0 例；呀，2 例；哟，4 例。

《大保镖》中的用例情况：

啊，39 例；哎，14 例；唉，1 例；嗳，0 例；吧，14 例；呗，1 例；呔，2 例；哈，4 例；嗨，10 例；呵，4 例；嗬，3 例；嘿，7 例；嚯，2 例；咳，1 例；啦，17 例；喽，5 例；吗，19 例；嘛，9 例；哪，4 例；呢，20 例；嗯，3 例；噢，0 例；哦，9 例；哇，2 例；喔，14 例；呀，35 例；哟，4 例。

要之，《扒马褂》中共使用叹词、拟声词和语气词 293 例，《白事会》中用到 212 例，《大保镖》中用例 243 例。《扒马褂》、《白事会》、《大保镖》中所用到的叹词和语气助词共 31 个，主要用以表示语气、口气，亦用以衬音和表示应诺等。按照这些特殊助词被使用的次数从多到少依次排列为：啊，138 例；呀，88 例；吗，79 例；啦，68 例；吧，52 例；哎，42 例；呢，35 例；哪，32 例；嘛，27 例；唉，22 例；哇，20 例；噢，16 例；嘿，15 例；喔，14 例；嗯，13 例；哟，12 例；嗬，12 例；嗨，11 例；哦，9 例；呐，8 例；嗳，8 例；哈，4 例；嘻，4 例；呵，4 例；呔，2 例；嚯，2 例；呗，1 例；嗒，1 例；咳，1 例；喽，7 例；噻，1 例。

除了相声以外，小品中也大量使用叹词和语气词等语用词。例如小品《罪证》（《曲艺》2005 年第 11 期）也高频使用了"嗨"、"啊"、"噢"等语用词。并且，这些虚词常常独立成句，形成独特的"独词句"。这些都有利于描绘现场语境、刻画人物性格和表现人物心理，具有较好的语音修辞价值，是较为典型的基于受话心理的修辞话语。

第三节　用以虚指的第一人称代词

　　第一人称代词的虚指有其心理动因，尤其是接受心理方面的动因。据吕叔湘《现代汉语八百词》，人称代词，指的是"'你，我，他，自己，大家'等。只有称代作用，没有指别作用"。①《现代汉语八百词》是将指代词分为人称代词、定指指代词、不定指指代词、其他指别词四个小类时作如是观的，《现代汉语八百词》还指出，不定指指代词"多用于疑问，也可以用于虚指或泛指"。② 人称代词的这种"只有称代作用，没有指别作用"显然是就一般情形而言的。

　　除了以上所提及之一般情形，言语事实表明，人称代词有时是可以活用的，也可以像不定指指代词那样用于虚指或泛指。诚如胡裕树《现代汉语》（重订本）所言："值得注意的是三类代词（即'疑问代词'、'指示代词'、'人称代词'——引者按）都可以活用，这就是代词的虚指用法。'你一言，我一语'、'你望着我，我望着你'。这里的'你'和'我'不指特定的人，是人称代词的虚指用法。"③ 不难发现，《现代汉语》描写的这种人称代词的虚指现象无疑是存在的，但是《现代汉语》并未进一步考察人称代词之所以有这种虚指作用的动因。我们这里拟将描写与解释结合起来考察第一人称代词（主要取现代汉语共通语中较为典型的第一人称代词

---

①　吕叔湘：《现代汉语八百词》，商务印书馆 1980 年版，第 9 页。
②　同上。
③　胡裕树：《现代汉语》（重订本），上海教育出版社 1995 年版，第 291 页。

"我"、"我们"、"咱"为例）的虚指作用，解释这种言语现象的心理动因。

一　"虚指"：人称代词在语境中的一种活用

"虚指"与语境的关系十分密切，可以说，"虚指"只能是特定语境中的虚指。这里的语境包括上下文语境和情景语境。而我们前文已述及：接受心理是语境的主导因素。由此可见，人称代词之于接受心理的密切关系。

就语境而言，语体可以说是某种意义的默认的上下文语境，我们理解第一人称代词的虚指即可以结合具体语体来讨论。

例如：

（1）要转变这一观念，我们就要深化对个人的认识，从个人发展的角度来重新认识社会发展。（《学术月刊》2002年第1期，第10页）

（2）这里，我们还要提及的是，林纾不仅有中外小说的比较研究，且还有意识地对所译外国小说大胆作了"外外"比较——这在当时文坛似较少见。（《学术月刊》2002年第8期，第62—63页）

（3）明白了这一点，我们就不会反对维特根斯坦关于所有游戏并不包含共同特征的论断了；我们也许会指出所有game都包含竞争，然而，game可能都含有竞争，spiel却不然。Game一词看来是最好的译法，但还不够好。于是我们不得不做出某些校准，直至我们能够抓住作者的原意。〔〔美〕泽诺·万德勒（Zeno Vendler）：《哲学中的语言学》，陈嘉映译，华夏出版社2002年版，第38页〕其对应的英文原文是：If we realize this, then we are less tempted to object to Wittgenstein's clain that there is no common characteristic to all games, by citing some such thing as competition. Game might connote competition, Spiel does not. Game seems to be the best translation, yet not enough. So we have to make adjustments till we are able to follow what the author meant.〔［美］泽诺·万德勒（Zeno Vendler）著:《哲学中的语言学》，陈嘉映译，华夏出版社 2002 年版，第 38 页〕

以上诸例中的"我们"均为不定指，是虚指，均可省略，省略后语义仍然完足。其之所以在省略后并不影响对相应语义的理解，在很大程度上是因为其所处的学术科技语体这一特殊的语境起了语义上的填充作用。其中，例（1）中的"我们"可以用更为宽泛的泛指"人们"来替换；例（2）中的"我们"的实指是"我"；例（3）中，作者不惮其烦地连用了 4 个"我们"（we），此时，"我们"的实指在一定意义上仍然是"我"（I）。以上的"我们"均不宜换成"我"或"你们"、"你"、"他们"、"他"等其他形式的人称代词。

第一人称代词起"虚指"作用的时候，"我"可以换成"我们"，"我们"也可以换成"我"，即单数形式与复数形式可以互换，语辞的意义并不改变。但是此种情形下，第一人称代词一般不宜省略。

"虚指"是相对于"实指"而言的，就第一人称代词而言，下例即是"实指"：

（4）我以生存为美学的逻辑起点，由生存的超越性推演出审美的超越本质。（杨春时《新实践美学不能走出实践美学的困境——答易中天先生》，《学术月刊》2002 年第 1 期，第 47 页）

"虚指"说到底是第一人称代词所称代的对象与实际语境中所指对象的未必一致，但是这种不一致并不会构成人们理解上的分歧。比如，人们讲代词时经常引用的一些例句：

(5) 你一言，我一语

(6) 你望着我，我望着你

其中，"你"、"我"是成对出现的，形成一个相对凝固的结构。整个句子"你望着我，我望着你"成为"我"出现的上下文语境。撇开此上下文语境，"你"、"我"的虚指无意义。

最后得指出，第一人称代词的"虚指"和第二、第三人称代词虚指的情形不尽一致。比如：

(7) 你妈的/他妈的/你他妈的

(8) 跳他一个痛快

(9) 吃他一个饱

以上的第二、第三人称代词与其后的直接成分之间不宜或不能添加诸如"的"等助词。一般说来，"你妈的"是明显带有污辱性质的骂人话，而"他妈的"则可能只是表示愤慨和不满，"你他妈的"则可以说是对所骂的人的侮辱程度介于二者之间的骂詈语。"跳他一个痛快"和"吃他一个饱"中的"他"可以省略，如胡裕树《现代汉语》所言："这种虚指已经是无所指称，只剩下增加语势的作用了。"[1] 就第二人称而言，其虚指时也往往可以省略，例如：

(10) 你看，那牛正吃得欢呢。

(11) 你们瞧，谁来了。

显然，以上两例的第二人称代词"你"、"你们"均与感官动词直接组合，均为虚指，均可省略，"你"及"你们"与其后

---

[1]　胡裕树：《现代汉语》（重订本），上海教育出版社1995年版，第292页。

的直接成分之间构成主谓关系。此时的人称代词具有提请注意的作用。

　　第一人称代词的虚指终究是一种"活用",是在特定语境中的活用。接受心理是其重要动因。

二　"我们"的虚指及其心理动因

　　第一人称代词的复数形式"我们"可以虚指,有其接受心理动因。

　　其实,我们此前曾援引过的《现代汉语八百词》也正确地注意到了"我们"指"我"及指"你们"或"你"的情形。《现代汉语八百词》指出,"我们"指"我"时,"a)带感情色彩。用于口语","b)不能或不宜用个人口吻说话,例如在报告或科学论文中"。此外,"我们"指"你们"或"你"时,比用"你们"或"你"更密切①。这其实表明,"我们"是可以作为指称来使用的,事实上,《现代汉语八百词》在解释"我们"时共列举了3条,第一条是"称包括自己在内的若干人",而第二和第三条则是"指'我'"、"指'你们'或'你'"。显然,第一条在释义时所用的表述是"称……",强调的是其"称代"功能,第二条和第三条则使用的是"指……",强调的是其指别作用。这一方面表明,《现代汉语八百词》在有关人称代词的诠释方面有前后矛盾(如我们前面所援引,《现代汉语八百词》在其《总论》部分讲"人称代词"时认为其没有指别作用②,可解释"我们"时在第二条和第三条又指出其有指别作用)之嫌疑,另一方面说明第一人称代词"我们"确实有指别作用,并

①　吕叔湘:《现代汉语八百词》,商务印书馆1980年版,第489页。
②　同上书,第9页。

且呈"虚指"态。

诸如例（1）、例（2）、例（3），在单独署名的学术论著中作者要表述某一观点时常常使用"我们"，尽管表述者往往实际上就是作者本人一个人，即单数意义上的"我"。学术科技语体中之所以常常这样使用第一人称代词，一方面固然是表明作者自己的谦虚态度，即自己的持论是集思广益的结果；另一方面，这种第一人称复数形式的虚指还是因为接受心理的存在。试将例（1）、例（2）、例（3）比照例（4），例（4）使用"我"在修辞上是得体的，因为该文是作者与别人的商榷文章，具有强烈的反驳意味；因为是带有商榷性质的论述，所以要更为鲜明地突出表明自己的观点，并且要凸显自己的观点与对方观点的不一致，从而便于接受者（含一般读者和论敌等）理解和接受，而理解和接受即是一种心理过程，这种心理过程促成了表达者对"我"或"我们"的选择。我们就是在这些意义上说第一人称代词的虚指有其心理动因。

"我们"除了在学术科技语体（如上文引例所出自之学术论文）中广泛使用，第一人称复数形式"我们"在公文事物语体等通用语体中亦大量存在。例如，在广告文案中，含第一人称复数形式的人称代词的适用即与广告文案接受者（消费者）对该广告用语的接受心理直接关联，即创作广告文案时，其人称代词的使用情况直接影响接受者（消费者）的阅读感受与阅读兴味。有论者将人称代词与接受心理之间的关系用如下表格作了直观的描述。①

---

① 杨先顺：《广告文案写作原理与技巧》，暨南大学出版社 2000 年版，第212 页。

广告文案中的人称代词与阅读感受之间的对应关系

人　称	相应词语	叙事类型	阅读感受
第一人称	我、我们	体验型	距离感最小
第二人称	你（您）、你们	交流型	距离感较小
第三人称	他、她、它、他们、她们、它们	描述型	距离感稍大

　　考察表明，在上述人称代词中第一人称复数是广告文案撰写者较为常用的一种人称形式。之所以如此，主要是因为，第一人称复数在指称上包含接受者，给接受者以较强的临境感。使接受者（消费者）感到更亲切，更利于接受者在心理上接受相应广告的产品（内容）。然而这时的"我们"的外延却未必真的是广告文案撰写者和相应广告辞的接受者的合集。更为直接和真实的情况恐怕主要是文案撰写者自身。

　　文艺审美语体中，第一人称代词也存在着这种虚指的情况，这时，第一人称代词往往成为表述人称的语言形式上的标志。需要指出的是，我们这里所说的表述人称与文艺理论以及叙事学中所说的叙事人称并不是完全一致的，后者在语言形式上可以不用诸如"我、你、他"之类的人称代词，但我们这里所说的表述人称则应出现相应的人称代词，也就是说，我们所说的表述人称要以具体的人称代词为载体。或者还可以说叙事人称是一种叙事的角度，有时是接受者归纳或推究出来的，这一情形下它是内隐的；而表述人称则比较显豁，有着较为明显的语言标志——人称代词。作家老舍有言："无论我们写小说或戏剧，恐怕最困难的一点就是不容易找到一个决定的形式。譬如我要写一篇小说，可以用第三身来写，说他怎样怎样，也可以用通信的方式来写，还可以用自传的方式来写。这些便是形式。"①如果这些"形式"再用更为明确的"形式"
（具体的人称代词）表示出来就应该是我们所说的表述人称。
"你现在要想写一篇描写自己心理的小说，你顶好用第一身，
说我怎样怎样，若是你要描写第二人或第三人的心理，那你就
该把你自己不放在里面，而用客观方式详细地来分析他们。"②
老舍对人称的实际运用即兼顾到了接受心理的存在，运用得十
分娴熟且恰到好处。譬如老舍曾做过的一题为《妇女与文艺》
的演讲就大量使用了第一人称复数形式。例如：

　　（12）"我们要写，写那我们所知道的事……我们就
　　能写出很有教育性的东西来……我们写我们的，不必去模
　　仿男子……我们要客观地去观察同性的朋友……则我们可
　　以写的事情正多得很哩。"（《老舍演讲集·妇女与文艺》，第
　　39页）

以上所使用的第一人称复数形式，包含"我"和"你们"，应
该说，演讲者（表达者）老舍和接受者中的相当一部分是不
同性别的，尤其在"我们"与"男子"对举时，毕竟，该演
讲的主题是"妇女与文艺"。使用"我们"显然拉近了表达、
接受双方的距离。该篇的题旨是劝勉女子可以大胆地去做写
家，"妇女应当作写家与否呢？我们的回答是肯定的……"③
"妇女可以作写家与否呢？回答又是肯定的。"④ 而我们注意
到，在演讲前表达者曾坦言："对这题目，恐怕讲不好，因为

---

① 老舍：《读与写》，载舒济《老舍演讲集》，生活·读书·新知三联书店
1999年版，第40页。

② 同上书，第40—41页。

③ 老舍：《妇女与文艺》，载舒济《老舍演讲集》，生活·读书·新知三联
书店1999年版，第37页。

④ 同上书，第38页。

我既不是妇女，又不甚懂文艺……"① 这一句话的后一分句是作者的自谦，前一分句倒是事实。但作者通过努力"经营"，演讲仍然取得了圆满的成功，效果甚佳，可以说，得体地运用第一人称代词虚指是其成功的必要条件。事实上，据我们的初步统计，《妇女与文艺》中共出现"我们"29 次，而"我"仅仅出现5 次。"我们"与"我"在同一篇章话语中使用频率相差如此之大！前者是后者的 5.8 倍。这种情形可列简表如下：

《老舍演讲集·妇女与文艺》中第一人称代词使用情况

	我们	我	第一人称代词
使用次数	29	5	34
所占比重	85.3%	14.7%	100%

试想，如果把其中的"我们"均换为"你们"，是不是有那么一些咄咄逼人、盛气凌人、居高临下？抑或出现表达与接受双方某种程度上的"势不两立"。老舍使用"我们"而不用"你们"首先是考虑到了接受者接受心理的存在。在演讲者演讲的当时（20 世纪 40 年代）普遍情况下妇女的地位相对于男子而言并不高，妇女的地位势必影响到她们的角色意识。"我们"显然是拉近了作为男子的"我"（演讲者）与妇女听者之间的距离，使得表达与接受双方在这个意义上和谐地关联起来了。也就是说，第一人称具有较强的代入感，便于读者或听者在接受时"对号入座"。从而有利于调整接受情绪情感。

　　再如，据《从"贵党"到"我们党"》载："上世纪 50

---

　　① 老舍：《妇女与文艺》，载舒济《老舍演讲集》，生活·读书·新知三联书店 1999 年版，第 35 页。

年代初，南京师范大学校长、中国基督教三自爱国运动委员会
副主席吴贻芳，在南京市举行的纪念'七一'座谈会上，用
充满感情的语气说，'过去，我还说纪念贵党的生日，今年我
要说纪念我们党的生日。'"之所以在表述人称上使用了第一
人称形式"我们"，按吴贻芳自己的话说，是中国共产党的务
实精神和全心全意为人民服务的实践感动了她。丁光训深情地
写道："我们宗教界爱国人士和全国信教群众愿意从内心真诚
地说，共产党早已从过去的'贵党'，成为'我们党'了！"①
从"贵党"到"我们党"将"贵"换成了第一人称代词"我
们"，其所指并没有发生改变（即"中国共产党"），表达者可
能自身并未成为"我们党"的一员，从这个意义上说"我们"
是虚的，即不需要以"我们"来表明表达者与所指对象之间
的由"我们"所标明的隶属关系。然而这种人称代词使用上
的改变，却拉近了表达者和接受者之间的距离，体现了表达者
的对所指对象的认同感，这些即是之所以使用"我们"虚指
的基本动因。

　　人称代词的动态变换，还可以以编者改编为例。例如：

　　（13）我们瞧不起前一种人，说他们是"空想家"，
可是往往赞美后一种人，说他们能够"埋头苦干"，能够
苦干固然是好的，但是只顾埋着头，不肯动脑筋来想想自
己做的事情，其实并不值得赞美。（胡绳《想和做》，中学语
文课文）

课本在 1988 年 6 月第九次印刷时，"我们"曾被改为"他
们"，至次年第十次印刷时又恢复为"我们"。为什么这样

---

　　① 李庆：《从"贵党"到"我们党"》，《光明日报》2002 年 5 月 5 日，第 1
版。

"改来改去"呢？实际上是为了接受者的有效理解、正确认知。当"我们"改为"他们"时，"他们……说他们……"容易引起理解上的混乱。而改用"我们"之后前后区分开来，较为清晰，便于理解。这里值得注意的是，既然本例的"我们"可以改为"他们"，而且可以改来改去，则说明此时"我们"的所指对象究竟是什么并不是最重要的，我们也就是在这个意义上说其为虚指。而理解和认知是人的心理活动，作为虚指的"我们"改来改去的动因即基于此。

三　"我"的虚指及其心理动因

第一人称代词单数形式"我"的虚指用法也较为常见，"我"的虚指在唐代文献中已有所见，如王维《送秘书晁监还日本国》的《序》有言："乃贡九牧之金，始颁五瑞之玉。我开元天地大宝圣问神武应道皇帝。大道之行，先天布化。"①其中的"我"实乃"我大唐"。现代汉语中，我们可以找到一些较为典型的虚指的"我"。例如常常见诸报端的一些新闻标题中的"我"即属此列。此时，"我"的虚指也有其心理动因。例如：

（14）我今年新建国际重要湿地数量最多面积最大（记者郑北鹰，《光明日报》2002 年 11 月 27 日，第 1 版）

（15）我将在大城市间建设高速铁路（记者陆彩荣、邵文杰，《光明日报》2002 年 12 月 29 日，第 1 版）

（16）我研制出直径十八英寸直拉硅单晶（董山峰，

---

① （唐）王维撰，（清）赵殿成笺注：《王右丞集笺注》，上海古籍出版社 1984 年版，第 219 页。

《光明日报》，2002 年 11 月 27 日，第 1 版）

　　（17）欢聚一堂 开怀畅谈 外国专家盛赞我改革开放
（洪清，《光明日报》2003 年 1 月 3 日，B4 版）
以上诸例的"我"均与其后的直接成分构成主谓关系，"我"
实指"我们"。其中例（17）中的"我"可以省略，并且，
"我改革开放"还可以理解成"我国的改革开放"，即"我"
和"改革开放"这一对直接成分还可以形成一个定中结构。
此外，还有一些更为典型的第一人称代词"我"直接与相应
的名词性成分组合。例如：

　　（18）我科学家独立完成第四号染色体精确测序　被
国际权威人士誉为国际水稻基因组计划的"里程碑事件"
（谢军，《光明日报》2002 年 11 月 22 日，第 1 版）

　　（19）我航天测控技术已达载人航天要求（曹智、田兆
运、徐壮志，《中国青年报》2003 年 1 月 3 日，第 1 版）

　　（20）我"医药科技政策"出台（记者王勇，《文汇报》
2002 年 9 月 19 日，第 6 版）

　　（21）我数字电视移动接受技术获突破（记者曹继军，
通讯员蒋宏，《光明日报》2003 年 2 月 15 日，A1 版）

　　（22）我深层气井压裂技术取得突破（记者王淮志，
《光明日报》2003 年 2 月 17 日 A1 版）

　　（23）我保险资金运用体制将实行重大改革（据新华
社北京 2003 年 2 月 3 日电，记者刘诗平，《浙江日报》2003 年 2 月
4 日，第 4 版）

　　（24）我亚运军团"严打"兴奋剂（《文汇报》2002 年
9 月 19 日，第 7 版）

以上诸例的"我"均直接与其后的名词性成分组合，中
间无结构助词"的"，并且添加"的"后，原表达将无意义。
"我"删除以后，均不影响句法结构的完整，但语义的完足将

受到影响。"我"与其后的直接成分构成偏正结构，形成定中关系。就语义内容而言，"我"所在的言语片段均带有较为鲜明的情感色彩，并且这种情感色彩是积极的，是接受者应该乐意接受的。"我"均可换成"我们的"。这种情形与《现代汉语八百词》有关"我"的解释的第二条和第三条略当。只是，《现代汉语八百词》的解释有其明显的局限性，《现代汉语八百词》释"我"的第二条指出："工厂、社队、机关、学校等对外称自己，名词限于单音节。"[①] 显然言语事实中的"我"并不仅仅局限于"工厂、社队、机关、学校等对外称自己"，它还可以作为"我们国家"的指称，亦可以指别某行业领域，如例（20）、例（23）。此外，与"我"直接组合的名词也并不仅仅局限于单音节，如例（18）至例（24）没有一例是单音节与"我"直接组合的。最后，《现代汉语八百词》解释"我"时，其第三条是："指'我方'，常用于敌我相持的场合。"[②] 也有其局限性，事实上，如我们上面所例举的，"我"在这个意义上并不都是"敌我相持的场合"，它其实是一种虚指。

以上所例举的"我"均出现于新闻标题，其实际指称应该是"我们"或"我国的"、"我们的"。之所以将原本意义上的复数形式变成单数形式，在很大程度上是为了接受者在接受时代入自己，从而实现表达与接受双方的"对话"及角色意识的转换。这样，既有利于表现表达者的自豪感也能充分调动接受者与之有同样的情感体验，有利于表达者和接受者的互动和情感上的交流，有利于表达者和接受者共同分享表达者所

---

　① 吕叔湘：《现代汉语八百词》，商务印书馆 1980 年版，第 488 页。
　② 同上。

要表达的欣慰和喜悦。尤其作为文章的标题，更容易引起接受者的注意，更容易激起接受者的情绪情感反应。毕竟，接受者"读文学作品，固然是文学的欣赏，在图书馆里、书店里、报纸新书目录上，浏览书名，从广义来说，也是一种文学欣赏。当眼光迅速掠过那些五花八门的题目的时候，我们会感到：有些题目，一下子就引起我们的注意"①，"文学欣赏"的"欣赏"其实就是接受，是带有接受者的接受意愿与认同的接受。题目直接与接受者的读听兴趣和意愿关联，题目在篇章中如此之重要，以至于在文学作品中有的题目能"一下子就引起我们的注意"，新闻题目亦然。难怪，人们将"题"隐喻为"目"，"目"与注意这种心理活动的密切关系自不待言。我们说上面新闻标题中的第一人称单数"我"的使用即在某种意义上可以较为充分地引起接受者的注意。"注意"是人的一种认知，认知心理学告诉我们，人的认知通常是从自我体验开始的，而自我体验与"我"之间的关联显然比其复数形式以及第二、第三人称要紧密得多。这些即构成了使用虚指意义上的"我"的基本心理动因。

四　"咱"的虚指及其心理动因

据吕叔湘《释您，俺，咱，喒，附论们字》："金元俗语中常见'您'，'俺'，'咱'，'喒'四字；俺与咱亦见于宋人作品。"② 吕先生接着指出，俺，"则北平语屏而不用，惟于河

---

① 秦牧：《艺海拾贝》，上海文艺出版社1978年版，第158页。
② 吕叔湘：《释您，俺，咱，喒，附论们字》，《汉语语法论文集》，商务印书馆1984年版，第1页。

北，河南，山东之一部分方言中见之"①。而且，"咱"与
"喒"其实是一个字的两种不同写法②。既然如此，我们主要
讨论"咱"的相关情况，而对方言色彩更为浓郁的第一人称
代词"俺"暂时不予讨论。

一般情形下，"咱"有两种读音，〔tsan〕是第一读，
〔tsa〕是第二读。在用法上，单用或者加"们"，意思一样，
都是"你我"之意。在吕叔湘先生看来，"咱"带"们"的
形式比较正式，"算是普通话，光说〔tsan〕比较'土'，在
农村流行，虽然城里也说"③。吕先生敏锐地观察到了二者在
社会方言意义上的差别。

进一步考察，"咱"或"咱们"有时可表示第一人称单
数，此时的"咱"实际所指为"我"，但是比直接使用"我"
更为委婉、迂回。例如：

（25）邓将军你敢早行么？咱供养的不曾亏了半恰。
（董解元《西厢记诸宫调》）

（26）这别离，一半儿因咱，一半儿你。（吕叔湘《汉
语语法论文集》用例）

（27）咱们出来为的是什么，祥子？还不是为钱？只
要多进钱，**什么也得受着！**（老舍《骆驼祥子》）

（28）不要紧，哪一天我告诉你，他来跪着求你，咱
你不要他。让他感情转移，我得跟他说了，小崔在要死要
活咱先救他的命，你不是要跟他，你先抚平他的伤口，让
他打击你，小崔多好啊，我都觉得配不上你，让他增加自

---

① 吕叔湘：《释您，俺，咱，喒，附论们字》，《汉语语法论文集》，商务印
书馆 1984 年版，第 1 页。

② 同上书，第 33 页。

③ 同上。

信，先给你治病。（央视国际频道，2004 年 11 月 4 日 9 时 58 分，　《小崔说事：婚姻物语》，news. sohu. com/20050112/ n223907656. shtm）

（29）读了这本书，窝囊气叫咱发泄个够！（田间《咱的老板谁能摸透》，新华网，2003 年 2 月 28 日 10 时 37 分 37 秒）

（30）你是咱亲戚，自己家里客气什么。（田间《咱的老板谁能摸透》，新华网，2003 年 2 月 28 日 10 时 37 分 37 秒）

以上例（25）、例（26）"咱"与"你"对举，没有"你""我"的对比强烈，如果改用"我"可能会更生硬一些。此时"咱"的虚指在特定语境下、在语气上更容易达到说话者预期的效果。例（27）"咱们"也没有用"我"直接，这样势必更有利于听读者在心理上认可、接受。例（28）"咱"与"你"在线性组合上的距离比较近，且与"他"同出现于一个单句"咱你不要他"中，"咱"、"你"、"他"三者并置，此时，"咱"指"我"。例（29）中的"咱"是指读书者，也是实际指"我"。例（30）的"咱"与"你"对举，显然不再包括"你"，例（29）、例（30）情绪情感溢于言表。

此外，"咱"、"咱们"还可以表示第二人称，但是实指"你"。例如：

（31）我嫂嫂说：娘，咱可不能卷着舌头说话。是你不让大江来的呀！

（32）狗子　咱们说话别带脏字①

显然，通常情况下表示"你、我"的"咱"、"咱们"在特定语境下其所指悄然发生了变化。之所以如此，恐怕主要还

---

① 例（31）、例（32）均见张炼强《人称代词的变换》，《中国语文》1982 年第 3 期，第 185 页。

是表达心理或接受心理使然。不难看出，例（25）至例（32）的言语主体在使用"咱"、"咱们"时均带有较为强烈的感情色彩。"咱们包括你和我，可以说话的时候往往有口说咱们而意识只指你或我一人的。这个咱们表示休戚相关，因我而及你，因你而及我，是一种异常亲切的说法。"①吕先生正确地指出了"咱"、"咱们"虚指的"亲切性"，张炼强先生则进一步补充了"咱"还可以用于"极不亲切"的语境中，"当然，（咱、咱们——引者注）也可以用在极不亲切的语句里。"② 这里"异常亲切"与"极不亲切"均描写的是心理状态，尤其是接受心理状态，是语用修辞主体感受到的一种情绪情感状态，说明了"咱"的使用有其心理现实性，充分体现了"咱"的虚指及其在虚指时的心理动因。

以上是我们对现代汉语第一人称代词虚指的初步描写和解释。考察表明，第一人称代词的"虚指"在特定语境中是具有心理现实性的，这种较为特殊的言语现象集中体现了表达与接受的互动关系以及言语和言语使用者（含表达者和理解者）之间的密切关联。"我们"可以指"我"；"我"可以用来指"我们"或"我们的"、"我国"等；"咱"、"咱们"可以单指"我"、"你"等。得体的第一人称代词虚指，有利于引起接受者的注意，有利于激发接受者的代入感，有利于表达者情绪情感的抒发，有助于表达和接受的良性互动，有助于语言符号与言语使用者之间的关联。

---

① 　例（31）、例（32）均见张炼强《人称代词的变换》，《中国语文》1982年第 3 期，第 185 页。

② 　张炼强：《人称代词的变换》，《中国语文》1982 年第 3 期，第 185 页。

以上我们讨论了避讳辞格及语用词（含明喻词、叹词、拟声词、语气词等）、人称代词等较为典型的修辞话语。不难发现，这里所讨论的典型修辞话语主要着眼于词的运用：语用词及人称代词自不待言；避讳格实际上更多的是有关专名和特定指称的委婉曲折使用问题。在讨论典型修辞话语时，之所以主要着眼于词，主要是因为词是能够独立运用的最小单位，而修辞终究是对语言的运用，因此从这个意义上说，词也是我们所谓修辞话语的基本单位，由词常规或超常规组合与聚合可以生成或建构无限的修辞话语。

结　语

　　以上我们从有关接受心理与修辞表达的问卷调查综述入手，观察了有关修辞行为，描写了有关修辞话语，在前人和时贤已有成果的基础上重新诠释和界定了"修辞"和"接受心理"等基本概念，着意探讨了接受心理与修辞表达的互动、修辞话语的调节性建构、基于受话心理之典型修辞话语等。

　　修辞是人与人之间以语言为媒介以生成或建构有效话语为指归的一种广义对话。对话的双方是表达者和接受者。修辞价值的实现显示出修辞话语一定的"人本"性。修辞话语是能为接受者所接受、能在接受者那里产生一定的心理反应的语言，词是修辞话语的基本单位，修辞话语在表现形式上可以是词、短语、句子乃至篇章。修辞话语有其内容。"内容"是有心理现实性的"意义"。语言向话语的生成、意义向内容的转换是在修辞过程中完成的。

　　修辞过程是表达和接受的对立统一。表达与接受二者相互依存，互为参照。此外，表达与接受也是可以互相转化的。表达与接受的转化与统一势必形成一定的修辞效果。修辞效果具有审美特质，接受心理过程包括审美过程。

　　接受心理即是广义对话过程中接受者的受话心理，接受心理是语境的主导因素。接受心理是复杂的，但同时也是可认知的。认知接受心理可以有反复彼己、微排掉反、测深揣情等策略。接受心理与修辞表达之间呈一定的共变关系，"共变"包括接受心理与修辞表达二者之间的倚变和函变。

接受心理与修辞表达的互动显示出修辞行为的主体交互性。人能够"察言观色"，能够以话语和副语言特征及态势语等为途径认知接受心理，并且，能够根据"题旨"和认知到的接受心理相应适时地对修辞话语作出调节性建构。修辞话语的调节性建构是一个言语博弈过程。

修辞话语的调节性建构可以有添加、替换、位移、删减等基本方式，修辞话语的调节性建构依不同的分类依据可有多种类型：改口与改笔；语音、词汇、语法等语言要素的调整；音段特征和超音段特征的调节。

我们提出修辞话语的"典型"与"非典型"两大分野。基于受话心理的典型修辞话语我们主要例举了避讳辞格的适用、语用词（含明喻词、语气词、叹词等）的适用、用以虚指的第一人称代词等。

我们强调修辞的动机、过程与效果的统一，即效果有且只有在过程中取得，有效修辞话语总是与特定表达动机密切联系的。在我们看来，有效修辞话语是能在接受者那里引起表达者所预期的心理反应的语言。这表明，对效果的评判必须着眼于接受者的受话需要、动机和能力以及受话过程等。

最后，要说明的是，我们前面已述及接受心理与修辞表达二者的互动关联，即接受心理对修辞表达存在着一定的制约，同时，修辞表达对接受心理也有一定的影响。本项研究主要关注的是前者，即接受心理之于修辞表达的制约。有关修辞表达对接受心理的影响等问题则将是有待于我们作进一步探讨的另一课题。

参考文献

艾青：《诗论》，人民文学出版社 1995 年版。

巴赫金：《巴赫金全集》，河北教育出版社 1998 年版。

白春仁：《文学修辞学》，吉林教育出版社 1993 年版。

白巍、李志军：《公关语言技巧 200 赏析》，农村读物出版社 1994 年版。

曹德和：《内容与形式关系的修辞学思考》，复旦大学出版社 2001 年版。

曹冕：《修辞学》，商务印书馆 1934 年版。

曹日昌：《普通心理学》（上、下册），人民教育出版社 1980 年版。

常宝儒：《汉语语言心理学》，知识出版社 1990 年版。

陈光磊、王俊衡：《中国修辞学通史》（先秦两汉魏晋南北朝卷），吉林教育出版社 1998 年版。

陈光磊：《汉语词法论》，学林出版社 2001 年版。

陈光磊：《修辞论稿》，北京语言文化大学出版社 2001 年版。

陈令军：《好名字价值千金》，《中国商报》2002 年 9 月 3 日，第 23 版。

陈汝东：《社会心理修辞学导论》，北京大学出版社 1999 年版。

陈望道：《陈望道文集》（第二卷），上海人民出版社 1980 年版。

陈望道：《陈望道修辞论集》，安徽教育出版社 1985 年版。

陈望道：《陈望道语文论集》，上海教育出版社 1997 年版。

陈望道：《修辞学发凡》，上海教育出版社 1997 年版。

陈垣：《史讳举例》，《中国现代学术经典·陈垣卷》，河北教育出版社 1996 年版。

董达武：《从现代语言学的走向看陈望道的修辞理论》，《复旦学报》1992 年第 5 期。

恩格斯：《路德维希·费尔巴哈和德国古典哲学的终结》，人民出版社 1997 年版。

范开泰：《语用分析说略》，《中国语文》1985 年第 6 期。

范晓：《三个平面的语法观》，北京语言学院出版社 1996 年版。

方朝晖：《“辩证法”一词考》，《哲学研究》2002 年第 1 期。

方光焘：《作家与语言》，《方光焘语言学论文集》，商务印书馆 1997 年版。

冯广艺：《变异修辞学》，湖北教育出版社 1992 年版。

冯广艺：《汉语比喻研究史》，湖北教育出版社 2002 年版。

冯广艺：《汉语修辞论》，华中师范大学出版社 2000 年版。

冯广艺：《互动：修辞的运作方式》，《修辞学习》1999 年，第 4 期。

冯广艺：《语境适应论》，湖北教育出版社 1999 年版。

冯广艺主编：《汉语语境学概论》宁夏人民出版社 1998 年版。

冯胜利：《汉语韵律句法学》，上海教育出版社 2000 年版。

冯学锋、郑远汉：《修辞面面观》，武汉出版社 1994 年版。

冯志伟编著：《现代语言学流派》，陕西人民出版社 1999 年版。

复旦大学语法修辞研究室编：《语法修辞方法论》，复旦大学
　　出版社 1991 年版。

复旦大学语言研究室编：《〈修辞学发凡〉与中国修辞学》，复
　　旦大学出版社 1983 年版。

高名凯、石安石：《语言学概论》，中华书局 1987 年版。

高楠：《艺术心理学》，辽宁人民出版社 1988 年版。

格罗塞：《艺术的起源》，蔡慕晖译，商务印书馆 1984 年版。

龚文庠：《说服学——攻心的学问》，东方出版社 1994 年版。

桂诗春：《实验心理语言学纲要·前言》，湖南教育出版社
　　1991 年版。

郭绍虞编：《清诗话续编》，上海古籍出版社 1983 年版。

郭熙：《中国社会语言学》，南京大学出版社 1999 年版。

郭湛：《论主体间性或交互主体性》，《中国人民大学学报》
　　2001 年第 3 期。

国家教委社会科学研究与艺术教育司组编：《自然辩证法概
　　论》（修订版），高等教育出版社 1991 年版。

哈特曼、斯托克：《语言与语言学词典》，黄长著等译，上海
　　辞书出版社 1981 年版。

何卫平：《走向解释学辩证法之途》，上海三联书店 2001 年
　　版。

何兆熊：《90 年代看语用》，《外国语》1997 年第 4 期。

何兆熊主编：《语用学概要》，上海外语教育出版社 1995 年
　　版。

何自然主编：《语用学概论》，湖南教育出版社 1988 年版。

何自然：《我国近年来的语用学研究》，《现代外语》1994 年
　　第 4 期。

洪汉鼎：《理解与解释》，东方出版社 2001 年版。

胡曙中：《英汉修辞学比较研究》，上海外语教育出版社 1993年版。

胡壮麟、朱永生、张德禄编著：《系统功能语法概论》，湖南教育出版社 1989 年版。

华东修辞学会编：《语体论》，安徽教育出版社 1987 年版。

黄侃：《文心雕龙札记》，上海古籍出版社 2000 年版。

黄庆萱：《修辞学》，台湾三民书局 1994 年增订本。

季樟桂：《中学语文名篇改笔丛谈》，上海教育出版社 1993 年版。

简明勇：《律诗研究》，台湾文史哲出版社 1990 年版。

江胜信：《相声前景不容乐观》，《文汇报》2003 年 1 月 6 日，第 7 版。

蒋孔阳：《美学新论》，人民文学出版社 1993 年版。

蒋孔阳：《真与美——蒋孔阳美学随笔》，上海人民出版社 2000 年版。

蒋有经：《模糊修辞学》，光明日报出版社 1991 年版。

金元浦：《接受反应文论》，山东教育出版社 1998 年版。

金元浦：《文学解释学》，东北师范大学出版社 1997 年版。

康德：《判断力批判》（上卷），商务印书馆 1964 年版。

克罗齐：《美学原理·美学纲要》，朱光潜、韩邦凯等译，外国文学出版社 1983 年版。

老舍：《出口成章》，人民文学出版社 1984 年版。

李幼蒸：《理论符号学导论》，中国社会科学出版社 1993 年版。

李悦娥、范宏雅：《话语分析》，上海外语教育出版社 2002 年版。

廖秋忠：《廖秋忠文集》，北京语言学院出版社 1992 年版。

列夫·谢苗诺维奇·维果茨基：《思维与语言》，李维译，浙
　　江教育出版社1997年版。

列宁：《哲学笔记》，人民出版社1974年版。

林大椿：《言理浅说》，台北商务印书馆1980年版。

林万菁：《语文研究论集》，泛太平洋出版私人有限公司，新
　　加坡莱拂士书社2002年版。

刘大为：《比喻、近喻与自喻——辞格的认知性研究》，上海
　　教育出版社2001年版。

刘焕辉：《言语交际学》（修订本），江西教育出版社1988年
　　版。

卢卡契：《审美特征》（第一卷），中国社会科学出版社1986
　　年版。

鲁国尧：《〈孟子〉"以羊易之"、"易之以羊"两种结构类型
　　的对比研究》，程湘清主编：《先秦汉语研究》，山东教育
　　出版社1992年版。

鲁利亚：《神经心理学原理》，科学出版社1983年版。

鲁枢元：《超越语言》，中国社会科学出版社1990年版。

鲁迅：《汉文学史纲要》，人民文学出版社1973年版。

陆侃如、牟世金译注：《文心雕龙译注》，齐鲁书社1995年
　　版。

吕叔湘：《吕叔湘文集》，商务印书馆1992年版。

吕叔湘：《语言和语言学》，王振昆等编《语言学资料选编》，
　　中央广播电视大学出版社1983年版。

罗兰·巴尔特：《符号学原理》，李幼蒸译，生活·读书·新
　　知三联书店1999年版。

骆小所：《艺术语言学》，云南人民出版社1992年版。

骆小所：《语言美学论稿》，云南人民出版社1996年版。

马克思、恩格斯：《马克思恩格斯全集》（第 3 卷），人民出版社 1972 年版。

孟昭兰：《普通心理学》，北京大学出版社 1994 年版。

倪宝元：《汉语修辞新篇章》，商务印书馆 1992 年版。

欧阳哲生：《中国现代学术经典·蔡元培卷》，河北教育出版社 1996 年版。

潘文国：《语言的定义》，《华东师范大学学报》2001 年第 1 期。

潘晓东：《侯宝林相声语言略论》，《修辞学习》1987 年第 3 期。

潘肖珏：《公关语言艺术》，同济大学出版社 1989 年版。

彭聃龄：《普通心理学》（修订版），北京师范大学出版社 2001 年版。

彭聃龄主编：《语言心理学》，北京师范大学出版社 1991 年版。

濮侃、庞蔚群、齐沪扬：《语言运用新论》，华东师范大学出版社 1991 年版。

戚雨村：《再谈修辞学和语用学》，《修辞学习》1986 年第 1 期。

齐沪扬：《传播语言学》，河南人民出版社 2000 年版。

启功：《汉语现象论丛》，中华书局 1997 年版。

钱锋、陈光磊：《语言学既是基础科学，又是带头科学》，《语言学资料选编》，中央广播电视大学出版社 1983 年版。

钱谷融、鲁枢元主编：《文学心理学教程》，华东师范大学出版社 1987 年版。

钱学森：《论系统工程》，湖南科学技术出版社 1982 年版。

钱锺书：《管锥篇》，中华书局 1986 年版。

钱锺书:《谈艺录》,中华书局 1984 年版。

钱锺书:《论不隔》,徐葆耕《瑞恰慈:科学与诗》,清华大学
　　出版社 2003 年版。

秦牧:《艺海拾贝》,上海文艺出版社 1978 年版。

吕中舌:《还须重视英语阅读》,《光明日报》2002 年 9 月 26
　　日,B1 版。

全国人大常委会办公厅研究室法制组编著:《中国宪法精释》,
　　中国民主法制出版社 1996 年版。

任骋:《中国民间禁忌》,作家出版社 1991 年版。

阮新邦等:《批判诠释论与社会研究》,上海人民出版社 1998
　　年版。

沙莲香主编:《传播学》,中国人民大学出版社 1990 年版。

邵敬敏:《现代汉语疑问句研究》,华东师范大学出版社 1996
　　年版。

邵敬敏:《汉语语法的立体研究》,商务印书馆 2000 年版。

邵敬敏主编:《现代汉语通论》,上海教育出版社 2001 年版。

沈开木:《现代汉语话语语言学》,商务印书馆 1996 年版。

沈谦:《语言修辞艺术》,中国友谊出版公司 1998 年版。

沈祥源:《文艺音韵学》,武汉大学出版社 1998 年版。

石安石:《语义论》,商务印书馆 1993 年版。

石定栩:《汉语句法的灵活性和句法理论》,《当代语言学》
　　2000 年第 1 期。

舒济:《老舍演讲集·谈诗》,生活·读书·新知三联书店
　　1999 年版。

谭学纯、唐跃、朱玲:《接受修辞学》(增订本),安徽大学出
　　版社 2000 年版。

谭学纯、朱玲:《广义修辞学》,安徽教育出版社 2001 年版。

谭学纯：《人是语言的动物，更是修辞的动物》，《辽宁大学学报》（哲学社会科学版）2002年第3期。

谭学纯：《人与人的对话》，安徽教育出版社2000年版。

谭永祥：《修辞新格》（增订本），暨南大学出版社1996年版。

唐晓嘉：《语言博弈论与科学博弈》，《哲学动态》2001年第5期。

滕守尧：《审美心理描述》，四川人民出版社1998年版。

童庆炳：《文体与文体的创造》，云南人民出版社1994年版。

童山东、吴礼权：《阐释修辞论》，首都师范大学出版社1998年版。

童山东：《修辞学的理论与方法》，河南人民出版社1991年版。

汪波、王爱玲：《教师期待效应的理论和实践意义》，《教育理论与实践》1999年第2期。

汪曾祺：《"揉面"——谈语言与运用》，《文学创作笔谈》，重庆出版社1985年版。

王朝闻：《审美心态》，中国青年出版社1989年版。

王德春、孙汝建、姚远：《社会心理语言学》，上海外语教育出版社1995年版。

王德春主编：《外国现代修辞学概况》，福建人民出版社1986年版。

王国维：《人间词话》，上海古籍出版社1998年版。

王国维：《王国维文学论著三种》，商务印书馆2001年版。

王力：《王力文集》（第十四卷），山东教育出版社1989年版。

王路：《逻辑的创新与应用——辛梯卡教授访谈录》，《逻辑》，中国人民大学复印学报资料2003年第1期。

王明居：《模糊美学》，中国文联出版公司1998年版。

王甦、汪安圣：《认知心理学》，北京大学出版社 1992 年版。

王希杰：《修辞学通论》，南京大学出版社 1996 年版。

王晓升：《语言与认识》，中国人民大学出版社 1994 年版。

王锳：《古典诗词特殊句法举隅》，新华出版社 1999 年版。

王元化：《文心雕龙讲疏》，上海古籍出版社 1992 年版。

王运熙、周锋：《文心雕龙译注》，上海古籍出版社 1998 年版。

韦勒克、沃伦：《文学理论》，梁伯杰译，生活·读书·新知三联书店 1984 年版。

吴刚：《接受认识论引论》，北京大学出版社 1996 年版。

吴淮南：《语感例说》，《南京大学学报》（哲学·人文·社会科学版）1991 年第 4 期。

吴礼权：《论中国修辞学研究今后所应依循的三个基本方向》，《修辞学习》1997 年第 2 期。

吴礼权：《修辞心理学论略》，《复旦学报》1998 年第 5 期。

吴礼权：《中国修辞哲学史》，台湾商务印书馆 1995 年版。

吴士文：《修辞讲话》，甘肃人民出版社 1982 年版。

吴组缃：《生活·写作·读书》，载邓九平主编《谈治学》（下），大众文艺出版社 2000 年版。

邢公畹：《人们在言语交际中是怎样互相理解的》，南开大学对外汉语教学中心《汉语研究》（第一辑）。

徐葆耕编：《瑞恰慈：科学与诗》，清华大学出版社 2003 年版。

徐烈炯、刘丹青：《话题的结构与功能》，上海教育出版社 1998 年版。

徐烈炯：《语义学》（修订版），语文出版社 1995 年版。

徐永森：《名人交际失误》，中国经济出版社 1994 年版。

徐友渔等：《语言与哲学》，生活·读书·新知三联书店 1996
　年版。

杨春时：《艺术符号与解释》，人民文学出版社 1989 年版。

姚亚平：《当代中国修辞学》，广东教育出版社 1996 年版。

叶朗：《中国美学史大纲》，上海人民出版社 1985 年版。

叶维廉：《中国诗学》，生活·读书·新知三联书店 1992 年
　版。

易蒲、李金苓：《汉语修辞学史纲》，吉林教育出版社 1989 年
　版。

殷鼎：《理解的命运》，生活·读书·新知三联书店 1988 年
　版。

殷焕先、董绍克：《实用音韵学》，齐鲁书社 1990 年版。

俞如珍、金顺德编著：《当代西方语法理论》，上海外语教育
　出版社 1994 年版。

袁行霈：《中国诗歌艺术研究》，北京大学出版社 1987 年版。

张斌、胡裕树：《汉语语法研究》，商务印书馆 1989 年版。

张斌：《汉语语法学》，上海教育出版社 1998 年版。

张斌：《新编现代汉语》，复旦大学出版社 2002 年版。

张春泉：《白马非马：修辞式推论》，《修辞学习》2001 年第 1
　期。

张春泉：《修辞与教育的互动》，《广西大学学报》（哲学社会
　科学版）2003 年第 1 期。

张春泉：《朱光潜的语言学思想》，《学术研究》2002 年第 12
　期。

张春兴：《现代心理学》，上海人民出版社 1994 年版。

张涤华、胡裕树、张斌、林祥楣：《汉语语法修辞词典》，安
　徽教育出版社 1988 年版。

张弓：《现代汉语修辞学》，河北教育出版社1993年版。

张炼强：《修辞理据探索》，首都师范大学出版社1994年版。

张炼强：《修辞论稿》，人民教育出版社2000年版。

张炼强：《修辞现象的认知考察（之一）——从象似性和激活看名词活用为动词》，《语言》（第二卷）。

张松如：《中国古典诗歌的语言与格律问题》，《吉林大学学报》1981年第1期。

张晓云、唐金海：《巴金笔名考》，《巴金年谱》，四川文艺出版社1989年版。

张志公：《说语言》，载王本华编《汉语辞章学论集》，人民教育出版社1996年版。

张志公：《修辞概要》，上海教育出版社1982年版。

赵毅：《修辞学应当研究接受效果》，《修辞学习》1997年第2期。

赵元任：《汉语口语语法》，商务印书馆1979年版。

赵元任：《语言问题》，商务印书馆1997年版。

赵艳芳：《认知语言学概论》，上海外语教育出版社2001年版。

郑颐寿主编：《文艺修辞学》，福建教育出版社1993年版。

郑远汉：《漫谈修辞研究的兴衰和前景》，《修辞学习》1999年第1期。

郑远汉：《修辞学面临的矛盾和我们的任务》，《修辞学习》1992年第5期。

郑远汉：《言语的美》，载中国修辞学会编《修辞的理论与实践》，语文出版社1990年版。

郑远汉：《言语风格学》，湖北教育出版社1998年版。

郑子瑜、宗廷虎主编：《中国修辞学通史》（五卷本），吉林教育出版社 1998 年版。

郑子瑜：《中国修辞学史稿》，上海教育出版社 1984 年版。

周昌忠：《西方现代语言哲学》，上海人民出版社 1992 年版。

周发祥：《西方文论与中国文学》，江苏教育出版社 1997 年版。

周俊全：《公共关系心理学》，上海人民出版社 1997 年版。

周来祥：《论美是和谐》，贵州人民出版社 1984 年版。

周来祥：《再论美是和谐》，广西师范大学出版社 1996 年版。

周兴军、张中原：《美国当代写作教材新探》，《世界教育信息》2002 年 8 月。

周振甫：《文心雕龙今译》，中华书局 1986 年版。

朱德熙：《语法讲义》，商务印书馆 1982 年版。

朱光潜：《诗论》，生活·读书·新知三联书店 1998 年版。

朱光潜：《谈美书简》，上海文艺出版社 1980 年版。

朱光潜：《文艺心理学》，安徽教育出版社 1996 年版。

朱宏一：《著名语言学家邢公畹治学答问录》，《河北师范大学学报》2001 年第 4 期。

朱金顺：《也说几位现代作家的笔名》，《语文建设》2002 年第 5 期。

朱立元：《接受美学》，上海人民出版社 1989 年版。

宗白华：《美学散步》，上海人民出版社 1981 年版。

宗廷虎、邓明以、李熙宗、李金苓：《修辞新论》，上海教育出版社 1988 年版。

宗廷虎：《中国现代修辞学史》，浙江教育出版社 1990 年版。

宗廷虎：《宗廷虎修辞论集》，吉林教育出版社 2003 年版。

邹腊生：《取名与修辞》，《修辞学习》1987 年第 6 期。

邹珊刚等：《系统科学》，上海人民出版社 1987 年版。

最高人民法院研究室：《宪法性法律及司法解释适用手册》，
　　法律出版社 2002 年版。

［英］L. C. 托马斯：《对策论及其应用》，靳敏 、王辉青译，
　　解放军出版社 1988 年版。

［波兰］沙夫：《语义学引论》，罗兰、周易合译，商务印书馆
　　1979 年版。

［德］W. 伊泽尔：《审美过程研究——阅读活动：审美响应理
　　论》，霍桂桓译，杨照明校，中国人民大学出版社 1998 年
　　版。

［德］恩斯特·卡西尔：《人论》，甘阳译，上海译文出版社
　　1985 年版。

［德］恩斯特·卡西尔：《语言与神话》，于晓等译，三联书店
　　1988 年版。

［德］伽达默尔：《真理与方法》（上下卷），洪汉鼎译，上海
　　译文出版社 1999 年版。

［德］哈贝马斯：《认识与兴趣》，郭官义、李黎译，学林出版
　　社 1999 年版。

［德］哈贝马斯：《交往与社会进化》，张博树译，重庆出版社
　　1989 年版。

［德］黑格尔：《美学》，朱光潜译，商务印书馆 1958 年版
　　（1979 年重印）。

［德］伽达默尔：《哲学解释学》，夏镇平等译，上海译文出版
　　社 1994 年版。

［德］威廉·冯·洪堡特：《论人类语言结构的差异及对人类
　　精神的发展》，姚小平译，商务印书馆 1997 年版。

［德］姚斯、［美］霍拉勃：《接受美学与接受理论》，周宁等
　　译，辽宁人民出版社 1987 年版。

［德］约翰内斯·恩格尔坎普：《心理语言学》，陈国鹏译，上海译文出版社 1997 年版。

［俄］列维·谢苗诺维奇·维果斯基：《思维与语言》，李维译，浙江教育出版社 1997 年版。

［法］A.J. 格雷马斯：《结构语义学方法研究》，吴泓缈译，三联书店 1999 年版。

［法］巴特：《符号学美学》，董学文、王葵译，辽宁人民出版社 1987 年版。

［法］茨维坦·托多罗夫编选：《俄苏形式主义文论选》，蔡鸿滨译，中国社会科学出版社 1989 年版。

［法］米盖尔·杜夫海纳主编：《美学文艺学方法论》，朱立元、程未介编译，中国文联出版公司 1992 年版。

［古希腊］亚里士多德：《诗学》，商务印书馆 1996 年版。

［古希腊］亚里斯多德：《修辞学》，罗念生译，生活·读书·新知三联书店 1991 年版。

［加拿大］高辛勇：《修辞学与文学阅读》，北京大学出版社 1997 年版。

［美］A.H. 马斯洛：《存在心理学探索》，李文湉译，云南人民出版社 1987 年版。

［美］A.P. 马蒂尼奇编：《语言哲学》，牟博等译，商务印书馆 1998 年版。

［美］Dwight Bolinger：《语言要略》，方立等译，外语教学与研究出版社 1993 年版。

［美］John B. Best.：《认知心理学》，黄希庭译，中国轻工业出版社 2000 年版。

［美］K.T. 斯托曼：《情绪心理学》，张燕云译，孟昭兰审校，辽宁人民出版社 1986 年版。

［美］S. 阿瑞提：《创造的秘密》，钱岗南译，辽宁人民出版
　　社1987年版。

［美］布龙菲尔德：《语言论》，袁家骅等译，商务印书馆
　　1980年版。

［美］大卫·宁等：《当代西方修辞学：批评模式与方法》常
　　昌富、顾宝桐译，中国社会科学出版社1998年版。

［美］肯尼斯·博克等：《当代西方修辞学：演讲与话语批
　　评》，常昌富、顾宝桐译，中国社会科学出版社1998年
　　版。

［美］乔纳森·卡勒：《结构主义诗学》，盛宁译，中国社会科
　　学出版社1991年版。

［美］乔治·H. 米德：《心灵、自我与社会》，赵月琴译，上
　　海译文出版社1992年版。

［美］乔治·莱科夫：《女人、火与危险事物》（上、下），梁
　　玉玲等译，台北桂冠图书股份有限公司1994年版。

［美］萨皮尔：《语言论——言语研究导论》，陆卓元译，商务
　　印书馆1985年版。

［美］司马贺：《人类的认知》，荆其诚、张厚粲译，科学出版
　　社1986年版。

［美］斯坦利·费什：《读者反应批评：理论与实践》，文楚安
　　译，中国社会科学出版社1998年版。

［美］维多利亚·弗罗姆金、罗伯特·罗德曼：《语言导论》，
　　沈家煊等译，北京语言学院出版社1994年版。

［日］池上嘉彦：《符号学入门》，国际文化出版公司1985年
　　版。

［日］古田敬一：《中国文学的对句艺术》，李淼译，吉林文史
　　出版社1989年版。

〔日〕松浦友久：《关于中国古典诗歌的节奏结构》，《唐代文学研究》第三辑。

〔日〕松浦友久：《节奏的美学——日中诗歌论》，石观海等译，辽宁大学出版社 1995 年版。

〔日〕西槙光正编：《语境研究论文集》，北京语言学院出版社1992 年版。

〔日〕植条则夫：《广告文稿策略——策划、创意与表现》，俞纯麟、俞振伟译，复旦大学出版社 1999 年版。

〔瑞士〕索绪尔：《普通语言学教程》，高名凯译，商务印书馆1980 年版。

〔瑞士〕沃尔夫冈·凯塞尔：《语言的艺术作品》，陈铨译，上海译文出版社 1987 年版。

〔苏〕巴赫金：《巴赫金全集》，李兆林等译，河北教育出版社1998 年版。

〔苏〕科任娜：《俄语功能修辞学》，白春仁等译，外语教学与研究出版社 1982 年版。

〔苏〕列·谢·维戈茨基：《艺术心理学》，周新译，上海文艺出版社 1985 年版。

〔英〕J. L. 奥斯汀：《论言有所为》，许国璋摘译，中国社会科学院语言所编《语言学译丛》（第一辑），中国社会科学出版社 1979 年版。

〔英〕艾·阿·瑞恰兹：《文学批评原理》，杨自伍译，百花洲文艺出版社 1992 年版。

〔英〕杰弗里·利奇：《语义学》，李瑞华等译，上海外语教育出版社 1987 年版。

〔英〕特伦斯·霍克斯：《结构主义和符号学》，瞿铁鹏译，上海译文出版社 1987 年版。

〔英〕威廉·燕卜逊：《朦胧的七种类型》，周邦宪等译，中国
　　美术学院出版社 1996 年版。

〔美〕Ilse Lehiste：《诗律、显著性和韵律感知——口语艺术和
　　科学的交叉》，〔法〕葛妮译，《国外语言学》1995 年第 1
　　期，第 42 页。

〔美〕W. 宣伟伯：《传媒、信息与人：传学概论》，余也鲁译
　　述，中国展望出版社 1985 年版。

Immanuel Kant，*The Critique of Judgment*，Copyright 1987 by
　　Werner S. Pluhar.

Suzanne Eggins，An Introduction to Systemic Functional Linguistics
　　Printed and bound in Great Britain by Biddle Ltd，Guildford
　　and King's Lynn，1994.

George Lakoff，*Women*，*Fire*，*and Dangerous Things*，The Uni-
　　versity of Chicago Press，Chicago and London，1987.

人民教育出版社语文二室编，高级中学课本《语文》（第一
　　册、三册、五册），人民教育出版社 1990 年版。

人民教育出版社语文二室编，高级中学课本《语文》（第二
　　册、四册、六册），人民教育出版社 1991 年版。

人民教育出版社中学语文编辑室编，初级中学课本《语文》
　　（第一册、二册、三册、四册），人民教育出版社 1981 年
　　版。

人民教育出版社中学语文编辑室编，初级中学课本《语文》
　　（第五册），人民教育出版社 1982 年版。

人民教育出版社中学语文编辑室编，初级中学课本《语文》
　　（第六册），人民教育出版社 1983 年版。

后　记

　　严格地说，拙著不是一部"专著"，因为它是笔者的博士毕业论文。笔者的毕业论文是在导师宗廷虎教授、师母李金苓教授及导师组其他两位老师陈光磊教授、吴礼权教授等的悉心指导下完成的。

　　衷心感谢导师宗廷虎教授和师母李金苓教授。师母其实也是导师，直接指导学生。先生的言传身教将使我终身受益。先生家的专业书籍比学校图书馆的还全，先生家的书房是我最爱去、最常去的地方之一。我永远记得：当我遇到挫折时，两位先生的宽慰、关怀与勉励；当我偶尔取得一点进步时，老师又是那么的欣慰。我是先生最小的学生，也是最让先生操心的学生。尤其是毕业论文，从选题到成文以及数易其稿的每一个环节都凝聚着老师的心血。我很幸运，能忝列先生门下。

　　我很幸运，能得到陈光磊老师的耳提面命。论文从选题、开题、预答辩直至修改均得到了陈老师的指教。与光磊师的每一次谈话均使我如沐春风，每次去先生处问学，均令学生我茅塞顿开、豁然开朗。岂能忘怀：我一次又一次的占用先生宝贵的时间；先生无私地将他自己的藏书赠送给我（书中的有关内容我已烂熟于心）。特别令我感激不尽的是，陈老师修改我毕业论文期间陈师母正在住院！谨此祝愿陈师母早日康复！

　　我很幸运，能在博士毕业后继续赴浙江大学在黄华新老师的指导下从事博士后研究，黄老师为我的学业和事业提供了莫大的发展空间，衷心感谢黄老师及黄师母的关怀。黄老师学识渊博，作为知名逻辑学家具有深厚的理论修养和缜密的思维品质及谦和的处世风范，黄老师是我终身学习的榜样。拙著的出版，黄老师更是费了不少心血。此外，从事博士后研习期间我也有幸经常聆听王维贤教授、陈宗明教授、方一新教授、池昌海教授的教诲，诸位先生的教导同样催我奋进。

　　我很幸运，能从本科一年级起即得到冯广艺教授的悉心栽培，感谢广艺师及冯师母多年来的奖掖与扶植。我永远记得十二年前，还是本科低年级学生时，我在广艺师的指导下写成的《集合与语义场初探》获得当年全系"学生科研成果大奖赛"一等奖，时任系主任的广艺师还特地安排当时十九岁的笔者在"五四科学报告会"上作了学术报告。应该说，从那时起冯先生就收下了我这个弟子。

　　衷心感谢博士论文通讯评阅专家和论文答辩评委老师，他们是（排名不分先后）：郑颐寿教授、濮侃教授、葛本仪教授、范开泰教授、刘大为教授、谭学纯教授、骆小所教授、齐沪扬教授等。

　　拙著在写作过程中参阅了大量前人和时贤的有关论著，已在文中一一注明出处，对于引文中的原有的注解均以"引者按"的形式注明"原著者注"，对于少量援引自有关论著中的材料也注明"转引自"。谨此一并向所有著者致谢。

　　衷心感谢那些接受我的问卷调查的作家、诗人（熟练表达者）。他们是（排名不分先后，姓名后括弧所注为其当时生活或工作所在地）：梁晓声（北京）、韩石山（山西）、张烨（上海）、李肇正（上海）、王新军（甘肃）、树才（北京）、张炜（山东）、黄发清（湖北）、马明奎（浙江）、阎真（湖南）、桑克（黑龙江）、赵金禾（湖北）、林宛中（江苏）、宋晓杰（辽宁）、李元胜（重庆）、伊路（福建）、扶桑（河南）、靳晓静（四川）、冯晏（黑龙江）、康城（福建）等。他们热情洋溢的回复使拙著增色不少。本来，笔者拟在拙著之后以《附录》的形式附上若干有代表性的作家、诗人的回复以为"明证"而增强本学术互动的可信度，但是考虑到不可太掠人之美，只好忍痛割爱。感谢欣然接受我的问卷调查的学生朋友及其他学术调查对象。

感谢延俊荣、曹秀玲、潘文、博玫、刘雪芹、景遐东、胡旭、罗争鸣、魏景波、潘峰、刘起林、孙国峰、程勇、贺昌盛、刘冬颖、许外芳、王葆华、潘世松、马衍明及吴礼权、曹德和、温科学、赵毅、彭增安、段曹林、吴方敏、窦丽梅、雷淑娟等学长的关心与扶助。与他们的愉快的讨论使我获益匪浅。

拙著的有关内容曾以单篇论文的形式先期于《光明日报》（理论版）、《修辞学习》、《语文研究》、《北方论丛》、《思想战线》、《学术论坛》、《浙江大学学报》、《华中科技大学学报》、《安徽师范大学学报》、《云南师范大学学报》、《福建师范大学学报》、《汕头大学学报》、《新疆大学学报》等刊物上发表，谨此向相关编辑老师及匿名审稿专家致谢！

拙著蒙中国社会科学出版社及策划编辑陈彪先生不弃，陈先生在本书出版的各个环节细致而高效的工作是本书顺利出版的必要条件。本书责任编辑严谨、务实、细致和高水平的编辑工作令我敬佩！谨此一并诚致谢忱。

此时，凝神窗外，已是皓月当空。此刻，我格外思念我的远在鄂东北的一偏僻小村子里天天"面朝黄土背朝天"的父

母。父母没什么文化，但从我跨进小学校门的第一天父母就
"唠叨"：在学堂里要听老师的话，一日为师，终身为
父。——这就是我的家教。若不是父母直接供养和无条件支
持，我不可能无间断地接受从小学到博士研究生（及紧接着
的博士后经历）系统完整的全日制学校教育与学术训练。

　　最后，需要说明的是：由于笔者学力不逮，再加上本选题
的一定程度的风险性和综合性，拙著中肯定会有这样或那样的
错误和疏漏，这些不足之处概由笔者负责。笔者今后将在各位
师友及读者诸君的关爱下不断改进。

张春泉
2006 年 4 月 18 日谨记

重印后记

　　拙著 2007 年 1 月第 1 版第 1 次印刷后，李金苓教授、延俊荣博士、马春华博士、张秋娥教授、罗积勇教授撰写了专门的书评论文，① 热情地向学界予以推荐。张道俊教授、张鹏飞博士等同仁也温暖地关注拙著，多有褒奖和指正。谨此一并真诚致谢。

　　2015 年 1 月，我有幸调入西南大学文学院工作。文学院的领导和同事给予了我多方帮助和支持，谨此鸣谢。

　　本次重印，只是将全书重新校订了一遍，对书中的个别字句做了一些修改。未及做大的修订改动。拙著肯定还会有这样或那样的错误与疏漏，我将继续在各位师友及广大读者诸君的关爱下不断改正。

张春泉

2016 年 6 月 9 日谨记

---

　　① 李金苓：《认知：修辞研究的新视角——张春泉〈论接受心理与修辞表达〉书后》，《修辞学习》2007 年第 4 期；延俊荣：《语言研究与言语研究的对接——读张春泉〈论接受心理与修辞表达〉有感》，《洛阳师范学院学报》2013 年第 1 期；马春华：《实证新风扑面，科学意蕴深远——读张春泉〈论接受心理与修辞表达〉》，《湖北师范学院学报》2009 年第 2 期；罗积勇、张秋娥：《"思辨"与"实证"有机结合：修辞研究方向之一——张春泉〈论接受心理与修辞表达〉读后》，《黄石理工学院学报》2009 年第 3 期。